本书获国家社科基金资助，是西部项目“巴以水争端”
（批准号：13XSS012）的研究成果

ISRAEL

AND

PALESTINE

巴以水争端

曹　华◎著

社会科学文献出版社
SOCIAL SCIENCES ACADEMIC PRESS (CHINA)

目　录

导　论

水（指淡水）是生命的源泉和农业的根本。对于人类社会的发展，水处于其他任何资源都无法替代的地位。但是，水并非取之不尽的免费商品，缺水业已成为危及世界粮食安全、人类健康和自然生态系统良性循环的最大问题。全球水资源分布不平衡，因水而起的冲突频频发生。中东是世界上水资源最为匮乏的地区之一，也是水冲突最频繁的地区之一。“水不但决定了中东人民的生活方式，而且也决定了中东文明的兴衰。”[①] 水对于中东兴起的三大一神教——犹太教、基督教和伊斯兰教具有非同一般的意义[②]，无论是基督教徒的洗礼，还是犹太教徒和穆斯林的净礼，水都不可或缺。作为一种稀缺资源，水深刻影响着中东民族之间、国家之间的关系。对于中东问题核心的巴以冲突，水同样具有重大影响。

一　研究意义与研究范围的界定

当前，水资源对国际关系的影响日益受到重视，尤其是中东国家间的水资源争端已经成为中东问题研究的一个重要视角和层面。巴以水争端是巴以争端的六大核心问题[③]之一，历来是中东双边以及多边和谈的重要议题。在国际社会和巴以双方的努力下，几家专门负责协商巴以水争端的

① 朱和海：《中东，为水而战》，世界知识出版社，2007，第21页。

② 在《古兰经》中，“水”一词共出现63次，“河流”一词共出现52次；在《圣经》中，共有580多处直接提到“水”。

③ 除水争端外，还有边界划分、难民回归、犹太人定居点、耶路撒冷归属和巴勒斯坦建国五大问题。

机构成功设立，如巴以联合水利委员会（JWC）、巴以信息与研究中心（IPCRI）、联合监督与促进小组（JSETS）等，且先后召开了多场针对巴以水问题的专题国际协调会议，如苏黎世会议、莫斯科会议和北京会议等。

本书将在国际政治范畴和国际关系框架下研究巴以水争端，力图赋予其以下意义。

首先，国际政治和国际关系视野中的巴以水争端能在一定程度上反映出环境话题在国际政治中的角色。环境和气候变化在国内外都是一个日渐热门的话题，也有不少学者对环境政治进行了大量系统的研究，尤其是对跨界水资源的分配问题的关注。通过对巴以水争端的研究，能从一个侧面微观地展现环境与资源对国际关系的影响。另外，越来越多的学者正在重新审视国际法中水问题的相关原则的缺失与修订，而且世界上绝大多数国家面临着与邻国的跨界水资源纠葛，巴以水争端可以作为水资源与国际法关系的一个典型案例，供学者们研究和审视。

其次，犹太文明和阿拉伯—伊斯兰文明都赋予水神圣的意义，通过对巴以水争端的研究，可以管窥两种文明的交往。犹太文明早期就有了洪荒的记述，表明了水能造福人类也能毁灭人类的道理，犹太复国主义对土地和水的情结源远流长，随着时间的推移逐渐强烈。伊斯兰教的宗教活动中更是少不了水，巴勒斯坦地区新近的考古成果中发现了不少早期伊斯兰文化重视水的证据。缘起中东沙漠地带的两种宗教和由此衍生出的两种文明，用两种不同的语言诠释着各自核心的价值和理念。

再次，水不仅是一种战略和政治资源，也是一种经济资源，对巴以水争端的研究可以从一个侧面展现巴以两种不同经济体的特征，包括经济模式、经济结构、经济活动、生活方式及经济前景等。国际社会对巴以问题的关注蕴含着越来越浓厚的经济色彩，比如通过经济手段帮扶或者抑制冲突的一方达到某种均势，以便将巴以冲突限制在一定的范围内。以色列更是毫不掩饰地把水作为控制巴勒斯坦的主要经济手段之一。因此，研究巴以水争端有助于更加全面和深入地认识巴以问题，这也是目前国内学者的欠缺之处。

最后，水既能促和，亦可诱战，水争端作为研究巴以问题的一个视角，其解决方案有可能推动中东和平进程。理论上说，最终地位谈判遥遥无期就是因为没有突破口，而任何一个巴以问题症结的消融都可能打开缺口。巴以水争端的解决方案也将为化解其他地区的跨界水资源纠纷提供范例。比如中国与东南亚相关国家就需要解决对湄公河的水资源分配与利用问题。

二　国内外研究状况

（一）国内研究状况

在国内中东学界，巴以问题或阿以问题是延续多年的热点，但水资源在其中的地位至今没有受到足够的重视。目前，国内学者介绍和研究巴以问题的著作与论文可谓汗牛充栋，但是与巴以水争端有关的成果甚少。

总体而言，朱和海和宫少朋是这一领域着力最多的两位学者。朱和海的《中东，为水而战》① 是至今国内研究中东水问题最全面、最重要的著作，其中有一节着重介绍以色列与周边阿拉伯国家对约旦河流域水资源的争夺。此外，两篇论文《水危机下的中东国际关系》② 和《中东和平进程中的以巴水问题》③ 从国际关系的视角审视巴以水问题。宫少朋的论文《巴以水问题分析》④ 研究了巴以水争端的内容、影响和前景；《阿以和平进程中的水资源问题》⑤ 则比较深入地分析了水问题对阿以和平进程的影响。在殷罡主编的《阿以冲突——问题与出路》⑥ 一书中，宫少朋以一章内容分析了水资源与中东和平进程的关系。黄培昭的《巴以水源之争》⑦ 和曹华、刘世英的《巴以水资源争端及其出路》⑧ 是直接研究巴以水争端比较重要的论文。姜恒昆、潘京初、杨中强、严庭国等学者的论文集中探

---

① 朱和海：《中东，为水而战》，吉林人民出版社，1996，世界知识出版社，2007。

② 朱和海：《水危机下的中东国际关系》，载肖宪主编《世纪之交看中东》，时事出版社，1998。

③ 朱和海：《中东和平进程中的以巴水问题》，《西亚非洲》2002 年第 3 期。

④ 宫少朋：《巴以水问题分析》，《中东研究》1996 年第 2 期。

⑤ 宫少朋：《阿以和平进程中的水资源问题》，《世界民族》2002 年第 3 期。

⑥ 殷罡主编《阿以冲突——问题与出路》，国际文化出版公司，2002。

⑦ 黄培昭：《巴以水源之争》，《阿拉伯世界》1997 年第 3 期。

⑧ 曹华、刘世英：《巴以水资源争端及其出路》，《西亚非洲》2006 年第 2 期。

讨了中东和平进程中的水争端。[①] 此外，还有一些学者的论文部分地涉及了这一问题[②]。

以上著作和论文为后来的研究奠定了基础，但都是概括性地或仅从某一层面介绍了巴以水争端，没有具体深入到宗教、文化、国际政治和国际法领域。就广度和深度来说，国内有关巴以水争端的研究需要拓展和加深。

（二）国外研究状况

国外有关巴以水争端的论文和论著只占整个巴以冲突研究的一小部分。尽管如此，国外的研究成果比国内要丰富。目前，巴以水争端的研究主要集中在美国和以色列两个国家。总体来看，学者们一般从宏观、中观和微观三个层面展开研究。

首先，从环境与国际关系的宏观层面论述巴以水争端。托马斯·荷马迪克森的论文《只是开始：环境变化作为剧烈冲突的一个因素》[③] 具有代表性。

其次，从中东水资源的中观层面介绍和研究巴以水争端。这方面的著作最多，许多学者将巴以水争端置于整个中东水冲突的视角下进行分析。代表作主要有约翰·布洛克与阿德尔·达维斯的《水的战争：中东即将来临的冲突》[④]、哈齐姆·K. 纳赛尔的《管理稀缺的水资源：中东的经验》[⑤]、哈

① 姜恒昆：《以和平换水——阿以冲突中的水资源问题》，《甘肃教育学院学报》2003 年第 4 期；潘京初：《水与中东和平进程》，《国际政治研究》2000 年第 1 期；杨中强：《水资源与中东和平进程》，《阿拉伯世界》2001 年第 3 期；严庭国：《水资源与中东和平进程》，《阿拉伯世界》1997 年第 3 期。

② 主要有李豫川《以色列的水政策》，《国际论坛》1999 年第 3 期；杨凯《中东的水资源冲突》，《世界环境》1999 年第 2 期；徐向群《叙以和谈的症结：安全与水资源问题探析》，《西亚非洲》1996 年第 2 期；王联《论中东的水争夺与地区政治》，《国际政治研究》2008 年第 1 期；张倩红《以色列的水资源问题》，《西亚非洲》1998 年第 5 期；张振国、钱雪梅《水与中东安全》，《阿拉伯世界》1994 年第 1 期；赵宏图《中东水危机》，《国际资料信息》2000 年第 10 期。

③ Thomas Homer-Dixon, "On the Threshold: Environmental Changes as Causes of Acute Conflict," *International Security*, Vol. 16, No. 2, Fall 1991, pp. 76-116.

④ John Bulloch and Adel Darwish, *Water Wars: Coming Conflicts in the Middle East*, Vicor Gollancz, 1993.

⑤ Hazim K. El-Naser, *Management of Scarce Water Resources: A Middle Eastern Experience*, Wit Press, 2009.

达德的《中东的水资源：冲突与化解办法》[①]、丹尼尔·希勒尔的《伊甸园的河流：中东的水斗争和对和平的追求》[②]、努力特·克里奥特的《中东的水资源与冲突》[③]、托马斯·那夫和卢斯·马松主编的《中东的水资源：冲突与合作?》[④]、格雷戈·夏普兰的《不和谐的河流：中东的国际水冲突》[⑤] 和乔伊斯·斯塔尔和丹尼尔·斯德尔的《匮乏的政治：中东水源》[⑥] 等。

最后，从巴以冲突和巴以水问题的微观角度论述。不少学者注意到水资源对于巴以冲突的巨大影响，因此对此进行了专门的深入研究，这主要有谢里夫·艾穆萨的《水谈判：以色列与巴勒斯坦人》[⑦]、埃兰·菲特逊和马万·哈达德的《管理共享的地下水资源：国际视角下的以色列—巴勒斯坦个案》[⑧]、艾丽莎·凯利和基地恩·菲特逊的《水与和平：水资源与阿以和平进程》[⑨]、斯蒂芬·朗格干和大卫·布鲁克斯的《分水岭：清洁水在巴以冲突中的作用》[⑩]、埃尔文·娄亚的《以水为政治：巴以冲突中的水问题》[⑪]、简·赛尔比的《中东的水、权力与政治：另一种以巴冲突》[⑫] 和马

---

① M. Haddad, *Water Resources in the Middle East: Conflict and Solutions*, Jerusalem and Nablus University, 1995.

② Daniel Hillel, *Rivers of Eden: The Struggle for Water and the Quest for Peace in the Middle East*, Oxford University Press, 1994.

③ Nurit Kliot, *Water Resources and Conflict in the Middle East*, Routledge, 1994.

④ Thomas Naff and Ruth Matson (eds), *Water in the Middle East: Conflict or Cooperation ?* Westview Press, 1984.

⑤ Greg Shapland, *Rivers of Discord: International Water Disputes in the Middle East*, Hurst & Company, 1997.

⑥ Joyce Starr and Daniel Stoll, *The Politics of Scarcity: Water in the Middle East*, Westview Press, 1988.

⑦ Sharif Elmusa, *Negotiating Water: Israel and the Palestinians*, Institute for Palestine Studies, 1996.

⑧ Eran Feitelson and Marwan Haddad, *Management of Shared Groundwater Resources: The Israeli-Palestinian Case with an International Perspective*, IDRC Books, 2003.

⑨ Elisha Kally and Gideon Fishelson (eds.), *Water and Peace: Water Resources and the Arab-Israeli Peace Process*, Praeger, 1993.

⑩ Stephen Longergan and David Brooks, *Watershed: The Role of Fresh Water in Palestinian-Israeli Conflict*, International Development Research Centre, 1994.

⑪ Alwyn R. Rouyer, *Turning Water into Politics: The Water Issue in the Palestinian-Israeli Conflict*, St. Martin's Press, 2000.

⑫ Jan Selby, *Water, Power and Politics in the Middle East: The Other Israeli-Palestinian Conflict*, I. B. Tauris, 2003.

克·吉托恩的《中东的权力与水资源：巴以水冲突中隐藏的政治》① 等。

此外，还有学者从以色列的视角探讨了巴以水争端和中东水问题，比如素必希·卡哈勒的《以色列的水问题及其对阿以冲突的影响》② 和马丁·舍尔曼的《中东的水政治：政治层面水冲突的以色列视角》③ 等。

三　水资源研究的视域

水争端是当今世界最普遍的现象之一。长期以来，亚洲和非洲的多个国家都深受水争端的困扰，甚至陷入冲突与战争。对于学者而言，需要回答的问题是，如何解释广泛存在的水争端？当然，就个案研究而言，每个案例都有各自的原因，但同时也必定有深度的共因。究竟什么是导致中东和其他地区水争端发生的共同原因？在以往的研究中，学者们为了回答这些问题，形成了各自独特的分析框架。至今，学术界形成了三种不同的解释水争端的方法，或者说三种不同的话语，即生态话语、技术话语和政治话语。每一种话语都以独特的方式论述了水争端的性质、成因，指出了水争端的可能后果以及最合适的回应手段，而且，每一种都基于各自独特的世界观，以及对人与自然关系的认识。介绍这三种水争端话语（表0-1），一方面可以帮助我们更加熟悉当前国际学术界对巴以水争端的研究现状，另一方面对于我们往后更深入地认识和分析巴以水争端也具有一定的参考价值。

表 0-1　三种水争端话语

三种话语	存在的问题	解决办法	可能的后果
生态话语	稀缺或有限的水资源，庞大的人口	降低人口增长率	爆发水战争

---

① Mark Zeitoun, *Power and Water in the Middle East: The Hidden Politics of the Palestinian-Israeli Water Conflict*, I. B. Tauris, 2008.

② Subhi Kahhaleh, *The Water Problem in Israel and Its Repercussions on the Arab-Israeli Conflict*, Institute for Palestine Studies, 1981.

③ Martin Sherman, *The Politics of Water in the Middle East: An Israeli Perspective on the Hydro-Political Aspects of the Conflict*, MacMillan Press and St. Martin's Press, 1999.

续表

三种话语	存在的问题	解决办法	可能的后果
技术话语	管理不善和低效率	改善管理，提高效率	取得进展
政治话语	水权利和水资源的不公平分配	促进水权利和水资源的公平分配	出现赢家和输家

资料来源：Jan Selby, *Water, Power and Politics in the Middle East: The Other Israeli-Palestinian Conflict*, p. 21。

（一）生态话语

从生态的角度来看，水争端首先是由于人口高速增长而水资源却相对有限造成的。总体来讲，生态话语认为，水争端是人口相对于有限的资源过度增长的直接结果，换言之，由于人口增长，有限的水资源日益短缺，水危机和水争端随之发生。“不幸的是，水资源十分有限，因此未来的人口增长意味着日益激烈的水竞争。”[①] 这一情况在全球都有表现，但在中东尤其明显，因为在这里资源与人口的失衡最为严重。

依据生态话语，水危机可以通过数据进行量化和比较。为此，学者马林·法力肯马克（Malin Falikenmark）发明了“水紧张指数”（Water Stress Index），试图准确描述水危机。在他看来，一个国家或地区人均可用的自然水资源如果少于 1600 立方米/年，那么可以认为这个国家或地区处于水紧张状态；如果人均少于 1000 立方米/年，则处于严重的水匮乏状态。如果按照这一标准，约旦、以色列，约旦河西岸地区和加沙地带都已经处于严重的水匮乏状态。以色列、约旦，约旦河西岸地区和加沙地带的水资源主要来自于约旦河和地下蓄水层，依据简·塞尔比（Jan Selby）的研究，其可用总水量每年只有 27 亿立方米[②]，而这些国家或地区的人口常年保持在 3%以上的高增长率，其结果是每人可用水量还不到 200 立方米/年，这远低于马林·法力肯马克所谓的严重水匮乏状态的 1000 立方米/年。因此

---

① Malin Falikenmark, “Fresh Water: Time for a Modified Apprroach,” *Ambio*, Vol. 15, No. 4, 1986, p. 192.

② Jan Selby, *Water, Power and Politics in the Middle East: The Other Israeli-Palestinian Conflict*, p. 25.

可以说，这些国家或地区的用水量已经远远超过了自然的供给能力。供给短缺、过度开采和水质恶化是当地资源和人口之间严重失衡不可避免的结果。

除了人口的均衡外，一些水利专家认为，经济的增长也不可避免地增加人均水需求，而且全球气候变化也可能会增加旱灾的发生频率，并酿成巨大的灾难。人口增长及其不断增加的需求迟早将在越来越多的地区造成水资源的绝对短缺。假若这成为现实，水资源将成为经济发展的制约因素，并成为政治纷争和国家间矛盾的焦点。巴勒斯坦地区的情况正是如此，正如学者托马斯·那夫给美国国会的证词中所言，“如果（水）危机不化解，战争的可能性将因此而大大增加……水将最终决定被占领土的未来”[①]。支持生态话语的学者认为，在此情况下，唯一有效的政策选择是限制人口增长。毕竟，水资源是稀缺、固定和有限的，因此，人口增长最需要受到关注，而限制人口增长是化解水危机的关键性步骤。但是，鉴于全球和巴勒斯坦地区人口的稳步增长，控制人口增长是一件相当困难的事情。由此可见，生态话语对水危机和水争端的认识是十分悲观的。一些学者认为，如果人口不加限制地增长，水战争将不避免地爆发。

（二）技术话语

相比生态话语，技术话语要乐观得多，它认为有许多方法可以应对、缓解甚至克服水短缺的问题。从技术角度讲，水危机首先是管理不善和水资源利用率低的结果。世界银行前副总裁伊斯梅尔·萨拉杰丁（Ismail Serageldin）就指出，“大部分国家的水问题主要是由于利用率低和超负荷用水引起的”[②]。一些水利专家认为，技术滞后和投资不足是问题产生的根本原因，要解决问题必须采取适当的措施，比如建大坝、修管道、建盐水或海水淡化厂、设污水处理厂、开发滴灌系统等。而在另外一些专家看来，水危机是由于没有将水视为商品，没有理解水是金钱的道理。按照这种观点，水稀缺本身不是问题，相反，稀缺是经济活动的必然状态，若非

---

① Isam Shawwa, “The Water Situation in the Gaza Strip,” in Gershon Baskin (ed.), *Water: Conflict or Co-operation?*, Israel/Palestine Center for Research and Information, 1992, p. 36.

② World Bank, “Flowing Uphill,” *The Economist*, 12 August 1995, p. 46.

如此，经济交换就没有存在的必要。问题在于水的价值常常被严重低估，结果导致出现经济效益低下的分配。因此，化解水危机的关键在于开发适宜的价格和税收系统，此外，水资源应该实现私有化，并且发展国内外的水市场。[①] 总体而言，支持技术话语的专家虽然论述的侧重点彼此不尽相同，但都强调水资源管理和利用率问题，都对改善水资源管理持积极的态度。

世界银行就主张以技术手段化解水危机。在它看来，只要政府进行必要的制度和技术方面的政策和经济调整，水危机就可以被化解。如果采取必要的措施，水短缺影响经济发展的恶性循环就会转化为经济发展和水资源利用互相促进的良性循环。这一情况完全适用于约旦河流域的国家和地区。在巴勒斯坦被占领土，水资源利用率低的原因除了管理落后外，根源在于技术性问题："已有的输送网络往往十分陈旧"；"水表常常不准确、被损坏或者被水管绕过；供应的水没有被充分氯化；断断续续的供应和低管道水压导致水倒流到网络和水的污染"[②]。就制度和技术而言，巴勒斯坦人的水务部门都表现为低效率和一系列的"限制""缺乏"与"不足"。世界银行认为，巴勒斯坦人面临的挑战是把落后的水务部门转型为管理完善、高效率的部门。与生态话语把经济发展和相伴随的人口增长视为环境危机的根源不同，技术话语认为发展和现代化是摆脱危机的唯一途径。一旦管理和效率得到完善和提高，水危机和由此而来的水争端也将得到化解。由此可见，技术话语对水争端的看法要乐观得多。

（三）政治话语

从政治话语的角度看，水争端实质上是不平等和冲突的结果。就此而言，资源不足与否常常无关紧要，重要的是这些资源是如何分配的。资源的不公平分配是世界各种水争端产生的根源所在。政治话语的支持者在论及约旦河流域时，几乎完全关注水资源的不公平分配和控制问题。在他们

① Marwan Hadadd and Eran Feitelson, *Joint Management of Shared Aquifers: The Second Workshop*, The Palestine Consultancy Group and the Harry Truman Research Institute for the Advancement of Peace, 1997, part 3.

② World Bank, *Emergency Assistance Programme for the Occupied Territories*, Washington D. C., 1994, p. 8.

看来，巴勒斯坦地区水问题的产生，既不是由于当地用水过度，也不是因为管理不善和低效率，而是以色列控制着地区的水资源、否认了巴勒斯坦人的水权利，以及以色列和巴勒斯坦人之间水资源的不公平分配。学者乍得·伊萨克（Jad Isaac）是这一看法的坚定支持者。他断言：“（巴勒斯坦地区的）水危机实际上并非由于供给不足，而是因为不公平和不均衡的分配。”①

就此而言，问题的关键在于巴勒斯坦人只掌握整个地区极小部分的水资源。比如，尽管西岸地区与约旦河相邻，但在那里居住的巴勒斯坦人却无法利用约旦河水，因为以色列（还包括叙利亚和约旦）在河水抵达西岸之前已经利用了大部分可用的河水，当河水流经西岸巴勒斯坦人城镇杰里科时，水的盐度太高，根本无法使用。西岸的大多数水资源也同样被以色列使用。依据1995年《奥斯陆第二阶段协议》，以色列人消费了西岸85%的地下水，巴勒斯坦人仅仅消费了其余的15%，而依据联合国相关决议，西岸地区是巴勒斯坦人的合法领土。以色列家庭人均水供给量是西岸地区巴勒斯坦人的3倍，如果考虑到西岸地区供水网络的损耗比以色列严重得多的话，差距则更大。

从这个角度看，巴勒斯坦地区水争端的化解只有通过以色列承认巴勒斯坦人的合法水权利以及巴勒斯坦人获得应得的地区水资源份额才能实现。当然，可以预见的是，对于什么是“巴勒斯坦人的水权利”以及如何最公平地再分配地区水资源的问题，肯定会出现激烈的思想冲突。对此，许多学者也提出了自己的看法和建议，但无论他们之间存在多大分歧，绝大多数人认为，只有重新分配整个地区水资源，首先是以色列—巴勒斯坦的水资源，巴勒斯坦地区的水危机和水争端才能得到化解。

显然，上述三种话语存在鲜明的差别。从生态角度看，水危机（尤其是巴勒斯坦地区的水危机）是人口和自然资源之间不平衡的结果，或者是不断庞大的人口依赖于稀缺而有限的水资源的事实造成的。要化解水争端，只有限制人口增长，而要做到这一点，面临巨大困难，前景十

① Jad Isaac, “Core Issues of the Palestinian-Israeli Water Dispute,” in K. Spillman and G. Bachler (eds.), *Environmental Crisis: Regional Cinflicts and Ways of Cooperation*, *Environment and Conflicts Project*, Zurich, 1995, p. 57.

分渺茫，因此水战争在将来很有可能发生。从技术角度看，问题的关键在于管理不善和低效率。有鉴于此，各国政府应该完善和改进技术、制度、规范和价格体系；只要这样做了，水危机将不复存在。从政治角度看，水危机首先是由于水权利和水资源的不公平分配。要化解水争端，只有通过确认水权利，重新分配水资源，如果做不到这一点，水争端将不可避免地继续存在。

上述三种话语对水争端的性质、回应方式及其后果的认识各不相同，在一定程度上，他们都对巴以水争端提供了比较合理的描述。问题是，它们是否对巴以水争端以及其他所有水争端都具有同等的解释力？实际上，这三种话语各自都无法对巴以水争端做出完美的解释。生态话语太过于强调水资源和人口的对立关系，把水资源供给和需求的矛盾绝对化；技术话语完全漠视了权力和政治的作用；政治话语不仅忽视了技术的作用，而且没有论及以色列和巴被占领土内部的水供给方面的不平等。但是，毫无疑问的是，这三种话语为我们研究巴以水争端提供了很好的思路。三种话语实质上是三种解释方式，要深刻认识巴以水争端，就必须综合这三种话语的合理成分，并充分考虑巴以水争端的独特性。

四 研究的主要内容

巴勒斯坦地区的地理和气候条件相对较差，水是稀缺资源。20 世纪以来，伴随着频繁的战争，地区水资源的占有者多次发生变化。当前，以色列处于支配地位是巴勒斯坦地区水资源实际控制状况的主要特征。以色列占有了大部分水资源，巴以水消费处于严重的不均衡状态。由于双方的过度开采，水资源遭到破坏，巴勒斯坦地区面临着日益严重的水危机。

对以色列而言，水不仅是对国家安全至关重要的宝贵资源，也是实现政治目标和宗教预言的先决条件。英国委任统治时期，犹太人便在巴勒斯坦地区努力获取水资源。1948 年建国后，以色列与周边阿拉伯国家就水资源展开争夺是 1967 年战争的关键诱因。为了开发水资源，以色列建立了完善而复杂的供水系统。建国前的独特经验、意识形态因素和安全考量等极大地影响着以色列的水决策。1948～1964 年，以色列将获得水资源作为中心目标；1965~1988年，应对水资源短缺成为以色列水政策的核心；1988年以来，以色列对水资源保护越发重视。在以色列，农业居于特殊地位，高居不下的水消费不仅直接导致水资源短缺，也间接导致以色列与巴勒斯坦人的水争端难以化解。在巴被占领土上，以色列限制打凿新井，实行严格的配额制，收取高水价，严重阻碍了巴勒斯坦人有效利用水资源。西岸地区和加沙地带也因过度开采、设施落后、管理不善、水资源利用率低下导致水资源紧缺和水污染，其经济、环境和公共健康面临破坏性影响。

1993年以来，巴以之间展开谈判，先后达成了《奥斯陆协议》和《奥斯陆第二阶段协议》，水问题是一个重要方面。据此，巴勒斯坦水利机构得以初步建立，国际社会的援助推动了巴勒斯坦水利设施的建设。但是，由于双方力量的严重不对称，巴以水谈判的实际效果有限，巴勒斯坦地区仍面临水危机。21世纪以来，随着双方政治关系的恶化，巴以水谈判处于停滞状态。

巴以水争端的化解需要以两个核心原则为基础：一是公平合理地分享共有的水资源，二是在平等基础上进行合作。要延缓巴勒斯坦地区的水危机，还必须对巴以经济进行重构。长远而言，获得大量新鲜水面临着三种选择：①淡水的跨区域转运；②盐水或海水的淡化；③淡化海水的转运。但是，由于双方矛盾根深蒂固，信任极度缺乏，实力严重失衡，巴以水争端的化解不可能在短期内实现。

五　研究方法、特色与创新

本书将以历史唯物主义为基础，并采取以下研究方法。

首先，历史与现实相结合、现实与理论相结合的方法。历史分析法就是按照事物发展的过程，把过去发生的事情置于特定的历史背景下进行分析研究。巴以水争端不仅有其历史渊源，也有现实诉求，只有将两者结合起来，才能全面了解争端的来龙去脉。另外，还需要依据相关学科和理论的指导，探究问题本质，进而提出可行的解决途径。

其次，宏观与微观相结合的方法。巴以水争端既是巴勒斯坦和以色列之间有关水的矛盾和冲突，又关涉巴以的政治关系、经济关系，甚至军事关系。要讲清楚巴以水争端，既要透彻分析水争端的缘由、过程与影响，又要把其放在巴以冲突和中东地区水争端的大背景下去认识。

最后，调查法。笔者利用在以色列特拉维夫大学做访问学者的机会对巴以水争端相关各方进行了调查与采访，对象包括巴以双方的专家、学者、普通市民和军人，得到了他们的友好帮助和有力支持，获取了大量宝贵的信息和资料，而这也是笔者决心进行本研究课题的主要动力之一。

本书对巴以水争端进行全面而深入的分析和研究，总体来看，具有以下特点。

首先，本书从环境与国际政治的宏观视野来研究巴以水争端。

其次，本书采用水的战略、文化以及政治价值的重要性大于其经济价值的研究视角。

再次，当前的国际法关于水资源的原则规定远远不能满足解决巴以水争端的需要，从巴以水争端的困境探讨国际法在这方面的缺失也有一定的探索意义。

最后，本书资料比较丰富，里面有大量有价值的图表，另附 1995 年 9 月 28 日《奥斯陆第二阶段协议》有关水问题的规定以及一些重要的案例，有利于读者进一步认识和研究巴以水争端。

第一章　巴勒斯坦地区的水资源状况

在巴勒斯坦地区，水一直是稀缺资源。自圣经时代以来，由于干旱少雨，缺水是这一地区自然环境的主要特征。《圣经·创世纪》记载，迫于干旱和饥饿，希伯来人离开迦南前往埃及。在《圣经》随后的记载中，水资源多次成为这一地区发生冲突的重要原因。近代以来，由于当地自然环境被人为破坏及人口的稳步增加，缺水之势进一步加剧。由此而言，巴以水争端在某种程度上是这一地区自古以来水冲突的延续和发展。水缺乏的客观条件固然是巴以水争端的诱因，但巴以之间水资源分配和消费的严重不均衡才是水争端的根本原因。近几十年，随着水资源的过度开采，巴勒斯坦地区缺水的状况在日益恶化。

第一节　自然条件与水资源

巴勒斯坦地区的地理和气候条件相对较差，决定了水在当地是一种十分稀缺的资源。20世纪以来，伴随着战争的频频爆发，地区水资源的占有者和控制者屡屡发生变化。当前，以色列掌握了巴勒斯坦地区大部分水资源的实际控制权。

一　恶劣的自然环境

巴勒斯坦地区面积为2.77万平方千米，地图形状为一长方形，南北长约为500千米，从东到西平均约为60千米。它虽然是中东面积最小的政治区域之一，但其地形地貌却复杂多样。这一地区大致可以划分为四个自然区域：南部沙漠区、沿海平原区、中部丘陵区以及东面的约旦河谷区。巴勒斯坦地区属于典型的亚热带地中海式气候，夏季炎热干旱，冬季凉爽湿润，一年大约70%的降水量集中在1月、2月、11月和12月。但在整个地区，降水量的分布并不均衡，南部稀少，北部相对充足，总体上随着海拔的升高在增加。

南部地区包括内格夫沙漠（Negev）和阿拉瓦山谷（Arava），面积大约为1.2万平方千米，属于典型的干旱区。[①] 依据1949年阿以停战协定，接近60%的以色列领土在这一区域之内。尽管面积广阔，但居民少且分散。南部地区的年降水量少，内格夫沙漠南部和阿拉瓦山谷的年降水量为50毫米。在内格夫沙漠北部边缘地带，降水量达到200毫米，但是一旦降雨来临，往往既急又密，渗入岩石和沙土中的雨水很少。尽管自然条件非常不利，但以色列人依然在此建立定居点，发展农业。

沿海平原区是从加沙一直延伸至以色列北部的狭长地带，其宽度从加沙的约41千米缩减至以色列与黎巴嫩交界地带的不到5千米。这里降雨较多，土地肥沃，是整个巴勒斯坦人口最为密集的地区。它既包括人口过度拥挤的加沙地带巴勒斯坦难民营，也包括特拉维夫和海法等以色列主要的大城市。降雨从南到北呈逐步增加态势。加沙地带年降水量约为250毫米，特拉维夫周围的中部沿海地带平均为500毫米，北部则为800毫米。[②]

丘陵区涵盖了内格夫沙漠以北、约旦河西岸和加利利地区的许多部分。这些丘陵并不崎岖，海拔从600米到1200米不等。丘陵区降雨丰富，同样从南到北呈增加的态势。南部朱迪安（Judean）山区，年降水量为600~700毫米，加利利则高达1100毫米。

约旦河谷区位于巴勒斯坦地区的东部，构成了以色列与约旦的边境地带。它是叙利亚—东非大裂谷的一小部分，包括约旦河谷、加利利湖[③]、死海和胡勒谷地（Huleh）等。除了加利利湖南部的山谷外，这一地区的

---

① 按一般标准，年降水量小于200毫米的为干旱区，200~400毫米的为半干旱区。

② Efraim Orni and Elisha Efrat, *Geography of Israel*, Jewish Publication Society of America, 1964, pp. 34, 111-112.

③ 对这一水源，犹太人和阿拉伯人有不同称呼。犹太人称之为基内雷特（Kinneret），而阿拉伯人则称之为太巴列湖（Lake Tiberias），本文采用《圣经》里的称呼，即加利利湖。

宽度为15～25千米。在约旦河上游河谷和胡勒谷地，年降水量多达900～1500毫米，而死海则微不足道。约旦河发源自赫尔蒙山，流经胡勒谷底后进入加利利湖，而后又流过约旦河谷，最后注入死海。约旦河全长300千米，落差700米，是巴勒斯坦地区最大的河流。死海是地球陆地表面最低处，低于海平面约400米。

二　稀缺的水资源

气候和自然环境决定了缺水是整个巴勒斯坦地区的一大特征。如表1-1-1所示，2005年巴勒斯坦整个地区人均水资源量明显低于周边国家。2005年西岸和加沙人均水资源量只有75立方米和125立方米，这仅仅分别相当于黎巴嫩的6%和10%，叙利亚的5%和8%。即便是控制水资源相对较多的以色列，年人均水资源量也只有240立方米，仅仅是黎巴嫩的20%，叙利亚的16%。水资源相对稀缺这一客观现实，是分析巴以水争端时不得不考虑的重要因素。

表1-1-1　2005年约旦河流域国家和地区人均水资源量

单位：立方米

国家和地区	人均水资源量
西　岸	75
加　沙	125
约　旦	200
以色列	240
黎巴嫩	1200
叙利亚	1500

资料来源：The World Bank, *West Bank and Gaza: Assessment of Restrictions on Palestinian Water Sector Development*, Report No. 47657-GZ, April 2009, p. 13。

巴勒斯坦地区共有三个主要的水源：包括加利利湖在内的约旦河，以及两个大的地下蓄水层，即山地蓄水层和沿海蓄水层。山地蓄水层从约旦河西岸延伸至以色列，沿海蓄水层横跨以色列和加沙地带，绵延沿海平原区。由于降水的变化，每年上述水源的供水量并不稳定。此外，由于巴方和以方公布的数据差别很大，学者们所用的数据大多是基于正常年份估计的。依据表1-1-2，巴勒斯坦地区的年供水量为20.6亿立方米，其中约27.7%是来自约旦河的地表水，47.1%是来自蓄水层的地下水，25.2%来自其他水源。

约旦河从北部流经以色列、黎巴嫩和约旦三国的交界地带，最后注入南部的死海，流域面积达1.83万平方千米。约旦河上游由三个发源于泉水的河流汇集而成：发源于黎巴嫩的哈斯巴尼河（Hasbani）年均径流量约为1.3亿立方米；发源于叙利亚的巴尼亚斯河（Banias）年均径流量约为1.2亿立方米；发源于以色列的丹河（Dan）年均径流量约为2.5亿立方米。约旦河上游沿途灌溉用水年均达1亿立方米，注入加利利湖的水量年均约为5.4亿立方米。虽然约旦河是巴勒斯坦地区的主要水源，但1995年的《奥斯陆第二阶段协议》禁止巴勒斯坦使用约旦河河水。①

表1-1-2　巴勒斯坦地区的年供水量

单位：亿立方米

来源	年供水量
约旦河流域	5.7
约旦河上游	5
哈斯巴尼河（发源于黎巴嫩）	1.3
巴尼亚斯河（发源于叙利亚）	1.2
丹河（发源于以色列）	2.5
加利利湖面径流	1.4
加利利湖（降雨、泉水和径流）	2
亚穆克河	0.7
加利利湖蒸发量	-3
注入约旦河下游的盐水量	-0.4
蓄水层	9.7

① Mark Zeitoun, *Power and Water in the Middle East: The Hidden Politics of the Palestinian-Israeli Water Conflict*, pp. 45-46.

续表

来源	年供水量
山地蓄水层	6.4
西区	3.6
北区	1.4
东区	1.4
沿海蓄水层	3.3
以色列境内	2.7
加沙地区	0.6
其他水源	5.2
小蓄水层、径流、蓄水池、海水淡化	3
废水循环	2.2
总计	20.6

资料来源：Alwyn R. Rouyer, *Turning Water into Politics: The Water Issue in the Palestinian-Israeli Conflict*, p. 19。

加利利湖大约低于海平面210米，平均深度只有24米。加利利湖每年由雨水、径流和泉水补给的水量达2亿立方米，但相当一部分水盐度很高，加重了加利利湖的盐化问题。以色列设法把加利利湖附近盐度很高的溪流引向了约旦河下游。加利利湖每年蒸发损失的水约为3亿立方米。以色列每年使用4.7亿立方米加利利湖水，除了供当地居民消费以外，其他湖水则通过国家输水工程管道导向沿海人口稠密区，同时供给内格夫沙漠北部农业灌溉。

在亚穆克河于加利利湖以南8千米汇入约旦河下游之前，以色列或将部分河水引向加利利湖，或在当地直接利用。按照1994年的《约以和平协议》，这一引水量将降至每年0.25亿立方米。按规定，在冬季的几个月份，以色列被允许多抽0.2亿立方米亚穆克河水引入加利利湖，但在夏天又必须放同等量的水到约旦河。以色列每年从亚穆克河得到的实际水量估计在0.7亿~1亿立方米。①

---

① Shraf Elmusa, "The Jordan-Israel Water Agreement: A Model or an Exception?" *Journal of Palestine Studies*, Vol. 24, No. 1, 1995, pp. 63-73.

约旦河最终注入死海。死海是世界著名的咸水湖，低于海平面400米。在1964年以色列国家输水工程完工之前，约旦河每年注入死海的水量约为13亿立方米，目前每年仅为0.5亿~2亿立方米。[①] 由于水的盐度太高，约旦河下游河水根本无法直接使用。死海水的盐度更是高达25万ppm[②]，大约是一般海水的8倍多。[③]

为巴勒斯坦和以色列供水的蓄水层主要有两个，其中的山地蓄水层水量最为丰富，每年的供水量约达6.4亿立方米。[④] 它除约5%在以色列绿线[⑤]一侧外，绝大多数在约旦河西岸。按照水的流向，山地蓄水层大致分为西区、北区和东区三个部分。其中以西区水量最大，也最有争议。以色列称之为亚孔—塔尼尼姆蓄水层，因为它的水以泉水的形式补给了沿海平原的两条小河——亚孔河（Yarkon）和塔尼尼姆河（Taninim）。西区蓄水层每年可以保证供水3.62亿立方米，其中0.4亿立方米是微咸水。依据《奥斯陆第二阶段协议》，以色列所得份额为3.4亿立方米/年，巴勒斯坦所得份额为0.22亿立方米/年。

北区蓄水层估计每年可供水1.45亿立方米，其中部分也是微咸水。依据《奥斯陆第二阶段协议》，以色列所得份额为1.03亿立方米/年，巴勒斯坦所得份额为0.42亿立方米/年。

东区蓄水层流向约旦河下流河谷，完全分布于约旦河西岸，每年供水约1.4亿立方米，其中部分也是微咸水。东区蓄水层又分为两个层次。较浅水层的水以泉水的形式汇为溪流，由巴勒斯坦的村庄和农民使用。较深的水层是西岸犹太人定居点的主要用水来源，自1967年以来，以色列人从

---

① Mark Zeitoun, *Power and Water in the Middle East: The Hidden Politics of the Palestinian-Israeli Water Conflict*, p. 46.

② ppm意为百万分率，1ppm即一百万千克的溶液中含有1千克溶质。

③ Alwyn R. Rouyer, *Turning Water into Politics: The Water Issue in the Palestinian-Israeli Conflict*, p. 39.

④ 对此数据巴方和以方争议较大。以色列官方公布的数字通常低于6.4亿立方米，巴勒斯坦水专家认为该数字高达8.3亿立方米，1998年巴勒斯坦水当局公布的数字是6.8亿立方米。

⑤ 国际社会把1949年7月分开以色列、约旦和埃及所占巴勒斯坦土地的停战线称为“绿线”。

这里深达 700 米的井中抽取用水。[①] 依据《奥斯陆第二阶段协议》，以色列所得份额为 0.4 亿立方米/年，巴勒斯坦所得份额为 0.54 亿立方米/年。此外还规定，0.78 亿立方米/年的剩余量由巴勒斯坦开采。[②]

沿海蓄水层从北部的卡麦勒山（Mount Carmel）到南部的加沙地带，绵延超过 150 千米，是整个巴勒斯坦地区的第三大水源。在地理上，沿海蓄水层与西部的山地蓄水层相分离，其宽度在北部为 3~10 千米，在南部约为 20 千米，主要通过从山丘上流下的雨水补给。一些以色列水专家提出，加沙地带下的蓄水层与以色列国土下的蓄水层互相分离，因而不适用于跨境水源的相关规定。尽管沿海蓄水层分为几个次蓄水层，但在地理上完全是一个整体。以色列每年从沿海蓄水层获得的水约为 2.8 亿立方米，巴勒斯坦人获得的不超过 0.6 亿立方米。但据多数专家估计，沿海蓄水层的开采率高达 100%。由于以色列和加沙地带对沿海蓄水层的过度开采和污水渗透，从这一蓄水层抽取的水高度盐化，质量很差。

除上述主要水源外，以色列和巴勒斯坦还能从其他水源得到 5.2 亿立方米水。每年，以色列从加利利、卡麦勒山区和阿拉瓦（Arava）山谷的一些蓄水层获得 2.5 亿~2.6 亿立方米水。此外，在正常年份，以色列每年还从暴雨时的径流和巴勒斯坦被占领土的蓄水池获得约 0.45 亿立方米水。当然，这一数字随冬季降雨量的变化而变化。巴勒斯坦人则广泛运用屋顶的蓄水池收集雨水。1994 年，在约旦河西岸，由于没有其他水源，大约 53%的村庄不得不依靠蓄水池获得饮用水。村民们将整个屋顶都用来收集雨水，而后把它引入屋子一角或院子里的金属蓄水池。1994 年，西岸有至少 5 万个蓄水池，平均蓄水量为 50 立方米。在西岸的占领区，以色列当局不允许巴勒斯坦人建造小的堤坝拦截雨水径流，认为这样会减少以色列绿线一侧地下水的数量。[③]

最后一个主要的水源是循环污水。1994 年，水专家认为循环污水每年

① Tahal Counsulting Engineers, *Israel Water Sector Study*, Tel Aviv and Washington, 1990, pp. 7-11.

② Mark Zeitoun, *Power and Water in the Middle East: The Hidden Politics of the Palestinian-Israeli Water Conflict*, p. 48.

③ Alwyn R. Rouyer, *Turning Water into Politics: The Water Issue in the Palestinian-Israeli Conflict*, p. 24.

约为2.2亿立方米，在未来几十年，这一数字将增加一倍。以色列的废水利用技术是世界上最先进的。65%的家庭和工业污水以这种方式得到利用，大约70%的循环污水被重新用于农业。这一做法大大改善了环境的质量，尤其是减少了海岸线的污染。鉴于当前水缺乏的状况和人口的不断增长，以色列未来大部分灌溉用水将来自循环污水。西岸和加沙的家庭污水和工业污水每年约为0.4亿立方米。对巴勒斯坦人而言，处理过的污水将来也是农业灌溉用水的主要来源。

三　地区水资源的控制

由上述可知，巴勒斯坦地区的水资源稀缺，在此情况下，水资源由谁控制和消费就成了关键的问题。加沙地带的情况比较简单，这里的水资源在2005年以军撤离以后处于巴勒斯坦人的控制之下。约旦河西岸的情况则要复杂得多。

1. 巴勒斯坦对西岸地区水资源的控制情况

（1）巴勒斯坦水务局的水井。它们打凿于1996年巴勒斯坦水务局成立之后，由巴勒斯坦水务局拥有和运转。目前，这样的水井只有4口，但出水量都很大，每小时都超过100立方米，年出水总量为350万立方米。

（2）农业水井。依据《2002年水法》，这些水井应处于巴勒斯坦水务局的法律管辖之下，但按惯例它们归私人所有。在西岸，农业水井总数超过300口，但出水量较小，年出水总量估计为3450万立方米，是巴勒斯坦水务局水井年出水总量的10倍。它们大多数打凿于1967年战争之前。水井的主人们一直在抵制巴勒斯坦水务局的集权化管理，这对后者的合法性构成了一定的挑战。尽管如此，巴勒斯坦水务局对这些私人水井保持着一定的控制力。①

（3）市属水井。这些水井依据《2002年水法》也应该处于巴勒斯坦水务局的法律管辖之下，但实际上它们首先由各市政部门管理。在以色列

① 加沙有约4000口私人农业水井，年出水总量估计为1.4亿立方米，其中大部分出现于《奥斯陆协议》之后，巴勒斯坦水务局无法完全控制这些水井。

占领时期，纳布鲁斯和希伯伦等一些市政当局各自发展，当前这些水井的年产水总量超过巴勒斯坦水务局的水井。与农业水井一样，巴勒斯坦水务局对这些水井的集权化管理也受到了一定的抵制。

2. 以色列对西岸地区水资源的控制情况

（1）西岸水务局的水井。它们包括由西岸水务局运转和维护的13口水井。西岸水务局正式建立于1967年，直到1995年由以色列国防军的民政机构管理。在这一时期，以色列民政机构通过西岸水务局又打造了几十口水井，以供应犹太人定居点和巴勒斯坦村民。尽管1995年以来西岸水务局就制度而言处于巴勒斯坦水务局的法律管辖之下，但这些水井如何运转（比如犹太人定居点、以色列军事营地和巴勒斯坦村民谁将优先得到供水）却由民政机构决定。

（2）西岸内的以色列水井。它们由以色列供水公司麦克洛特拥有和管理。尽管有关这些水井出水量的数据并未公布于众，但一般认为，其数目超过25个，年出水量为0.44亿~0.59亿立方米。这些水绝大部分被分配给犹太定居者，一小部分供应巴勒斯坦村民。

（3）以色列向巴勒斯坦水务局出售水。巴勒斯坦水务局每年向以色列购买0.22亿~0.33亿立方米水。[①] 在此情况下，以色列一方作为出售者享有决定权。以色列曾多次威胁切断对巴勒斯坦人的水供应。

（4）犹太人定居者向西岸巴勒斯坦人出售水。20多万巴勒斯坦人由于没有管道供水，只能在冬季收集雨水。往往到夏季，这些水就已经用完。以色列检查点又会阻挠西岸巴勒斯坦人向巴私人拉水车购水。因此，西岸巴勒斯坦人便不得不以高价向犹太定居者购买水。

除了上述水源外，还有其他水源处于国家控制之外。这主要有两类：

雨水。巴勒斯坦人常用水箱收集雨水。这种水无须付费，通常也不受控制。就整个地区水资源而言，雨水量非常有限。不过，对于那些以其为主要水源的农民而言，雨水十分重要。

地下水。以泉水为形式流动的地下水是西岸重要的传统水源。虽然泉水按规定也在巴勒斯坦水务局的管理之下，但它们实际上处于以色列和巴

---

① Mark Zeitoun, *Power and Water in the Middle East*: *The Hidden Politics of the Palestinian-Israeli Water Conflict*, p. 52.

勒斯坦当局的控制之外。

依据2000年巴勒斯坦水务局公布的数据，西岸共有561口水井，其中42口属于以色列，其余519口属于巴勒斯坦人，它们分别处于巴勒斯坦水务局、地方市政部门、西岸水务局和巴勒斯坦农民的控制之下。但是，衡量巴以对西岸水资源控制数额的多少不能仅仅基于水井的多少，还要考虑水井的出水量。一般而言，以色列水井的年出水量比巴勒斯坦人的大得多。巴勒斯坦控制的519口水井中，353口可以出水，总出水量达到7230万立方米/年，每口井的平均出水量大约只有20.5万立方米/年。以色列控制的42口水井中，38口可以出水，总出水量达到5000万立方米/年，每口井的平均出水量高达131.6万立方米/年，这一数字是巴勒斯坦人水井的6.4倍。这样，巴勒斯坦人虽然控制着西岸约90%的水井，但其出水量却不到西岸水井总出水量的60%。①

总体而言，巴以对水资源的控制量形成了巨大的反差。如表1-1-3所示，就三大山地蓄水层水井的抽取量而言，2001年以色列为6.53亿立方米，巴勒斯坦人为0.723亿立方米，前者大约是后者的9倍；就泉水的汲取量而言，以色列为2.186亿立方米，巴勒斯坦人为0.659亿立方米，前者大约是后者的3.3倍。以色列控制和获得的水量远远大于巴勒斯坦。同时，以色列的水利技术居于世界前列，甚至向他国出口。由此看来，以色列无论是在水资源的占有量上，还是在水资源开发能力上，都处于优势地位。

表1-1-3　2001年巴勒斯坦和以色列三大山地蓄水层的自然补给量、抽取量

单位：亿立方米/年

蓄水层		东区蓄水层	东北区蓄水层	西区蓄水层	总计
补给量	估计的平均补给量	1.61	1.45	3.66	6.72
	变化范围	1.25~1.97	1.32~1.77	3.175~3.66	
抽取量	西岸内外的水井和清泉	2.048	1.841	6.21	10.099

① Simone Klawitter, "Water as a Human Right: The Understanding of Water Rights in Palestine," in Asit K. Biswas, Eglal Rached and Cecilia Tortajada (eds.), *Water as a Human Right for the Middle East and North Africa*, Taylor & Francis Group, 2008, p. 101.

续表

<table>
<tr><th colspan="4">蓄水层</th><th>东区蓄水层</th><th>东北区蓄水层</th><th>西区蓄水层</th><th>总计</th></tr>
<tr><td rowspan="5">水井</td><td colspan="3">巴勒斯坦人和以色列合计</td><td>0.627</td><td>0.911</td><td>5.716</td><td>7.254</td></tr>
<tr><td colspan="3">巴勒斯坦人</td><td>0.264</td><td>0.191</td><td>0.268</td><td>0.723</td></tr>
<tr><td rowspan="3">以色列</td><td colspan="2">合计</td><td>0.363</td><td>0.72</td><td>5.448</td><td>6.531</td></tr>
<tr><td colspan="2">西岸之内</td><td>0.343</td><td>0.129</td><td>0.028</td><td>0.5</td></tr>
<tr><td colspan="2">西岸之外</td><td>0.02</td><td>0.591</td><td>5.42</td><td>6.031</td></tr>
<tr><td rowspan="6">清泉</td><td colspan="3">巴勒斯坦人和以色列合计</td><td>1.421</td><td>0.93</td><td>0.494</td><td>2.845</td></tr>
<tr><td colspan="3">巴勒斯坦人</td><td>0.455</td><td>0.178</td><td>0.026</td><td>0.659</td></tr>
<tr><td rowspan="4">以色列</td><td colspan="2">合计</td><td>0.966</td><td>0.752</td><td>0.468</td><td>2.186</td></tr>
<tr><td colspan="2">西岸之内（咸水）</td><td>0.883</td><td>0</td><td>0</td><td>0.883</td></tr>
<tr><td rowspan="2">西岸之外</td><td>清洁水</td><td>0.0094</td><td rowspan="2">0.752</td><td rowspan="2">0.468</td><td rowspan="2">1.303</td></tr>
<tr><td>咸水</td><td>0.0736</td></tr>
</table>

注：数据不包括沿海蓄水层；表格中“以色列”一栏列出“西岸之内”与“西岸之外，”是因为以色列侵占了部分绿线划分的原归于巴勒斯坦的领土。在涉及西岸水资源情况时笔者用“巴勒斯坦人”指代西岸尚未被以色列侵占的领土。

资料来源：Mark Zeitoun, *Power and Water in the Middle East: The Hidden Politics of the Palestinian-Israeli Water Conflict*, p. 29。

第二节　巴以水消费的失衡

一　巴以水资源数据之争

经历长期的对抗与冲突，巴勒斯坦与以色列之间极度缺乏信任。因此，对于水的供应、消费、盐化的程度以及补给量等许多信息，巴以双方的数据信息差异很大。

经过数十年连续不断的科学调查与评估，以色列一方拥有整个巴勒斯坦地区极为详细和准确的水资源数据，约旦河西岸所有水井（包括巴勒斯坦人的水井）的情况也在以色列的掌握之下。问题的关键在于，除非以色列政府公开发布，否则外界根本无法获得这些数据做研究之用。在以色列，水资源数据直接关涉国家安全，尤其是以色列和约旦河西岸共享的地下水资源以及犹太人定居点水消费的信息，属于国家机密，严禁外泄。凡想使用数据的学者或机构都必须正式向军事部门提出申请，但往往遭到断然拒绝。即便是独立的以色列学者也无法得到原始的水资源数据。以色列记者在发表有关水资源的文章之前必须提交军事部门审查。① 1991 年，特拉维夫大学杰菲战略研究中心（Jaffee Centre for Strategic Studies）的一个报告建议在约旦河西岸和戈兰高地划定“合理后撤线”，被认为太过敏感，而被禁止散播。

由于以色列对水资源数据高度保密，巴勒斯坦水专家和谈判者对以色列官方公布的数据持高度怀疑的态度。他们认为，这些数据被有意篡改，以支持以色列在水争端中的立场。巴勒斯坦要求获得以色列的原始数据，并开展独立的调查，以进行必要的验证。以色列官员则声称，凡公开的数据都准确无误，出于安全考虑，只有约 10%没有公布。一般而言，巴勒斯坦宁愿依靠他们自己测量得来的不太准确的数据，也不愿使用以色列政府提供的数据。结果，以方和巴方的数据差距很大，在共享的地下水水量以及西岸和加沙犹太人定居点的水消费量上更是如此。巴勒斯坦水务局成立以来，巴勒斯坦当局在国际资金的援助下开始建立自己的水资源数据库。

持久的水协议必须建立在信任的基础上。要对巴勒斯坦地区的水资源进行联合管理，可靠的水资源数据库的建立和相关数据的共享是先决条件。以方和巴方的水专家都普遍呼吁在国际学术会议上应有共享的水资源数据库，只有这样才可能联合提出合理的地区水问题解决方案。中东多边水工作小组也曾提出要建立一个中东水资源基础数据库。《奥斯陆第二阶段协议》也呼吁在“交换可用的相关数据”方面合作，但至今双方都没有实质性的行动。

二 巴以水消费的博弈

以色列人和巴勒斯坦人水消费的数据和状况，显露无疑地表明了巴以

① David Kahan, *Agriculture and Water Resources in the West Bank and Gaza* (1967-1987), The West Bank Data Project, 1987, p. v.

水争端的政治特性。这一问题简单来说分为两个方面：第一，以色列和巴勒斯坦的年均水消费量超过了自然补给量；第二，以色列的人均水消费量远远超过了巴勒斯坦。

据估计，以色列和巴勒斯坦领土的水消费总量在正常年份是 21 亿～22 亿立方米，而每年的实际消费量还有赖于降雨量的多少。在正常年份 1995 年，以色列的水消费总量超过了 19 亿立方米，而西岸和加沙巴勒斯坦人的水消费总量估计约为 2.4 亿立方米。如果这些数字基本准确的话，那么以色列和巴勒斯坦每年水消费量是水供应量的 110%。这就意味着，在水平衡中，每年短缺 1 亿立方米或者更多的水，这必然对水源的质量和可持续性造成巨大的危害。

在以色列和巴勒斯坦，农业都是水消费的首要部门。水资源的过度开采与农业用水的管理不善直接相关。20 世纪 50～70 年代，农业灌溉占用了以色列总消费水量的 75%～80%。由于八九十年代干旱年份农业用水的缩减、人口增长导致的家庭用水的增长以及灌溉技术的提高，农业用水所占清洁水的份额已经降至 65%左右（如表 1-2-1）。然而，尽管农业用水的份额在下降，但分配给灌溉的水资源量与农业在以色列经济中的边缘地位远不相称。90 年代中期，农业仅仅贡献了以色列 4%的 GDP 和 3.5%的就业机会；到 2001 年，农业仅仅贡献了 1.5%的 GDP。[①] 相对而言，农业在巴勒斯坦经济中的地位要重要得多，它创造了 25%的 GDP，提供了 30%的就业机会。

表 1-2-1　20 世纪 90 年代中期以色列和巴勒斯坦各部门的水消费情况

单位：亿立方米，%

	以色列		巴勒斯坦	
	消费量	百分比	消费量	百分比
农业	12.28	64	1.55	65
家用	5.56	29	0.78	33

① Mark Zeitoun, *Power and Water in the Middle East: The Hidden Politics of the Palestinian-Israeli Water Conflict*, p. 14.

续表

	以色列		巴勒斯坦	
	消费量	百分比	消费量	百分比
工业	1.36	7	0.07	2
总计	19.2	100	2.4	100

资料来源：Alwyn R. Rouyer，*Turning Water into Politics*：*The Water Issue in the Palestinian-Israeli Conflict*，p. 26。

在以色列，虽然灌溉用水的比例在降低，但最近几十年可灌溉土地的面积实际上在增加。到1995年，可灌溉土地的95%得到了灌溉，其面积大约为全部农田的50%。这一成就是以色列开发和采用节水灌溉技术的直接结果。当前，中东大部分国家依然普遍使用自流灌溉，这致使50%以上的水由于蒸发而损失。与此不同，以色列不仅采用了喷灌技术，也是世界上滴灌技术的领导者。滴灌是借助于带孔的管道，把微量的水直接输送到植物的根部。通过与中央计算机系统相连的传感器的控制，滴灌的有效性可以达到95%。1958年，以色列农业用水每公顷平均8700立方米；1991年，这一数字降到了5000立方米，而农产品产量却增加了。

对巴勒斯坦人而言，最关键的问题是如何获得满足他们基本需求的水资源。自1967年以色列占领巴勒斯坦领土后，其军队便严格限制巴勒斯坦人在加沙抽取、转运、消费水资源以及修建水利设施。1994年以后，在移交给巴勒斯坦民族权力机构的约旦河西岸，以色列依旧限制巴勒斯坦人使用水资源。以色列一方面严禁巴勒斯坦人未经许可擅自打凿新井或整修老井，另一方面又极少颁发许可证。在西岸地区，以色列把巴勒斯坦农业用水限制在每年0.9亿~1亿立方米。以色列声称这一数字比1967年占领前增长了20%，但巴方则指出这仅是1967年的水平。[①] 巴勒斯坦只有极少量的水用于工业。1967年后，以色列分配给西岸巴勒斯坦家庭的用水量逐步增加，但其增加速度慢于巴勒斯坦人口增长速度。据估计，1967~1990年，西岸巴勒斯坦人口增长了87%，从58.3万增长到110万，但以色列分

① Shalif Elmusa，*Negotiating Water*：*Israel and the Palestinians*，Institute for Palestine Studies，1996，p. 27.

配给巴勒斯坦家庭的用水量只增加了 20%。[①]

以色列当局指出，其在巴勒斯坦被占领土地施行的水政策的目的在于保护水资源。它认为，巴勒斯坦人对山地蓄水层，尤其是对以方获得大量饮用水的西区蓄水层的过度利用，将会导致类似于沿海蓄水层的海水渗透情况。而且，以色列当局认为，以色列人应得的水权利要大于巴勒斯坦人。然而，在巴勒斯坦人的水消费受到限制的同时，以色列却把它的供水量提高了 3.45 亿立方米，其中许多来自与巴勒斯坦共享的水资源。[②]

以色列对水的限制严重阻碍了巴勒斯坦农业的发展。1970～1990 年，以色列的灌溉农田增加了 22%，约 34 万杜纳姆（dunams）[③]，而西岸灌溉农田的总量却从 1966 年的 10 万杜纳姆减少至 1990 年的 9.5 万杜纳姆。西岸的巴勒斯坦农民被迫主要经营雨水农业，这使他们陷入了靠天吃饭的境地。在干旱的年份，以色列的农民可以获得一定配额的水，而巴勒斯坦农民则一无所得。相比以色列，巴勒斯坦只有 10%的农田得到了灌溉，其中西岸有 5%，加沙有 5%。[④] 一些地方已经引入了滴灌和其他节水技术，但由于高昂的成本，许多巴勒斯坦农民依然采用传统的自流灌溉法，导致大量水渗入了沟渠之中。在一些地方，由于没有其他可用的水源，巴勒斯坦农民不得不在作物生长的关键时节用污水灌溉蔬菜。

巴以之间水消费的不平等最直观的反映是双方的年人均水消费量的巨大差距，据保守估计（表 1-2-2），以色列的年人均水消费量是巴勒斯坦的 3～4 倍。这一差距在人均家庭用水量上的表现也很明显。如表 1 2-3 所示，以色列人均家庭用水量为 280 升/天，与水资源丰富的欧洲国家水平相当。在干旱的年份，农业用水遭到削减，但以色列向家庭限额配给水的情况几乎从未发生。与此形成鲜明对照的是，巴勒斯坦人均家庭用水量只有 90 升/天，远远低于 250 升/天的世界最低标准。况且由于恶劣的基础设施造成的渗漏问题，在西岸，1994 年的渗漏率约为 50%，实际输送到巴勒斯

---

① Gershon Baskin, "The West Bank and Israel's Water Crisis," in Gershon Baskin (ed.), *Water: Conflict and Cooperation*, pp. 3-4.

② Shalif Elmusa, *Negotiating Water: Israel and the Palestinians*, p. 27.

③ 1 杜纳姆等于 0.1 公顷或 1.5 亩，1000 杜纳姆等于 1 平方公里。

④ 参见 David McDowall, *The Palestinians: The Road to Nationhood*, Minoyity Rights Group, 1994, p. 55。

坦城镇和乡村消费者的水每天只有 40～60 升。在少雨的夏季和干旱的年份，西岸的许多城镇无法获得定期供水，有时是一周一次，或者更长。例如，在 1994 年的夏季干旱时节，伯利恒地区连续 4 个月没有管道饮用水。乡村和难民营的情况更加糟糕。西岸一半的乡村（约占西岸 37%的人口）没有管道饮用水，村民或者依赖于屋顶的蓄水池，或者从水质很差的水井中提水。难民营里的水资源相当匮乏。1992 年联合国的报告称，加沙难民营中大约 40%的居民家中没有水。在城镇、乡村和难民营没有足够水源的情况下，巴勒斯坦人不得不以远高于管道水的价格向运水车购水。自 1995 年《奥斯陆第二阶段协议》签订以来，巴勒斯坦民族权力机构和国际社会开始设法增加巴勒斯坦人的供水量。尽管如此，水供给不平衡状况并未改变。由于人均水消费量直接影响到生活水平，以色列人和巴勒斯坦人生活质量之间的差距依然十分明显。

表 1-2-2　20 世纪 90 年代中期以色列和巴勒斯坦领土的水消费量

	总消费量（亿立方米/每年）	人均消费量（立方米/每年）
以色列	1920	350
巴勒斯坦	240	105
约旦河西岸	125	93
加沙地带	115	135
巴勒斯坦地区总计	2160	

资料来源：Alwyn R. Rouyer, *Turning Water into Politics*: *The Water Issue in the Palestinian-Israeli Conflict*, p. 25。

表 1-2-3　20 世纪 90 年代中期以色列和巴勒斯坦人均水消费量及人均家庭用水量比较（估计）

	人均水消费量（立方米/年）	人均家庭用水量（升/天）
以色列	100	280
巴勒斯坦	35（18）	90（50）
西岸	28	77
加沙	37	100

资料来源：Alwyn R. Rouyer, *Turning Water into Politics*: *The Water Issue in the Palestinian-Israeli Conflict*, p. 28。

即便是在西岸、加沙的巴勒斯坦人和犹太定居者之间，水消费量也存在极大的反差。尽管犹太定居者水消费的数据被以色列严格保密，但外界估计犹太定居者消费了西岸水资源的1/4~1/3，其中大部分用于灌溉。1995年，西岸犹太定居者约有14万人，水消费总量约为0.5亿立方米（如表1-2-4所示），人均约为357立方米，而西岸120万巴勒斯坦人只消费了约1.25亿立方米，人均约为104立方米，前者大约是后者的3.5倍。西岸犹太定居者的人均家庭用水量甚至还略高于绿线以内的以色列人。西岸犹太定居者的用水主要来自1967年以来以色列水务公司在山地蓄水区东区挖掘的深度超过40米的水井。在加沙，犹太定居者每年的水消费量约为0.06亿立方米，其中0.04亿立方米由以色列供应。1995年加沙的犹太定居者只有约6000余人，人均总消费量却十分惊人，高达1000立方米。[①] 尽管大部分水被用于灌溉，但加沙定居点犹太人的人均家庭用水量依旧远远高于西岸的犹太定居者或绿线内的以色列人。

表1-2-4 20世纪90年代中期巴勒斯坦领土上的犹太定居者水消费情况

	总消费量（亿立方米/年）	人均总消费量（立方米/年）	人均家庭用水量（立方米/年）	人均家庭用水量（升/天）
西岸	0.5	450	110	300
加沙	0.06	1000		

资料来源：Alwyn R. Rouyer, *Turning Water into Politics: The Water Issue in the Palestinian-Israeli Conflict*, p. 30。

以色列人以文化和经济发展水平的不同对巴以水消费差距做出了解释。正如特拉维夫大学的一位经济学教授所言，“以色列具有与欧洲人和美国人一样的情趣；他们喜欢房屋周围有绿色的草坪和花卉。在阿拉伯人的城镇和村庄几乎看不到绿色的草坪。如果阿拉伯人房屋周围有土地的话，他会栽种果树而不是绿草。和西方人一样，以色列人在夏天的几个月常常淋浴，而这并非阿拉伯人的传统”；而且“经济发展水平较低的人，

① 据估计，1986年加沙犹太定居者人均水消费量为2240立方米，这一数字大约是当地巴勒斯坦人的16倍。参见Sara Roy, *The Gaza Strip: The Political Economy of De-Development*, Institute for Palestine Studies, 1995, p. 167。

水的消费量要少于更加富足的人；在巴勒斯坦人的经济发展水平得到提高后，他们的家庭水消费模式将更加类似于以色列人和西方人"[①]。在以色列人看来，他们的水消费量高于巴勒斯坦人合情合理，完全是不同的文化和生活水平作用的结果。然而，世界银行的研究却表明，经济发展水平相近的国家，人均家庭用水量却大相径庭。比如，智利和阿根廷的人均 GDP 大致相当，但智利人的人均水消费量却是后者的两倍。埃及的人均收入只是叙利亚的一半，但人均家庭用水量却是叙利亚的两倍多。上述这两组国家的文化传统都非常相近。显然，巴以水消费量差距巨大的根本原因不在于文化或经济，而在于政治。1993 年世界银行的研究表明，巴勒斯坦人均家庭用水量要低于与其收入水平接近的其他国家。[②] 1994 年巴勒斯坦民族权力机构建立后，由于没有了以色列的军事控制，加沙巴勒斯坦人的水消费量迅速增加。显然，问题的关键在于究竟能不能自由获得水资源。在加沙和西岸，无论是农业用水，还是家庭用水，巴勒斯坦人都受到以色列的严格限制。以色列根本不愿意也不允许巴勒斯坦人像他们一样大量使用水资源。

巴勒斯坦人和以色列人供水水源的差别也进一步说明了巴以水分配的不合理和不公平。如表 1-2-5 所示，在西岸，以色列人消费的所有水都由己方控制，而巴勒斯坦人消费的水大约有 1/4 受制于以色列。这就意味着以色列可以随时切断对巴勒斯坦的水供应，巴勒斯坦的水安全很大程度上被以色列操纵。另外，犹太定居者消费了大量西岸的水资源，但巴勒斯坦人却无力染指以色列境内的水源。

表 1-2-5　2003 年按水生产者不同归类的西岸水生产和消费情况

单位：亿立方米/每年

来源	巴勒斯坦人在西岸的水消费量	以色列在西岸的水消费量	控制者
雨水	0. 05	0	巴勒斯坦人

① Alwyn R. Rouyer, *Turning Water into Politics*: *The Water Issue in the Palestinian-Israeli Conflict*, p. 30.

② World Bank Staff, *Developing the Occupied Territories*, The World Bank, 1993, p. 52.

续表

来源	巴勒斯坦人在西岸的水消费量	以色列在西岸的水消费量	控制者
巴勒斯坦水务局水井	0.035	0	巴勒斯坦人
农业水井	0.345	0	巴勒斯坦人
市属水井	0.158	0	巴勒斯坦人
泉水	0.638	0.883	以色列/巴勒斯坦人
西岸水务局水井	0.059	0.045	以色列
西岸内的以色列水井	0.069	0.481	以色列
以色列供应的水	0.225~0.36	0.09	以色列
西岸内清洁水的生产总量			1.88
西岸内巴勒斯坦人对地下水的消费量			1.3
巴勒斯坦人对西岸内所有水源的总消费量			1.35
西岸巴勒斯坦人对所有水源的总消费量			~1.65
巴勒斯坦人对以色列境内所有水源的总消费量			0
巴勒斯坦人对西岸巴勒斯坦人控制的水源的总消费量			1.226
巴勒斯坦人对西岸以色列控制的水源的总消费量			~0.42
西岸以色列人对西岸内以色列控制下的水井的总消费量			~0.53
西岸以色列人对所有水源的总消费量			~0.61
以色列人对巴勒斯坦人控制下的水源的总消费量			0

注：此表包括巴勒斯坦居民以及犹太定居者和以色列军人消费的水。

资料来源：Mark Zeitoun, *Power and Water in the Middle East: The Hidden Politics of the Palestinian-Israeli Water Conflict*, p. 54。

供水管道的粗细和蓄水箱的大小也显示出了犹太定居者与巴勒斯坦人之间的差别以及以色列政府对巴勒斯坦人的歧视。一般而言，犹太定居者享有大口径供水管道，而通向巴勒斯坦人城市的则是直径小得多的管道，如果考虑到居住区人数的差异，这种对比就更加明显。例如西岸的吉尔亚特阿尔巴（Kiryat Arba）犹太人定居点 1995 年只有 5500 人，但其供水管道直径为 16 英寸，还可以从渠道获得供水。西岸的巴勒斯坦城镇巴尼纳伊姆（Bani Naim）有人口 9000 人，供水管道只有 6 英寸；希伯伦城人口 9.5

万人，供水管道只有两条，一条是 12 英寸的，另一条是 10 英寸的；城镇达利亚（Dhahriyya）人口 1.5 万人，供水管道也只有两条，一条是 6 英寸的，另一条是 4 英寸的，每年获得的供水只有 15 万立方米，平均每人 10 立方米。[①] 如果比较一下人口规模和蓄水池的大小，就会发现同样的问题。上述的犹太人定居点吉尔亚特阿尔巴有两个蓄水池，每个容量达 1000 立方米，但是人口更加密集的巴勒斯坦城镇巴尼纳伊姆只有一个容量为 150 立方米的蓄水池，城镇达利亚也只有一个 200 立方米的蓄水池，后者的人口是吉尔亚特阿尔巴的近 3 倍，但蓄水池容量只有它的 1/10。[②]

第三节　日益严重的水危机

巴勒斯坦地区的水问题不仅在于巴以水消费的严重不均衡，还在于面临着日益严重的水危机。简言之，即当地的水资源无法满足既存人口的需要。一般情况下，巴勒斯坦地区人口的水消费量已经比正常产量高出约 1 亿立方米。在干旱年份，即便以色列缩减了农业的水消费量，但是依然出现了数量巨大的“水赤字”。水消费量和产量之间不平衡的持续存在，不仅将耗尽有限的地下水资源，也会给地下蓄水层和加利利湖水造成无法逆转的危害。实际上，无论在以色列，还是在加沙，对部分沿海蓄水层的破坏已是无法改变的事实。但是，人口的持续增长，水需求的增长也是必然。若要避免生态灾难，必须采取果断的措施，或者开发新的水资源，或者巴以双方都减少农业用水量。

一　水供应的衰减

沿海蓄水层遭受的破坏最为严重。由于极高的人口密度和农业的不断发展，沿海蓄水层在以色列和加沙都被过度开采。多年以来，水的开采量

---

① Jan Selby, *Water*, *Power and Politics in the Middle East*: *The Other Israeli-Palestinian Conflict*, p. 87.

② CDM/Morganti, “Task 25: Water Supply Facility Master Plan for Hebron-Bethlehem Service Area, Final Report,” Report for PWA, 8 March 1997, p. 11.

远远多于补给量，其结果是一些地方水位降到了海平面以下，导致海水倒灌。更加糟糕的是，污水和农药也下渗到了蓄水层。1992 年，以色列环境部的一份报告称，由于盐度过高，以色列沿海 1/5 的水井抽取的水不适合饮用和灌溉。为了防止沿海蓄水层水质的持续恶化，以色列不仅每年用 0.2 亿~0.7 亿立方米加利利湖水进行人工补给，还限制金属含量过高的水在蓄水层之上进行灌溉。在沿海平原的一些地方，已经彻底停止抽取地下水。

在加沙，海水倒灌和水体高盐度的问题比在以色列境内的沿海蓄水层还要严重，而且情况还在继续恶化。据估计，过度开采导致加沙地下水位每年下降 15~20 厘米，在 20 世纪 90 年代初，海水已经向沿海蓄水层渗入至少 1.5 千米。不仅如此，加沙还面临着蓄水层被来自东部的高度盐化的地下水渗透的问题。依据 1991 年荷兰政府的报告，加沙只有两个地方——一个在北部沿海地带，另一个在南部沿海地带——水含盐量低于 200 毫克/升。[①] 加沙的大部分犹太人定居点的水源盐度较低。在许多难民营聚居的中部沿海地区，水的盐度极高。在东南部地区，水的含盐量一般为 800~1500 毫克/升。在加沙城，由于水的含盐量超过 1200 毫克/升，3 口提供饮水的井在 1993 年不得不停止使用。[②] 依据联合国的报告，加沙一半数量的井的水由于盐度过高，不适于人类饮用。

加沙的水质还因为污水的下渗而遭到威胁。当 1994 年巴勒斯坦民族权力机构建立之时，加沙的污水处理系统极差。当时，只有 10%的人拥有良好的污水处理设施，80%的人把污水排入化粪池，其余 10%则没有任何设施，污水随意处理。难民营里的情况最为糟糕，只有 20%的居民有便利的下水道，其余的人把污水排入了明渠。污水渗透对加沙巴勒斯坦人的健康造成了严重的危害。水中硝酸盐的含量远远高于国际健康标准，直接导致传染病的传播。况且深井抽水和不合理的灌溉方式导致海水倒灌，沿海蓄水层的含盐量持续上升，可用淡水量大大减少。

山地蓄水层的水质最好，但是也受到了比较严重的污染。2004 年，约有

---

① 世界卫生组织规定，水中含盐量不得超过 250 毫克/升，如果超过 400 毫克/升将对许多水果和蔬菜造成危害。

② Isam Shawwa, "The Water Situation in the Gaza Strip," in Gershon Baskin (ed.), *Water: Conflict and Cooperation*, p. 40.

6000 万立方米未经处理的污水被任意排放到环境中。其中约 4500 万立方米的污水来自巴勒斯坦，1500 万立方米来自西岸的犹太人定居点。[①] 由于缺乏完善的固体废物处理体系，西岸约 25%的废弃物直接污染山地蓄水层的补给水源。[②]

作为以色列的主要地表水资源，加利利湖也由于过度利用和未能有效补给而面临严重危机。该湖水量约为 43 亿立方米，水面下每一米的水量约为 1.7 亿立方米。以色列水专家认为，该湖湖面在低于海平面 209~213 米之间时，可以保证水的正常循环。当低于 213 米这一“红线”时，水质将随着盐度的增加而恶化。现实情况是，以色列政府对水开采进行了管理，但自 20 世纪 70 年代以来加利利湖水平面在不断下降。1996~1997 年冬天，湖面低于“红线”1.4 米；至 2008 年湖面甚至低于“红线”2 米[③]。

二　水权冲突的加剧

巴以双方对于水权利的争夺进一步激化了水危机。以色列对共享水源的过度开采已有数十年。早在 20 世纪 70 年代初，一些以色列水专家就对岌岌可危的水平衡发出了警告。1972 年的塔哈尔（Tahal）报告称，从约旦河上游和加利利湖取水量的日益增加将提高湖水的含盐量，而对沿海蓄水层的过度开采将导致越来越多的海水渗入。[④] 90 年代以来，以色列学者和相关部门发布了一系列报告，要求政府采取措施减少农业水消耗量和“水赤字”。如表 1-3-1，1999 年以色列对西岸三大蓄水层的开采量都远远超出了《奥斯陆第二阶段协议》所规定的以色列可以抽取的量，以色列的抽取量高达 8.716 亿立方米，这比协议估计的潜在安全产量 6.79 亿立方米高出 1.926 亿立方米。其直接结果是西岸蓄水层的水位逐年下降，许多巴

---

① Itay Fischhendler, Shlomi Dinar, and David Katz, “The Politics of Unilateral Environmentalism: Cooperation and Conoict over Water Management along the Israeli-Palestinian Border,” *Global Environmental Politics*, February, 2011, p. 37.

② Philip Jan Schafer, *Human and Water Security in Israel and Jordan*, Springer, 2013, p. 101.

③ Yehuda Shecah, “Water Scarcity, Water Reuse, and Environmental Safety,” *Pure and Applied Chemistry*, 2014, 1207.

④ Itzhak Galnoor, “Water Planning: Who Gets the Last Drop?” in R. Biliski (ed.), *Can Planning Replace Politics: The Israel Experience*, M. Nijhoff Publisher, 1980, p. 142.

勒斯坦人的水井由于深度不够而干涸。过去20年，西岸至少一半数量的水井干涸。1967年西岸巴勒斯坦人有774口水井可以使用，但到2005年这一数字锐减到328口。[①] 因此，巴勒斯坦人从西岸三大蓄水层开采的水量没有增加，反而在减少。如表1-3-2，1999年，巴勒斯坦人从西岸三大蓄水层开采的水量为1.382亿立方米，到2007年，这一数字减少到1.135亿立方米。这无疑加剧了巴勒斯坦人的水危机。

表 1-3-1　1999 年以色列和巴勒斯坦人对西岸三大蓄水层的抽取情况

单位：亿立方米

<table>
<tr><th colspan="2">蓄水层</th><th>西区蓄水层</th><th>东北区蓄水层</th><th>东区蓄水层</th><th>合计</th></tr>
<tr><td colspan="2">估计的潜在产量</td><td>3.62</td><td>1.45</td><td>1.72</td><td>6.79</td></tr>
<tr><td rowspan="3">实际抽取量</td><td>巴勒斯坦人抽取量</td><td>0.294</td><td>0.369</td><td>0.719</td><td>1.382</td></tr>
<tr><td>以色列抽取量</td><td>5.916</td><td>1.471</td><td>1.329</td><td>8.716</td></tr>
<tr><td>抽取总量</td><td>6.21</td><td>1.84</td><td>2.048</td><td>10.098</td></tr>
<tr><td rowspan="3">超过协议规定的抽取量</td><td>巴勒斯坦人的超出量</td><td>0.074</td><td>(0.051)</td><td>(0.026)</td><td>0.151</td></tr>
<tr><td>以色列的超出量</td><td>2.516</td><td>0.441</td><td>0.929</td><td>3.886</td></tr>
<tr><td>合计</td><td>2.59</td><td>0.39</td><td>0.903</td><td>3.883</td></tr>
</table>

资料来源：Hillel Shuval and Hassan Dweik (eds), *Water Resources in the Middle East*: Israel-Palestinian Water Issues, Springer, 2007, p. 24, Figure 2.9。

表 1-3-2　1999 年和 2007 年巴勒斯坦人从三大蓄水层的抽取量

蓄水层	协议分配量	1999年	2007年
西区蓄水层	0.22	0.294	0.279
东北区蓄水层	0.42	0.369	0.268
东区蓄水层	0.745	0.719	0.588
合计	1.385	1.382	1.135

资料来源：The World Bank, *West Bank and Gaza*: *Assessment of Restrictions on Palestinian Water Sector Development*, Report No. 47657-GZ, April 2009, p. 12。

① The World Bank, *West Bank and Gaza*: *Assessment of Restrictions on Palestinian Water Sector Development*, Report No. 47657-GZ, April 2009, p. 12.

在加沙地带，由于开采量是年均正常出水量的两倍，当地已经出现了非常严重的水健康问题。1948 年和 1967 年中东战争后难民的涌入以及高自然增长率导致加沙人口过度密集。加沙面积仅为 365 平方千米，2009 年人口超过 150 万，每平方千米居住人口超过 4000 人，是目前世界上人口密度最高的地方之一。1948~1967 年埃及控制加沙期间，过度抽取地下水的情况已经存在。当时，水被视为私人财产，无论何种用途，人们都可以不受限制地抽取。1967 年以色列占领加沙后，采取措施限制凿井和水消费，但并未根本缓解清洁水短缺的状况。巴勒斯坦人则认为，加沙的水短缺部分归因于以色列，后者不仅从加沙边境附近的水井大量抽水，而且还拦截以色列境内的加沙河道的水，直接减少了流入加沙的地表水的水量。[①] 1994 年 5 月，巴勒斯坦民族权力机构在加沙建立后，凿井的限制不复存在，结果在此后短短的 12 个月内，巴勒斯坦人便打凿了至少 200 口新井，到 1998 年，新水井的数量猛增至约 1500 口。[②]

山地蓄水层西区的水质最好。鉴于沿海蓄水层水质持续恶化，它成了以色列饮用水的主要来源。因此，以色列设法保证对山地蓄水层的控制权。在占领西岸期间，以色列只允许巴勒斯坦人获得 0.24 亿立方米西区的水，这一数字仅相当于西区正常出水量的 7%。1994 年，一份报告显示，以色列每年从山地蓄水层西区抽取的水量高达 3.75 亿立方米，这远远高于其安全抽取量。虽然以色列每年从加利利湖抽取 0.4 亿立方米补给西区地下水，但相较以方的开采力度，这一措施的效果微乎其微。

在上述三大水源被过度开采的同时，人口的急剧增长使得淡水资源的供求失衡愈发严重。1995 年，巴勒斯坦地区人口总数约为 780 万，其中以色列人为 560 万，西岸巴勒斯坦人估计为 130 万，加沙巴勒斯坦人为 93.4 万。对于巴勒斯坦地区稀缺的水资源而言，上述人口数量已经十分庞大，如今仍在高速增长中。以色列是一个典型的移民国家，自 1948 年建国起，不断有其他国家或地区的犹太人迁移而来，加入以色列国籍。1986~1995 年，便有来自苏联等地的至少 50 万犹太移民来到以色列。此外，极端正统

---

① Isam Shawwa, "The Water Situation in the Gaza Strip," in Gershon Baskin (ed.), *Water: Conflict and Cooperation*, pp. 27, 28.

② Alwyn R. Rouyer, *Turning Water into Politics: The Water Issue in the Palestinian-Israeli Conflict*, pp. 33, 43.

派犹太人和以色列阿拉伯人的高出生率，也导致以色列人口的不断增长。巴勒斯坦的人口增长率比以色列还高。2000 年，加沙巴勒斯坦人出生率是惊人的 7.4%，西岸也高达 5.6%。2008 年，以色列人口增至 770 万人。

人口的激增导致水需求量急剧增加。长远而言，巴勒斯坦人对水的需求更大。随着经济的发展和生活水平的提高，巴勒斯坦人的人均水消费量必然大幅增长。2020 年西岸和加沙巴勒斯坦人的水需求量将达到 12.63 亿立方米[①]，这一数字是 20 世纪 90 年代中期巴勒斯坦人年均水消费量 2.4 亿立方米的 5.26 倍。以色列水需求量的增幅预计要小一些。一方面，以色列的人均水消费量已经达到了发达国家水平，已没有更多的增长空间；另一方面，以色列不仅采用了先进的灌溉技术，还越来越多地使用循环污水灌溉农田。然而，由于以色列人口的增长，水需求也会增加。特拉维夫大学的两位经济学家估计，到 2020 年，以色列的水消费总量将达到 21.7 亿立方米，比 1995 年高出 2.5 亿立方米。[②] 美国中东水问题专家托马斯·纳夫（Thomas Naff）则估计，到 2020 年，以色列的水消费总量将在 25 亿～28 亿立方米。[③] 无论这些估计准确与否，但可以肯定的是巴以双方都面临着日益严重的水危机。在正常年份，巴勒斯坦地区的自然供应量为 18 亿～19 亿立方米，若在干旱年份，这一数字还将大幅下降。但是，巴以的远期水消费量将远远超过自然供应量。水危机必然加剧水争夺，水资源越紧缺，巴以在水问题上的矛盾也就越尖锐。

---

① Jad Isaac and Jan Selby, "The Palestinian Water Crisis," *Natural Rescources Forum*, Vol. 20, No. 1, 1996, p. 23.

② Zvi Eckstein and Gideon Fishelson, "The Water System in Israel," paper submitted to the Harvard Middle East Project, 1994.

③ Alwyn R. Rouyer, *Turning Water into Politics: The Water Issue in the Palestinian-Israeli Conflict*, p. 37.

第二章　以色列建国前后的水政策和水务活动

在以色列，水不仅是对国家安全至关重要的宝贵资源，也是实现政治目标和宗教预言的先决条件。以色列的政治文化和独立前的历史经验很大程度上塑造了独立后的水政策。虽然水资源的稀缺和对水安全的考虑是以色列水政策形成的直接动因，但要更全面且深入地理解当前以色列政府的立场和态度，就必须从历史和以色列建国的意识形态入手，进行系统的考察。

第一节　建国前犹太人水政策的形成及其实践

一　犹太复国主义与土地

以色列国家的建立是犹太复国主义思想实践的直接结果，而犹太复国主义则根植于传统犹太教信仰。与另外的两大一神教——基督教和伊斯兰教不同，犹太教是与特定的“以色列之地”（Eretz Yisrael）联系在一起的。自公元 135 年最后一次反对罗马帝国的起义失败后，绝大多数犹太人便逃离巴勒斯坦，流散世界各地，但是圣城耶路撒冷和第二圣殿的唯一遗迹“哭墙”始终是犹太教信仰的核心要素，回归“以色列之地”一直是一代代犹太人心中挥之不去的期盼和梦想。虽然如此，绝大多数犹太人长久以来并没有采取实际行动回归巴勒斯坦。据估计，直到 1882 年，整个巴勒斯坦地区只有约 2.4 万犹太人,[①] 其数目远远少于当地的阿拉伯人。正是犹太复国主义改变了这种状况，最终促成“以色列之地”上以色列国家的建立。

犹太复国主义是欧洲犹太人在法国大革命之后欧洲民族主义、现代主义和世俗主义等共同作用下的产物。19 世纪末，面对欧洲日益猖獗的反犹主义，犹太人之中产生了犹太复国主义。由于传统犹太教信仰潜移默化的作用，犹太复国主义者最终把巴勒斯坦作为了建国的唯一选择。这样，作为立国的两大要素——土地和移民对于犹太复国主义具有非同一般的意义。

1897 年，第一届犹太复国主义代表大会在瑞士巴塞尔召开，确定了在巴勒斯坦建立犹太民族家园的目标，西奥多·赫茨尔（1860~1904 年）当选为主席，犹太复国主义由此开始向有组织、有领导的运动转变。自建立之初，世界犹太复国主义组织就把获得土地作为犹太移民定居巴勒斯坦的关键。1901 年，第五届犹太复国主义大会建立了犹太民族基金会（Jewish National Fund)，以此作为世界犹太复国主义组织的下属机构。犹太民族基金会的主要活动是接受和使用各地犹太人的捐助，在巴勒斯坦购买土地。它恪守土地属于整个犹太民族的原则，凡是获得的土地和不动产都不得再转让给非犹太人。这一公有观念既与《圣经》传统有关，也受社会主义思想影响。对于宗教犹太复国主义者而言，巴勒斯坦就是耶和华赐给犹太民族的礼物。它既不能被私有，也不能被转让。而对那些接受了社会主义原则的犹太复国主义者而言，土地公有是防止大地产制出现和实现民族复兴的有效手段。

虽然犹太民族基金会起初规模很小，但它对以色列的土地和自然资源（尤其是水资源）政策产生了持久而深刻的影响。在伊休夫（Yishuv)[②] 时期，它“在很大程度上”发挥着“主权国家的同等功能”[③]。1920 年，基金会仅仅拥有 16366 杜诺姆[④]土地。到 1948 年 5 月以色列宣布建国之时，它拥有的土地达到了 93.6 万杜诺姆，约为犹太人在巴勒斯坦土地总拥有量的一半。[⑤] 不过在这时，基金会拥有的土地只占全巴勒斯坦土地的 3.55%。在

① Dorothy Willner, *Nation-Building and Community in Israel*, Princeton University Press, 1969, p. 30.

② 以色列建国前的巴勒斯坦犹太人社团。

③ Baruch Kimmerling, *Zionism and Territory*, Institnte of Internatianbu Studies University of California, 1983, p. 23.

④ 杜诺姆为犹太人的土地面积单位，1 杜诺姆等于 939.3 平方米。

⑤ Walter Lehn, "The Jewish National Fund," *Journal of Palestine Studies*, No. 4, 1975, pp. 84-85.

第一次中东战争结束后，由于无数巴勒斯坦人的逃亡，基金会掌控的土地迅速增加到了2373676杜诺姆。1960年，以色列议会通过《土地基本法》，土地公有成为以色列国家的一个基本原则。据此，全国约93%的土地属于犹太人集体所有，其中75%由政府部门管理，近18%属于犹太民族基金会；只有约7%为私人所有，他们绝大多数是阿拉伯人。“就原则和实践而言，犹太民族基金会在以色列培育了一种信奉土地和其他自然资源集体拥有的政治文化。”①

因此，土地对于犹太复国主义的命运具有决定性意义。如果在巴勒斯坦无法获得土地，犹太移民就没有立足之地，犹太国家就不可能诞生；而要解决移民的生计和为新国家奠定基础，发展农业和获得水资源就成为关键因素和必要前提。

二　犹太复国主义与水资源

在理解巴以争端的深层因素时，不得不考虑犹太复国主义在其中的重要影响。犹太复国主义归根结底，首先是返回“以色列之地”的运动，这体现了犹太人对土地的渴求。由于这一追求是以犹太人曾在此长期居住并建国的古老历史为依据的，犹太人移民和购买土地的活动就与巴勒斯坦已存的阿拉伯社团陷入“零和博弈”的状态：一方所得，便是一方所失，根本没有中间道路可走。

自流散犹太人向巴勒斯坦地区移民之日起，发展农业不仅是犹太复国主义运动的首要目标，也是这一地区伊休夫最重要的目标。对于初期的犹太移民而言，农业无疑是生产和生活的基础，充足的水资源将是不可或缺的条件。因此，在犹太复国主义思想中，如何获得水资源一直处于十分重要的地位。如果得不到充足的水供应，犹太复国主义者返回“以色列之地”的计划只能是空中楼阁。

犹太复国主义运动自兴起之初就把其使命视为对整个犹太民族的救赎。许多人认为，体力劳动尤其是农业生产是实现民族复兴的必经之途。

① Alwyn R. Rouyer, *Turning Water into Politics: The Water Issue in the Palestinian-Israeli Conflict*, p. 87.

西奥多·赫茨尔、哈伊姆·魏茨曼以及其他犹太复国主义领袖意识到，获得水资源是一个先决条件，以色列前总理利维·艾希科尔（Levi Eshkol）曾将水称为“在（犹太民族）动脉中流淌的血液”[①]。

在欧洲和中东流散的犹太人极少拥有土地和从事农业生产活动。在许多犹太复国主义者看来，流散犹太人的生活是非生产性的，若要成为“正常人”，并成功在巴勒斯坦建国，他们就必须从事所有社会需要的工作，其中最重要的是农业生产，因为只有这样他们才会与“以色列之地”真正紧密地联系在一起。用伊休夫早期最有影响力的一个思想家A. D. 戈登（1856~1922年）的话说：“除非用自己的双手在此劳作，否则以色列地就不属于犹太人，即便居住在当地并购买土地。因为土地实际上不属于其所有者，而是属于其劳动者。”[②] 因此，通过自己双手的辛勤劳动，把巴勒斯坦的“荒地”转化为“流着奶和蜜之地”[③]，这在犹太复国主义者的意识中是一种神圣的职责。这一观念无疑强化了水资源对犹太复国主义运动的重要性。与自然的斗争主要以三种形式进行：在滨海沙地建造新城；打凿水井以灌溉农田；大规模种植树木以改变气候和保护耕地。在英国委任统治时期，巴勒斯坦地区超过96%的水井是由犹太人打凿的。在许多地方，犹太移民克服重重困难，开垦新的土地，以发展农业生产。这一系列的活动使得水资源连同土地与犹太复国主义者的精神气质和犹太民族的自我拯救结合在了一起。

实际上，犹太复国主义—社会主义思想和传统犹太教，不但极力强调土地和农业的地位，还主张集体拥有土地和包括水在内的自然资源。如今，在以色列，除少数土地由私人拥有外，绝大多数土地由国家或犹太民族基金会控制，水资源则完全归以色列国家拥有。

20世纪初，在犹太民族基金会购买的土地上，发展起了基布兹（Kibbutz）运动，成员平等、共同劳动和生产工具集体所有是其主要原则。基布兹的人口从来没有超过巴勒斯坦地区犹太人总数的8%（目前为4%），

---

① Itzhak Galnoor, “Water Planning: Who Gets the Last Drop?” in R. Biliski (ed.), *Can Planning Replace Politics: The Israel Experience*, 1980, p. 159.

② Baruch Kimmerling, *Zionism and Territory*, p. 202.

③ Shlomo Avineri, *The Making of Modern Zionism: The Intellectual Origins of the Jewish State*, Basic Books, 1981, chapter 14.

但是，基布兹对伊休夫和后来以色列国家的政治文化和政治生活产生了深远的影响。虽然基布兹被组织为不同的联盟，与不同的政党相联系，但发展农业生产和确保犹太人的自给自足被视为所有基布兹最重要的活动。基布兹的一大决定性贡献在于直接塑造了以色列国家的农业政策。以色列建国 70 年来，基布兹的集体性已经遭到很大削弱，但政府提供大量补贴，以维持农业经济部门的活力，土地和水资源依然属于国有。所以，在很大程度上，农业部门水资源的使用并不是基于合理的经济计算，而是由犹太复国主义思想中农业至关重要的地位决定的。农业的重要地位超出了其对经济的实际贡献。

总之，通过早期移民和开拓来实现对犹太民族救赎的目标是犹太民族的一大特征，遂赋予了农业超乎其经济作用的地位。农业不仅是以色列国家生存的基础，也是犹太民族新生的象征，获得充足的水资源成为这一“精神和身体之旅”的必备条件。而且，犹太复国主义和社会主义将国有的观念嵌入以色列的政治文化，直接影响到其土地和水资源政策，以及在水谈判中的立场。在水资源和土地资源占有问题上个人所有权观念的缺乏，使得以色列在与巴勒斯坦的水谈判中态度强硬而难以变通。

在建国之前，犹太复国主义者拒绝承认阿拉伯人与他们一样享有对巴勒斯坦土地和水资源的合法权利。宗教预言和流散、迫害史促使犹太复国主义者把占有巴勒斯坦的土地视为自己不可剥夺的权利。在早期，巴勒斯坦甚至被许多犹太复国主义者视为无人居住的“自由土地”。犹太作家伊斯雷尔·赞格威尔（Israel Zangwill）最直接地表明了这一态度，他曾说，犹太复国主义是“没有土地的民族返回没有民族的土地”的运动。[1] 阿拉伯人的权利无法与犹太人更高目标的重要性相提并论，对犹太复国主义者而言，阿拉伯人是“看不见的民族”。相比阿拉伯人，犹太人具有一种优越感。这一点即便在美国人罗德明的报告中也表露无遗，他向犹太代办处建议，犹太人应该成为巴勒斯坦“这一神圣土地的监护者”。他的理由是犹太人具有先进的科学和技术，建立了自愿合作的社会制度，他们在经济落后的中东达到了欧洲的生活水平。

---

① Hani Faris, “Israel Zangwill's Challenge to Zionism,” *Journal of Palestine Studies*, No. 4, Spring 1975, pp. 74-90.

三　英国委任统治时期犹太复国主义者获取水源的努力

自犹太复国主义者发起移民活动，获得水资源就被置于关系犹太民族家园生死存亡的战略高度。但是，在19世纪末20世纪初，一方面，巴勒斯坦可利用的水资源远远无法满足稳步增加的犹太移民的需求；另一方面，当时也没有可借鉴、可实施的水资源开采和利用方案。在巴勒斯坦地区，并不存在如尼罗河流域那样历史悠久的大型、成熟的灌溉系统。一战之前，犹太定居者使用的是当地巴勒斯坦人沿用已久的原始水利设施——他们在沿海平原等水层浅的地方打凿的水井。

一战后奥斯曼帝国的崩溃和英国的占领，不仅使犹太人在巴勒斯坦建立民族家园成为可能，也为犹太人争得更多水资源维持移民人口的增长提供了宝贵机遇。1917年英国《贝尔福宣言》的发布被犹太人视为一战期间建国梦想的最大进展。一战结束后，英法殖民者针对大叙利亚的控制权展开激烈角逐，上加利利和赫尔蒙山区的丰富水源成为争夺的焦点。由于担心建国的愿望被英、法置之不理，犹太复国主义领袖向1919年2月召开的巴黎和会提交了建议。对他们而言，控制这一地区的河流及其源头，既是任何边界划分协议的首要目标，也是巴勒斯坦犹太民族家园生存的必备条件。他们写道："正如任何其他半干旱地区一样，巴勒斯坦的经济生活依赖于必要的水供应。因此，极端重要的是，不仅要确保供给这一地区的水资源的安全，而且要保全和控制它们的源头。"① 他们认为，赫尔蒙山是巴勒斯坦的"河流之父"（Father of Waters），失去它将对巴勒斯坦的经济造成致命威胁。鉴于这一考虑，他们要求未来的犹太国拥有北到西顿（今黎巴嫩南部沿海城市）南部，包括大部分利塔尼河流域和整个约旦河上游流域的水资源。但是，这一建议遭到了法国和黎巴嫩基督徒代表团的激烈反对，后者在法国支持下要求建立包括利塔尼河流域、约旦河源头和加利利地区的"大黎巴嫩"，这明显与犹太复国主义者的主张相冲突。由于各方争执不下，巴黎和会并未对巴勒斯坦的边界划分做出决议。

---

① Alwyn R. Rouyer, *Turning Water into Politics: The Water Issue in the Palestinian-Israeli Conflict*, p. 93.

1920年4月，同盟国在意大利圣雷默最终划定了后奥斯曼帝国时代中东的政治版图。英国获得了对巴勒斯坦（包括外约旦）和伊拉克的托管权，而法国则如愿成为叙利亚（包括黎巴嫩）的委任统治国。英法议定巴勒斯坦与叙利亚的边界线为：从提尔和阿卡之间到约旦河北部的巴尼亚斯河和丹河两个支流，而后向南到胡拉湖北部沿岸。犹太复国主义组织认为，这一划分方法不利于未来犹太民族家园的生存，故而游说英国政府不要对法国做出让步。犹太复国主义者提出，他们的最低要求是要引利塔尼河部分河水到约旦河，而且控制直到丹河的整个约旦河河谷。但英国政府出于自身利益考虑，对他们的要求置之不理，转而与法国达成一致。随后，英法成立了联合委员会，进行边界划分。1923年3月，两国签订了协议，确认了最终结果。利塔尼河以及约旦河的两条支流哈斯巴尼河和巴尼亚斯河在巴勒斯坦境外，只有另一条支流丹河完全在境内。虽然加利利湖也在巴勒斯坦境内，但叙利亚的居民被允许在湖面行船和打鱼。

这一最终协定使犹太复国主义者们大失所望。他们试图继续通过鼓励犹太移民的方法，改变划定的范围，以把利塔尼河流域、约旦河源头、赫尔蒙山和约旦河下游的东边纳入巴勒斯坦的范围，但是这一计划以失败而告终。虽然英法的协议遭到了犹太人和阿拉伯人的反对，但这一协议最终划定了以色列与阿拉伯邻国的边界。

在整个英国委任统治时期（1922~1948年），获取和开发水资源一直是世界犹太复国主义组织和伊休夫的一大目标。犹太国想要在经济上存续，战略上享有安全，那么获得水资源是一个不可或缺的基础。为此，世界犹太复国主义组织不但通过犹太民族基金会大量购买土地，通过犹太代办处发展定居点，而且还大量投资开发既存的水资源。此外，犹太复国主义领袖们还设法将巴勒斯坦的水资源引向伊休夫。

20世纪20年代，在英国认可下，犹太社团开始建设小型的灌溉系统和其他水利工程，其中包括利用特拉维夫附近的亚孔河河水和海法北部的基什河（Kishon River）河水。规模和影响最大的开发工程开始于1926年，犹太复国主义巴勒斯坦电力公司（Zionist Palestine Electric Coporation）从英国托管当局那里获得了为期70年的授权，在约旦河和亚穆克河交汇处开发水电资源。它以巴勒斯坦电力公司董事长品哈斯·鲁滕堡（Pinhas

Rutenburg）的名字命名，被称为“鲁滕堡授权”。据此，巴勒斯坦电力公司享有了对约旦河流域许多水系的绝对垄断权。在英国托管当局的促使之下，1928 年外约旦政府也认可了这一授权。结果，为了获得更多的水资源，外约旦和约旦河流域其他国家不得不争取犹太复国主义巴勒斯坦电力公司的许可。而实际上，尽管外约旦常常抱怨水供应不充足，但犹太复国主义巴勒斯坦电力公司从未向其释放水资源。[①]

1930 年，鲁滕堡在约旦河和亚穆克河交汇处的特勒奥尔（Tel Or）建起了一座集水面积约为 7000 平方米的水坝。1932 年 6 月，又在水坝下方、约旦河东岸建起发电站开始发电。鲁滕堡为巴勒斯坦地区水电的开发描绘了非常宏大的蓝图，他计划修建更多的发电站，其中包括在外约旦和叙利亚领土修建发电站。然而，在托管当局和法国的阻止下，这些计划一一化为泡影。1935 年，鲁滕堡提出了向外约旦首都安曼供应电力的申请，英国由于担心犹太复国主义者有获得约旦河以东土地的野心，拒绝了这一请求。随着 30 年代阿拉伯人与犹太人矛盾的激化，“鲁滕堡授权”的水资源开发计划被迫中止。1941 年，鲁滕堡去世，但巴勒斯坦电力公司一直源源不断地供应电力，直到 1948 年发电站在第一次中东战争中被炸毁。

1939 年 5 月，在二战即将爆发之际，英国发表白皮书，主张在巴勒斯坦建立犹太人的和阿拉伯人的两个国家，要求未来 5 年犹太人移民每年不得超过 7.5 万人，而且，犹太人购买土地的活动也受到了限制。犹太复国主义者虽然支持英国与德国作战，但置白皮书于不顾，尽最大可能秘密运送更多的犹太移民进入巴勒斯坦。犹太代办处详细规划土地利用情况，以便在满足迅速增加的移民的需要的同时，大范围散布定居点，进而在未来的领土划分中占得有利的政治和战略地位。发展农业和获取更多水资源是犹太代办处考虑的关键。他们邀请美国土壤专家沃尔特·克雷·罗德明（Walter Clay Lowdermilk）进行详细规划。1944 年，罗德明调研的结果以《巴勒斯坦——以色列之地》（Palestine，Land of Promise）为名出版。罗德明方案的基础在于整个地区如何应对水资源稀缺的问题。他呼吁仿照美国

---

① M. G. Ionides，“The Perspectives of Water Development in Palestine Transjordan，” *Journal of the Royal Central Asian Society*，Vol. 33，July-October，1946，pp. 273-274.

田纳西河管理局，尽快成立约旦河流域管理局（Jordan Valley Authority），以监管约旦河两岸灌溉设施的建设。这一方案主要包括：引利塔尼河水到约旦河上游，引亚穆克河水到加利利湖；在约旦河水到达加利利湖之前，将河水引向沿海平原和内格夫地区；通过运河和隧道把地中海的水引入死海，以发电和弥补由于淡水注入减少而形成的差额。罗德明认为，假若巴勒斯坦和约旦河流域之外的水资源能够被利用，那么这一地区能够养活400万犹太移民，120万阿拉伯人和已居住在当地的60万犹太人。这一估计无疑为犹太人向巴勒斯坦大量移民提供了依据。1948年，犹太代办处的顾问、美国工程师詹姆斯·海斯撰写报告，为实现罗德明总体设想提供了划分为八个阶段的总体方案。

犹太复国主义者对罗德明和海斯的著述高度赞赏，他们认为，事实已经证明，大量犹太移民的到来不会给巴勒斯坦造成经济和生态灾难。巴勒斯坦人则对其方案嗤之以鼻，认为它不过是犹太复国主义者试图夺取他们合法土地的又一个阴谋，他们尤其反对在约旦河流域人口的用水需求没有得到满足的情况下将其河水引向它处。英国托管当局也对此方案持消极态度。

1948年5月爆发的第一次中东战争彻底改变了各方之间的用水争执。14日，在以色列宣布建国后，周边的阿拉伯国家随即向其发动进攻。战争之后，以色列把1947年联合国分治决议划分给以色列的领土扩大了约30%，大约80万阿拉伯人逃离家园，他们的土地被以色列没收。1949年，以色列与叙利亚、约旦、黎巴嫩和埃及等阿拉伯国家签署了停战协定，同意划分边界，约旦河上游的大部分地区和丹河的源头在以色列境内；胡拉湖和加利利湖在以色列和叙利亚的领土交界处，但划归以色列境内。哈斯巴尼河和巴尼亚斯河的源头都在阿拉伯领土境内。虽然这一边界划分提供的水源为实行部分罗德明方案创造了条件（尤其是引约旦河上游的河水到沿海平原和内格夫北部），但它与自20世纪之初犹太复国主义者所梦想的战略安全边界相差甚远。与此同时，阿拉伯人则认为，犹太人把大批原本属于他们的土地和水资源通过武力劫掠而去。就此而言，新生的以色列国家与阿拉伯人的矛盾已无法缓和，争夺水资源成为该区域延续至今的关键爆点。

第二节　建国后的水资源与以色列国家安全

以色列建国后，如何获取水资源一直是以色列国家关注的一个主要方面。在这一新生国家的领导人看来，无论对于维持以色列国家的存在，还是在世界各地犹太移民蜂拥而来的情况下保证经济的正常发展，获得足够的水资源都显得极为重要。以色列第一任外交部长摩西·夏里特（Moshe Sharett）在议会演讲时就明确地表明了这一点："水对以色列而言不是奢侈品；它不只是我们自然资源的有益而值得拥有的补充，它对我们而言就是生命本身。"[①] 无论是与阿拉伯邻国进行战争对抗，还是后来与其达成和平协议，以色列的战略决策很大程度上是基于维护和扩大水供应。

对水安全的考虑是以色列国家安全观的重要组成部分，自力更生又是后者的核心理念和主要目标。许多以色列人对外部世界有一种深深的不安全感。这种不安全感根源于数个世纪以来非犹太人对犹太人的猜疑和不信任，在20世纪则集中体现在希特勒的反犹太屠杀和阿拉伯国家对以色列的长期敌视。由于这一持续存在的不安全感，控制水资源和实现农业的自给自足，连同取得军事优势，成为以色列国家安全考虑的主要内容。考察水与国家安全之间的关系，有助于学者更加深入理解以色列的水政策及其与巴勒斯坦水谈判的立场。

水是"阿以冲突中从1949年停火协议到目前和谈僵局的一个触发性问题"[②]。以色列早期与约旦和叙利亚的边界摩擦都是围绕某一个国家单方面利用约旦河流域河水而产生的。鉴于这些冲突的不断发生，50年代美国试图撮合各方达成约旦河流域水资源利用和开发的地区协定，但以失败告终。到60年代，以色列国家输水工程（National Water Carrier）的完工与改道哈斯巴尼河和巴尼亚斯河的反以行动直接激化了阿以矛盾，并最终导

---

① Michael Brecher, *Decisions in Israeli Foreign Policy*, Yale University Press, 1975, p. 184.

② Associates for Middle East Research Water Project, *Israel: Political, Economic and Strategic Analysis*, University of Pennsylvania, 1987, p. 207.

致 1967 年战争的爆发。在占领约旦河西岸和加沙地带后，如何保护水资源很大程度上影响着以色列的军事占领政策。90 年代以来，对于控制部分或全部西岸，以色列领导人给出的理由之一是，这样做将会在最大程度上保护以色列的水安全。

一　20 世纪 50 年代的多边水资源冲突

第一次中东战争的结果是约旦河流域水资源处在以色列与约旦、叙利亚和黎巴嫩三个周边阿拉伯国家的共同控制之下，这使得形势比英国委任统治时期更加复杂。哈斯巴尼河（发源于黎巴嫩）和丹河都在以色列境内，巴尼亚斯河在流入以色列境内之前有 5 公里在非军事区。加利利湖基本在以色列境内，以色列与叙利亚的边界在湖东北部离湖岸 10 米的地方。约旦占领了 5800 多平方公里巴勒斯坦土地，这其中包括大约 3/4 的约旦河下游地区。1950 年，约旦宣布吞并这块土地，并把其改名为西岸。鉴于阿拉伯人与犹太人之间严重缺乏信任，双方因水而战势所难免。

战争导致的人口剧变极大地影响了以色列和周边阿拉伯国家的水资源开发计划。1948 年第一次中东战争后，近 80 万巴勒斯坦人沦为战争难民，其中约 45 万来到了约旦和西岸。难民涌入，加上原来居住在西岸的 46 万巴勒斯坦人，使得约旦及其控制区的人口从 1948 年到 1950 年增长了 80%，达到了 185 万。其余的巴勒斯坦难民逃往叙利亚、黎巴嫩和处于埃及军事控制下的加沙地带。建国后，以色列政府向世界各地的犹太移民敞开了大门。在建国后的 18 个月内，34 万犹太人进入巴勒斯坦地区。在随后的几年中，犹太移民大规模迁入，至 1956 年底，以色列人口数量已经多达 166. 7 万，几乎是建国之初的 3 倍。[①] 为了满足迅速增长的人口的水需求，相关各国都执行单方面的约旦河流域水资源开发计划。

1951 年，以色列制订了完备的七年水资源开发计划。与之前的罗德明建议相同，这一计划也设想把约旦河河水通过输送系统引到沿海平原和内格夫沙漠。后来，这一计划成为以色列水利设施建设的基础。1951 年 2 月，以色列色列的七年水资源开发计划第一阶段付诸实施。为了开拓 6250

---

① Howard Sachar, *A History of Israel*, Knopf, 1979, pp. 395-403.

英亩土地，以色列打算把胡拉湖及其四周的水排干。但问题是相关土地部分在非军事区内，这直接引发了其与叙利亚军队的冲突，近2000名非军事区的巴勒斯坦人被以方驱逐。5月，联合国通过了92号决议，呼吁以叙停火，要求以色列停止在非军事区的行动并允许巴勒斯坦人回归。一个月后，以色列被允许重启工程，但它仅允许约350名巴勒斯坦人返回家园。

以色列和约旦之间的冲突源自后者的水资源开发计划。约旦受巴勒斯坦难民影响最大，水问题也最严重。1951年，约旦宣布，将引亚穆克河水灌溉约旦河谷东部的土地，其主要目的便是安置约旦河两岸的大批巴勒斯坦难民。美国通过其技术合作署（Technical Cooperation Agency）介入了约旦的单方面水资源开发计划。次年，安曼技术合作署的美国工程师米勒斯·布格尔（Mills Bunger）提交了一份大纲，主张分别在叙约边境和以约分界线附近修建两个大坝，以利用亚穆克河水。他估计，这一工程可为10万人提供灌溉用水。约旦和叙利亚将分享两个大坝的水资源和电力。[①]

该计划一经公布，便被以色列视为水安全的威胁。以色列的反应之一是定期关闭加利利湖南端约旦河的水闸，致使下游河水盐度过高而无法用于灌溉，约旦河谷的经济生活受到巨大影响。1953年，约旦和联合国救济署签署了执行这一计划的协议，6月，约旦和叙利亚达成了自这一工程完成后分享水资源和电力的协议。以色列随即向联合国提出正式抗议，同时在美国亲以议员的支持下，成功使美政府停止了对这一计划的资金支持。该工程总花费200万美元，美国的资金几乎占一半。约旦的水资源开发计划以失败告终。

1953年7月，以色列宣布实施七年水资源开发计划的第二阶段，在非军事区的雅库布（Yaqub）将约旦河水引到内格夫沙漠。但以色列低估了国际社会尤其是美国的反应。当1953年9月工程启动时，叙利亚向联合国提出抗议，联合国停战监督组织（Truce Supervision Organization）主任要求以色列停止行动，除非它与叙利亚达成协议，但是以色列置之不理。10月，叙利亚再次向安理会提起抗议，以色列则加紧行动，甚至在夜间也不断施工。叙利亚和以色列军队间出现零星开火事件，大规模冲突一触即发。在此危急时刻，美国国务卿杜勒斯于10月20日公开宣布，美国政府

---

① Fred Khoury, "The U. S. , U. N. and the Jordan River Issue," *Middle Eastern Forum*, May 1964, p. 22.

将停止对以资金援助，直到其按停战监督组织的要求行事。

1953年初，就在局势恶化之前，联合国救济署接洽美国国务院，请求田纳西河管理局在之前调查的基础上，制订一个周详的约旦河流域水资源地区开发方案。其目的是在不考虑政治边界的情况下，提供一种最有效的水资源利用方式。田纳西河管理局经由一家公司制订出方案，于1953年8月提交给联合国救济署和美国国务院。该方案被称作“统一方案”（Unified Plan），利用重力通过水渠引约旦河河水作灌溉之用是其主要的技术特征。方案建议把加利利湖作为约旦河和亚穆克河的主要蓄水库，但没有提及黎巴嫩境内的利塔尼河。按其估计，约旦河流域水量共为12.13亿立方米，在相关国家间的分配情况如表2-2-1所示。方案的总花费为1.21亿美元，大部分由美国政府承担。

表2-2-1 1953~1955年约翰斯顿谈判中的各种水分配建议

单位：亿立方米/年

	统一方案	阿拉伯方案	柯顿方案	修正后的“统一方案”
以色列	3.94	2.70	12.9	4.5
阿拉伯国家总计	8.19	10.63	10.56	8.87
约旦	7.74	9.11	5.75	7.2
叙利亚	0.45	1.2	0.3	1.32
黎巴嫩		0.32	4.51	0.35
总计	12.13	13.33	23.46	13.37

资料来源：Michael Brecher, *Decisions in Israeli Foreign Policy*, Yale University Press, 1975, p. 204。

为了避免阿以间政治危机的升级，1953年10月16日，美国总统艾森豪威尔任命埃里克·约翰斯顿（Eric Johnston）为私人特使，寻求在“统一方案”基础上达成全面的约旦河水资源分享协议。约翰斯顿发起的谈判在马德里中东和会之前，旨在达成约旦河流域水资源开发地区合作协议。自1953年10月到1955年10月，谈判进行了四轮，持续长达两年。

在首次中东之旅中，约翰斯顿在以色列以及叙利亚、黎巴嫩、约旦和埃及等国之间进行外交斡旋。经过游说，阿以双方同意加入谈判。1954年

1月，阿拉伯联盟建立技术委员会，由其连同三个当事国的代表于3月提出了一套与“统一方案”区别甚大的阿拉伯方案（Arab Plan）。阿拉伯一方坚决反对把亚穆克河的河水储存于加利利湖，因为后者完全在以色列的控制之下。而且，他们指出，加利利湖水的盐度远远高于亚穆克河水。阿拉伯方案建议按布格尔计划，修建两个大坝储蓄和利用亚穆克河河水。此外，技术委员会认为“统一方案”分配给阿方的水太少，而给以方的水超过了其灌溉需求。因此，它建议把以色列分得的约旦河流域水资源比例由33%减为20%。[①]

以方的方案是由以色列政府的美国工程顾问约翰·S. 柯顿（John S. Cotton）制订的。柯顿方案与“统一方案”也有巨大分歧。它不但要求把利塔尼河河水囊括在地区方案之内，而且还坚持以色列有权转引约旦河河水并将其用于其领土之内的任何地方。尽管利塔尼河完全在黎巴嫩境内，但按柯顿方案，三分之一的利塔尼河河水将被引入哈斯巴尼河，然后流入约旦河流域。由于该方案包括了利塔尼河，可用水量由“统一方案”的12.13亿立方米增加至23.46亿立方米，以色列享有其中的55%，远远高于阿拉伯方案的20%。柯顿方案下，可灌溉农田高达260万杜诺姆，远高于“统一方案”的94万杜诺姆，每年发电量也为后者的7倍。相应地，柯顿方案的花费将高达4.7亿美元，是“统一方案”1.21亿美元的近4倍。

面对两个互相矛盾的方案，在随后的17个月里，约翰斯顿返回中东，又进行了三轮艰苦的谈判。第二轮谈判开始于1954年6月，以方代表团由总理夏洛特带领。经过耐心的劝说，以方才放弃了把利塔尼河包括进来的要求，水份额遂成其关心的主要议题。[②] 阿拉伯一方态度相对缓和，但如何与以色列进行水分配依然是最大的分歧。1955年1月，第三轮谈判开始。2月底，约翰斯顿促使双方同意修改自己的方案，降低对水份额的要求。就在此时，约翰斯顿向阿以双方提出了一份修改后的“统一方案”

---

① Subhi Kahhaleh, “The Water Problem in Israel and Its Repercussions on the Arab-Israeli Conflic,” *Institute for Palestine Studies Papers*, No. 9, 1981, pp. 24-25.

② 这一担忧在夏洛特向第三次出访中东的约翰斯顿所说的话中表露无遗：“我们是一个年轻的国家。我们是一个小国家。我们是一个被敌人四面包围的国家。很自然地我们应该十分在意保卫我们的领土统一和主权完整。”Michael Brecher, *Decisions in Israeli Foreign Policy*, pp. 198-199.

(见表 2-2-1)，使双方的利益得到了进一步的平衡。在第三轮谈判后，约翰斯顿乐观地认为，阿以双方即将达成协议。

随后，以色列在经过内部激烈的争论后，勉强同意了修改后的“统一方案”，但阿拉伯一方的态度却急转直下。这一转变的部分原因在于1955年《巴格达条约》的签订和1955年阿以分界线附近日益增加的军事对抗。8月，美国国务卿杜勒斯在外交关系委员会面前提出，美国的目标是要实现中东和平，内容包括难民安置、水资源开发和以永久政治边界替代旧有的停火线。在阿拉伯人看来，这一最后的目标就是要使他们原本不承认的既存政治安排合法化。8月底，当约翰斯顿抵达中东希望达成协议之时，阿拉伯各国反对方案的声音越来越大。许多批评者认为，方案的目的实际上是让阿拉伯人承认以色列，而不是为了促进地区经济发展或者让巴勒斯坦难民获益。在他们看来，赞同约翰斯顿方案就等于和敌人以色列勾结。

虽然约翰斯顿一再努力，但阿拉伯一方并没有积极回应。1956年苏伊士运河战争的爆发，任何约旦河流域水资源开发的讨论都不复可能。就技术角度而言，修改后的“统一方案”在细节上更加接近于阿拉伯方案，但是，政治原因导致阿拉伯一方最终拒绝了这一方案。在中东，长期以来，若与所谓的“犹太复国主义实体”达成协议，便不要期望能长久掌权，阿拉伯领导人们对此都心知肚明。叙利亚最强烈地反对任何可能潜在地承认以色列的水交易，黎巴嫩的水资源相对丰富，从修改后的“统一方案”中获益甚少，因此二者都缺乏支持该方案的动力。纳赛尔的埃及这时也倒向苏联，反对与以议和。在阿拉伯诸国中，只有约旦认为开发水资源事关国家的福祉和安全。显然，在阿拉伯世界中，政治的考量远远重于经济的收益。

约翰斯顿谈判的失败把以色列置于安全困境之中。一方面，源源不断的犹太移民促使以色列要求更大的水份额；另一方面，正式的约旦河水资源开发协议的达成将为以色列与阿拉伯邻国关系的正常化创造有利条件。在经过政府内部激烈的争论后，以色列接受了约翰斯顿的方案，却不料被阿拉伯国家所否定。随着约翰斯顿谈判的破裂，以色列继续单方面转引约旦河上游河水，并建设全国供水系统。

约翰斯顿谈判的失败直接影响到以色列此后与阿拉伯邻国的谈判中的

态度和立场。首先，阿拉伯一方拒绝谈判仅仅基于以色列无权存在的说法进一步加深了以色列的不安全感和被包围感。以色列对阿拉伯国家的不信任大大加剧。其次，以色列认为与阿拉伯联盟委员会的谈判使得最好战的国家（首先是叙利亚）决定最终结果。它由此得出结论，以后在关键政治问题上的谈判必须直接与单个阿拉伯国家进行。这恰是此后此色列与阿拉伯国家谈判时遵循的主要模式。

从更宽广的视角看，此次美国发起的谈判最终失败，清楚地表明用解决经济问题的办法解决政治难题将遭遇困难。但美国人却自信满满地认为，经济发展能够克服政治分歧。或许这一方法在其他地方能够取得成效，但在中东这一仇恨聚合之地，无论过去还是现在，都不可能取得成功。政治和解必先在经济合作之前，安全考虑优先于技术性问题，这是约翰斯顿谈判的失败留给未来中东和谈的教训。[①]

二　水争夺与1967年战争

约翰斯顿谈判的失败意味着阿以丧失了和平解决水争端的最佳机会，矛盾无可避免地呈日益激化之势。随着谈判的失败，约旦和以色列都启动了单方面的水资源开发计划。1956年2月，以色列国家计划委员会（National Planning Board）在1951年的七年水资源开发计划的基础上制订了十年水资源开发计划，要求利用水渠和管道把约旦河上游河水引向滨海平原和内格夫沙漠，被称为国家输水工程。1957年，约旦计划推进以布格尔方案为基础的东部水渠工程（East Ghor Canal Project），旨在给约旦河谷提供灌溉用水。尽管这两个工程都在业已失败的约翰斯顿方案允许的范围之内，但阿拉伯人把以方的行动视为对阿拉伯国家水资源的偷窃、对国际法的违背以及对己方核心利益的威胁。在一系列首脑会议上，阿拉伯联盟提出了巴尼亚斯河和哈斯巴尼河的改道计划，目的是阻止大量河水流入以色列境内。这些行动引发了以色列北部边境的多次军事冲突，加剧了阿以的紧张关系，最终导致1967年六日战争爆发。

---

① Alwyn R. Rouyer, *Turning Water into Politics: The Water Issue in the Palestinian-Israeli Conflict*, p. 124.

1958年8月，约旦的东部水渠工程正式开工。它要通过长达70公里的主水渠，每年输送1.23亿立方米亚穆克河河水，用于灌溉约旦河谷的耕地。这一工程只是规模更加宏大的大亚穆克工程的第一阶段，资金来自约旦和美国政府，但大部分由后者提供。

自约翰斯顿谈判破裂，以色列就启动了国家输水工程。在1958年11月，出于政治考虑，以色列将引水点由约旦河上游的雅库布转移到加利利湖的西北角，并获得美国的政治支持和1500万美元贷款。1959年6月以色列才将正在进行的工程公布于世，阿拉伯诸国表示激烈反对。它们认为，这一工程不仅违反了国际法，而且还对约旦河流域阿拉伯国家的经济安全造成了直接威胁。[①] 实际上，阿拉伯国家的反对更多的是基于政治考虑而非经济意图。国家输水工程的完工将不仅使以色列的经济更富有生命力，也使其能吸纳更多的犹太移民。长此以往，以色列将在经济、人口和军事等方面更加强大，阿拉伯诸国也就更难对抗以色列。

1959年8月，作为回应，阿拉伯联盟委员会恢复了技术委员会，并授权后者提出行动方案。1960年11月，技术委员会提交报告，建议在哈斯巴尼河和巴尼亚斯河流入以色列领土之前将其改道。这将大大减少以色列总体可利用水量，进而直接威胁以色列国家输水工程的效用。1961年6月，阿拉伯联盟委员会采纳了这一建议，但在此后3年，由于阿拉伯国家在水问题上分歧极其严重，并未采取进一步行动。在技术委员会提出该建议前，一些阿拉伯国家坚持认为，改道约旦河支流作用甚微，只有战争才是唯一的解决方案。叙利亚认为，阿拉伯国家有义务解放巴勒斯坦。以埃及为代表的一些阿拉伯国家尽管也不建议重启约翰斯顿谈判，但反对诉诸军事手段。纳赛尔认为，与以色列作战的时机并不成熟。叙利亚因此谴责纳赛尔的立场是对阿拉伯事业的背叛。

阿拉伯国家的不团结为以色列创造了有利时机。1959年底，就在阿拉伯领导人为如何行动争论不休之时，以色列正在利用美国提供的1500万美元贷款继续国家输水工程的施工。1964年1月工程的第一阶段完成之际，阿拉伯各国在开罗召开首脑会议，决定实施约旦河支流改道计划。然而，

---

① Subhi Kahhaleh, "The Water Problem in Israel and its Repercussions on the Arab-Israeli Conflict," *Institute for Palestine Studies Papers*, No. 9, 1981, pp. 29–30.

阿拉伯世界只是形式上团结，分歧依然存在，会后也没有采取实际行动。1964 年 5 月，以色列开始试验经国家输水工程的管道从加利利湖抽水。9 月，阿拉伯国家领导人再次在埃及亚历山大聚首，授权承包商启动改道工程，并组建巴勒斯坦解放组织作为巴勒斯坦人的官方代表。

以色列将两次首脑会议的决定视为对国家安全的直接威胁。1964 年 1 月 20 日，以色列总理列维·艾希科尔（Levi Eshkol）在议会演讲时称，阿拉伯国家的改道计划只想“伤害以色列”和“否认以色列的生存权”，他警告阿拉伯人，“以色列将会反对阿拉伯国家的单方面非法行动，并将采取行动保护其核心权利”。[①] 在亚历山大首脑会议后，列维·艾希科尔再次警告阿拉伯人，“以色列将会采取行动确保（约旦河流域）河水继续流入其领土”[②]。

1964 年 11 月，以色列和叙利亚军队在丹河附近交火，造成 3 名以军士兵和 7 名叙军士兵丧生。1965 年 1 月，阿拉伯国家的改道工程开工，数周后以色列和叙利亚再次发生边界冲突，并延续数月，建筑工地和水利设施是双方打击的主要目标。正是在这一时期，阿拉法特建立的法塔赫参与打击以色列行动，试图破坏以方的国家输水工程。阿拉法特的重要战友纳比勒·沙斯（Nabil al-Shath）后来谈及这一行动时称：“水问题是核心。我们认为，我们对这一问题的影响是考察我们自己对以战争的关键测试。”[③]

但是，由于阿拉伯世界严重缺乏团结，其改道工程进行得并不顺利。1965 年夏，黎巴嫩和叙利亚境内的施工点趋于停工，只有最缺水的约旦还在继续施工。以叙之间的军事冲突延续到了 1966 年，这年夏天，叙利亚重启其境内的改道工程，7 月 14 日，以色列动用大炮和战斗机摧毁了工地上的大型设备，致使工程无法进行。这一事件使双方的矛盾大幅度激化，军事冲突更加频繁。12 月，由于以军袭击西岸的一个村庄，约旦也被卷入冲突。1967 年 4 月，以叙空战爆发，叙军 6 架米格战斗机被击落。5 月中旬，曾在 1966 年 11 月与叙利亚签订《联合防御条约》的埃及也开始言辞激烈

---

① Michael Brecher, *Decisions in Israeli Foreign Policy*, p. 212.

② Alwyn R. Rouyer, *Turning Water into Politics*: *The Water Issue in the Palestinian-Israeli Conflict*, p. 128.

③ John Cooley, “The War over Water,” *Foreign Policy*, No. 54, Spring 1984, p. 15.

地攻击以色列。5月18日，纳赛尔要求联合国紧急部队撤离西奈半岛，5天后，埃及对以色列船只关闭蒂朗海峡。6月5日，以色列先发制人，突然对埃及等阿拉伯国家空军发动袭击，击毁至少350架飞机。在6天的战争中，以色列占领了埃及的西奈半岛、叙利亚的戈兰高地（包括荷尔蒙山）以及东耶路撒冷、西岸和加沙，极大地改变了中东的政治地图，并在阿以水争端中处于十分有利的地位。

水争端是第三次中东战争爆发的重要因素。许多学者都强调与水有关的仇恨对战争的影响。[①] 约翰·库勒就认为，“对（中东这一地区河流）水的不断争夺是1967年战争的一个主要原因”[②]。对以色列而言，约旦河水争端和水源改道的威胁直观地展示了紧张的周边关系。以色列认为，其接受大批犹太移民的能力依赖于内格夫沙漠的开发，而后者又依赖于约旦河流域的水资源。以色列领导人认为，阿拉伯一方的改道计划不仅是要切断部分来自约旦河的河水，更是在否定以色列的生存权。这种认知无疑是促使以色列对阿拉伯国家发动突然袭击的重要因素。

三　以色列与水安全

以色列自建国之后，始终在为生存而斗争。为了满足日益增多的犹太移民的消费需求和实现犹太复国主义农业自给自足的理想，以色列不得不为获得充足的水资源而努力。因此，从1948年第一次中东战争到1993年《奥斯陆协议》，以色列几乎持续不断地因争夺水资源而与周边阿拉伯国家发生冲突。在以色列领导人和公众看来，水资源关乎犹太民族的生死存亡。1949年的停火协议把除丹河和加利利湖之外的主要水资源的源头置于相邻阿拉伯国家的控制之下。1967年战争之前，以色列在这些争议水资源的控制和开发问题上与约旦和叙利亚冲突不断。

以色列在第三次中东战争中以暴力手段占有了大量宝贵的水资源。尤其在夺取戈兰高地之后，以色列控制了约旦河的支流巴尼亚斯河，自此阿

---

① Thomas Naff and Ruth Matson (eds.), *Water in the Middle East: Conflict or Cooperation*, Westview Press, 1984, p. 44.

② John Cooley, “The War over Water,” *Foreign Policy*, No. 54, Spring 1984, p. 3.

拉伯一方改道工程计划付之东流。以色列控制的亚穆克河北部河岸的长度由 10 公里增加至 20 公里，亚穆克河的开发由此不得不征得以色列的同意。与此同时，它还通过占领西岸，限制巴勒斯坦人的水消费，并几乎独占了山地蓄水层的西区为己所用。1982 年，以色列入侵并占领了黎巴嫩南部地区，约旦河的另一支流哈斯巴尼河也处于以色列的控制之下。

以色列与叙利亚就如何分配约旦河上游水源的争端长期存在，但由于以色列有极大的军事优势，叙利亚不可能改变水资源分配的现状。戈兰高地是巴尼亚斯河的发源地，对以色列的水安全至关重要。因此，除非以色列能够继续获得戈兰高地的水源，否则它就不可能与叙利亚达成和平协议。

1994 年《以约条约》签订之前，约旦河下游水资源的分配一直是以约冲突的关键。在 1969 年互相打击对方的水利设施后，以约双方的军事对抗基本停止。但由于约旦试图在亚穆克河上修建大坝以灌溉农田和发电，以约矛盾依然存在。

1967 年以色列军事占领西岸，地下水就成为其水资源战略计划的重要组成部分。20 世纪 50 年代中期以来，以色列已通过绿线己方的水井开采西岸西区和东北区蓄水层的水资源。在军事占领西岸后，以色列开始监管和限制巴勒斯坦人的水消费。而且，以色列开始大量开发蓄水层，向大量涌现的犹太人定居点提供农业和家庭用水。自 1967 年以来，西岸的蓄水层对于以色列人的生活显得越来越重要。1984 年，纳夫（Naff）和马特松（Matson）指出，自 1967 年以来，以色列水消费的所有增长都是其领土增加的结果。[①] 以色列近 50%的地下水和约 25%的年开采水量来自西岸。西岸蓄水层的西区由于盐度较低，供应以色列 50%以上的饮用水。[②] 持续获得西岸的地下水对于以色列的水安全极为重要。

由于山地蓄水层的东北区和西区横跨以色列和西岸之间的绿线，以色列当局认为，巴勒斯坦一侧对蓄水层的过度开采、污染和破坏，都将导致己方蓄水层的永久性恶化。学者泽夫·希夫（Ze'ev Schiff）认为，西区蓄

---

① Thomas Naff and Ruth Matson (eds.), *Water in the Middle East: Conflict or Cooperation*, p. 49.

② Martin Sherman, "Water as an Impossible Impasse in the Israel-Arab Conflict," *Policy Paper*, No. 7, Tel Aviv, 1989, pp. 20-21.

水层是“以色列国家供水系统的脊梁”，可以“视为以色列的第二个国家输水工程”。他指出，在1967年之前，巴勒斯坦人每年只从这一蓄水层获取大约0.2亿立方米水。[①] 一些以色列的水文学家和安全专家提出警告，西岸巴勒斯坦人无限制的开采将会导致这一蓄水层以色列部分的地下水位降到“红线”以下，而地下水位的下降将会导致海水和附近其他盐度较高的地下水渗透到这一蓄水层。

对于以色列的右翼政党而言，水和安全的联系不可否认。他们将其作为反对奥斯陆和平进程和以色列军队撤离西岸的一大理由。支持这一观点的水专家提出质疑，若允许巴勒斯坦国建立，将无法阻止巴方对西区蓄水层的无限制抽取。他们认为，即便可以与现在的巴勒斯坦当局达成和平协议，但任何未来的继承者（如哈马斯）都可能威胁到以色列的核心战略利益，比如破坏甚至掐断水供应。他们也反对联合管理双方共有的水资源，认为这种安排虽然给予了以色列对巴勒斯坦人行动的否决权，但巴勒斯坦人也获得了同样的权利。用右翼政党犹太革新运动（Tzomet）的一个高级官员的话说：“假若没有清楚地规定谁服从于谁，假若没有明确规定在争端之中谁可强加自己的意志，那么就不存在解决这些争端的机制。”[②] 就此而言，他们认为分享水资源不仅不会引向和平，反而会不可避免地导致冲突[③]，以色列必须独自控制巴勒斯坦地区的水资源。

1990年8月19日，时任以色列农业部部长的拉菲勒·艾坦（Rafael Eitan）在《耶路撒冷邮报》上一篇名为《水问题——一些干旱的事实》（The Question of Water—Some Dry Facts）的文章中十分清楚地表明了这一观点。文章中列举了将西岸移交巴勒斯坦人将会带来的经济和政治后果：假若巴勒斯坦人不加控制地抽取地下水和随意处置污水，将会导致水资源耗尽、土地盐碱化和环境污染；在政治方面，以色列如果不对西岸进行军事控制，必将无法阻止约100万逃往周边阿拉伯国家的巴勒斯坦人的回归，而移民潮的出现定会加大对西岸的水供应和污水处理系统的压力。艾坦等

① Ze'ev Schiff, “Security for Peace: Israel's Minimal Security Requirements in Negotiations with the Palestinians,” *Policy Paper*, No. 15, D. C., 1989, pp. 20-21.

② Martin Sherman, “Dry, Dangerouse Future,” *Jerusalem Post*, 21 November, 1993. pp. 20-21.

③ Alwyn R. Rouyer, *Turning Water into Politics: The Water Issue in the Palestinian-Israeli Conflict*, p. 134.

人认为，既然无法信任巴勒斯坦人作为西岸水资源的管理者，那么以色列也无法承受放弃对西岸的军事和政治控制的后果。他们不信任阿拉伯人，不相信阿拉伯人会信守签订的协议。他们反对与阿拉伯人签订任何归还被占领土的和平协议。

1991 年的马德里中东和谈开启后，水分配成为以色列和阿拉伯人谈判的一个关键话题。控制水资源是以色列战略决策的基本依据和目标，但是相邻的阿拉伯国家拒绝承认以色列的存在并呼吁消灭之，这使得任何谈判都几乎不可能取得成果，并且诸多谈判的失败加剧了以色列对阿拉伯人的不信任，增强了被包围的不安全感。由此，以色列领导人相信，只有在双边谈判的情况下才可能达成政治协议，并杜绝在多边谈判中激进的阿拉伯国家使用否决权的现象。

定居点也是影响到水资源与以色列国家安全的一个重要因素。自独立以来，以色列大规模修建定居点。按照犹太复国主义者的观点，只有通过新建定居点，这些土地才真正为犹太人所有。如果犹太人不居住，其他人（即阿拉伯人）就会居住，而这是犹太复国主义者坚决拒绝和反对的。因此，以色列竭力在各地修建定居点，甚至自然条件恶劣的内格夫沙漠也不例外。定居点的意义不只在于让更多的犹太人居住，更在于让他们产生拥有土地的安全感。许多边远地区水资源匮乏，水的充足供应是决定这些地区定居点命运的基本要素。仅仅就数量众多的定居点而言，以色列就无法向巴勒斯坦人在水资源分配上做出重大让步。

水安全依然是巴以和解的主要障碍之一。在以色列内部，鹰派依然认为水争端是一场零和博弈：任何对水资源控制权的放弃都将导致以色列水资源的丧失。内塔尼亚胡[①]政府之所以不愿签订进一步从西岸撤军的协议，原因之一在于不想放弃对山地蓄水层水源的控制。以工党为代表的鸽派虽然在水问题上更加灵活，但同样关心国家的水安全。不论是以色列的哪个政治派别，他们与巴勒斯坦人和其他阿拉伯国家进行水谈判时，半个多世纪的血腥冲突和不信任造成的影响已无法消除。他们不仅坚定地相信，基于法律和宗教，他们对这一地区的水资源具有优先权，而且安全始终是他

---

① 本雅明·内塔尼亚胡：以色列第九任总理（1996—1999）、当时利库德集团党魁，他也是至今为止唯一一位在以色列建国后出生的总理。

们进行谈判时考虑的一个关键因素。正如哈伊姆·戈威兹曼（Haim Gvirtzman）所言："犹太人不能依赖世界上的任何人。以色列只能依靠自己。犹太人已经历了大屠杀。我们明白我们只能依靠自己，不是美国，只有我们自己。如果我们不为自己保留水资源，我们就不会有水资源。我们的生命依赖于水，它就是一切。"①

第三节　以色列国家的水政策和水务活动

自立国伊始，以色列水政策的形成首先基于意识形态和政治的考虑，而非经济成本的计算。鉴于对以色列立国的重要性，农业部门长期优先于其他经济部门。在以色列建国后的前30年，高达80%的水资源消耗在农业灌溉上。20世纪80年代以来，人口增长和工业发展对水的需求日益增加。生活水平的提高和连年干旱也压缩了农业用水量。虽然农业部门长期只占有劳动力的5%，但它对以色列的政治和经济依然有强大的影响。由于政府中的农业游说集团和农业的支持者的阻碍，以色列政府旨在按经济效益分配水资源的改革无法顺利推进。尽管在高效利用灌溉用水和循环利用城市污水方面取得了很大的技术进步，但是，以色列的经济政策，尤其是对农业用水进行补贴的做法，实际上在鼓励过度使用水资源。

至此，也应该将以色列的水政策置于经济高度中央集权的背景下认识。政府是以色列经济中最主要的角色，以色列政府提供着最多的基本服务，管理和控制着大多数经济活动，并通过包括化学、航空、交通和水利在内的120多个国有集团支配着许多基础行业。依据一个以色列经济学家的估计，以色列政府通过多种方式，影响着国家90%的经济活动。② 由于农业被认为对以色列国家的发展和生存极为重要，它所受的控制最为广泛，也最少受到市场机制的影响。

意识形态的因素和安全的考虑极大地影响着以色列的水决策，而水经济

① Alwyn R. Rouyer, *Turning Water into Politics: The Water Issue in the Palestinian-Israeli Conflict*, p. 143.

② Asher Arian, *Politics in Israel: The Second Generation*, Chatham House, 1985, p. 32.

又直接影响着以色列在巴勒斯坦被占领土的水政策和其对水谈判的立场。因此，要深刻认识巴以水争端，就不能不理解和分析以色列的水政策。

一 以色列的供水系统

自建国之初，为了国家的发展和犹太居民的福利，供应充足的水资源就是以色列水政策的指导原则。以色列政府确立了一大法律原则，即水是国家的公有财产，其所有权为公有，其使用须服从国家的指导。《1959 年水法》的第一条就明确规定："国家的水资源是公共财产；它们受国家的控制，旨在满足居民的需要和国家的发展。"[①] 开发水资源的目的是为国家发展创造有利条件，而且全国居民都可以平等地获得必要的水资源。

以色列建国后的十年内，至少 100 万犹太移民从欧洲和中东蜂拥而至，其中大多数人缺乏谋生技能。在没有大型工业的情况下，如何吸纳如此多的移民，如何满足迅速增加的食物需求，都是严重的问题。发展农业由此被以色列领导人视为吸纳新移民的最有效途径。1948～1958 年，犹太人开垦的土地由 160 万杜诺姆增加至 390 万杜诺姆。

建国初期，以色列领导人不仅想把大批移民吸纳到农业部门就业，而且计划安排人口到内格夫沙漠和加利利丘陵地带等人口稀疏的地方居住。在降雨稀少和水资源匮乏的南部地区建立定居点，需要从水资源丰富的北部转运大量洁净水。因此，对于新生的以色列而言，面临的一个重大挑战是如何获得充足水资源并建立全国供水系统。[②]

《1959 年水法》确立了对供水系统进行管理的法律框架。按照此法律，农业部部长对水资源享有最大的决策权，并对全国供水系统负责。后来，一些重要职责又被分配给其他部门，环境部负责所有自然水源的质量，卫生部负责管道运输的饮用水的质量。不过，农业部部长依然负有首要的责任，他负责制定有关水的分配、价格和补贴的政策，也负责监管水务管理机构。摩西·达扬、阿里尔·沙龙和拉斐尔·艾坦等强势的农业部部长曾

① Alwyn R. Rouyer, *Turning Water into Politics: The Water Issue in the Palestinian-Israeli Conflict*, p. 146.

② Itzhak Galnoor, "Water Planning: Who Gets the Last Drop?" in R. Biliski (ed.), *Can Planning Replace Politics: The Israel Experience*, pp. 137-215.

成功决定了国家的水政策。1996 年 7 月，农业部的许多职责被转移到了内塔尼亚胡政府建立的基础设施部，部长为阿里尔·沙龙。基础设施部不仅监管包括水委员会（Water Commission）、国家水务公司麦克洛特（Mekorot）、水文署（The Hydrological Service）和加利利湖管理处（Lake Kinneret Administration）等在内的庞大的水务管理机构，而且负责供水与污水处理的政策制定、工程建设。特别重要的是，它还负责与巴解组织和周边阿拉伯国家的水谈判。制定水价格则是财政部和农业部共同肩负的职责，后者还负责确定以色列人灌溉用水的分配份额。

水委员会是以色列执行水政策的最重要的单一机构。水委员会专员现在由基础设施部部长任命。虽然水委员会专员并不制定政策，但他在执行以色列内阁和基础设施部部长制定的政策方面具有广泛的决定权。水委员会专员和秘书的重要职权包括：颁发水资源开发和利用的许可证；对不服从规定的行为予以处罚；提出水保护、污染预防和污水循环利用的措施；就水价格和水补贴的变化提出建议。水委员会专员参与水文规划的各个阶段。在干旱时节，专员有权暂时减少农业用水配额，以应对水短缺的状况。自 1967 年以来，他的各项权力扩展到巴勒斯坦被占领地区。1995 年《奥斯陆第二阶段协议》之前，专员与民政部门商议后，确定巴勒斯坦人的用水配额，对那些超过限额的人处以罚款，并颁发水井打凿与修复的许可证。

专员也管理着一个独立于水委员会的法定团体——平衡基金会（The Equalization Fund）[①]。平衡基金会建立于 1962 年，其目的是减少不同地区间水价格的差异，实现以色列供水系统的最重要的目标——让全国的犹太居民都能平等地享有水资源。平衡基金会的资金有两大来源：一是政府的补贴；一是向水资源相对丰富、水供应相对便利的北部地区的家庭和部门征收附加税。水相对昂贵的地区的消费者从基金会获得拨款以平衡水价格。[②] 这一政策最有利于农业发展，农业用水价格远远低于实际成本。尽管许多人建议撤销平衡基金会，但由于农业势力的政治影响，试图改革这一水价格体系的努力至今没有取得明显成效。

---

① 又称为水价格调整基金会（the Water Price Adjustment Fund）。

② Thomas Naff, *Israel: Political, Economic and Strategic Analysis*, Philadelphia, 1987, pp. 113-115.

随着时间的推移，水委员会专员逐渐演变为一个高度政治化的职位。在早期，专员的任命需要过硬的技术条件，通常是来自以色列一流的工程大学——技术学院的工程师。专员的人选也不受政府更迭的影响。但后来，专员的任命直接体现了执政联盟的政治观点，专员的人选随政府更迭而改变，工程师的专业背景也不再是任命的必要条件。1991 年，当工党离开执政联盟后，专员塞马赫·伊沙（Tsemah Ishai）被迫辞职，替代他的是与利库德集团关系密切的丹·扎斯拉夫斯基（Dan Zaslavsky）。但是，无论是哪个联盟执政，专员与农业部部长一样都在反映农业的利益。伊沙等大多数专员是某一基布兹（Kibbutz）[①] 或莫沙夫（Moshav）[②] 的成员，他们通常是农业的支持者。

在以色列的供水系统中，有两个机构处于水委员会的控制之外。其一是麦克洛特，即国家水务公司；其二是塔哈尔（Tahal），即以色列水计划公司。麦克洛特由犹太代办处创建于 1937 年，对以色列的供水系统具有决定性的影响。依据《1959 年水法》，麦克洛特承担着建造、维护和运转以色列水利设施的职责。以色列大约 65%的灌溉用水、家庭用水或其他方面的用水是由麦克洛特提供的。这些水中一部分直接流向消费者，另一部分供应地方的水务部门，而后由后者输送到各个家庭。其余约 35%的水来自非政府的生产者，这主要指的是基布兹和莫沙夫，这些水主要用于农业。麦克洛特也掌管着国家输水工程、污水处理和回收厂、淡化厂以及测量水质和进行研究的实验室。麦克洛特也在巴勒斯坦被占领土运行，打凿水井，为犹太人定居点供水。巴勒斯坦人消费的水中有 5%来自麦克洛特的管道。

直到 1995 年，麦克洛特分别由犹太代办处、以色列总工会（Histadrut）和以色列政府三者共同拥有，每一方握有其 1/3 的股份。1995 年，以色列政府获得了其他两者的股份，成为公司的唯一拥有者。不过，依据协议，麦克洛特获得特许权，在不受政府的直接控制和没有政府预算分配的情况下进行商业运作。麦克洛特由一个总经理领导，受一个 15 人指导委员会指导，财政部部长对公司进行总体监督。

塔哈尔建立于 1952 年。塔哈尔对麦克洛特的修建和经营活动进行规

---

① 基布兹：以色列的一种集体社区，过去主要从事农业生产，现在也从事工业和高科技产业。
② 莫沙夫：以色列最流行的农业社区模式。一个莫沙夫是一个村庄，每户人家拥有自己的房屋和土地，自给自足。每户人家均从属于集体，莫沙夫以联合的形式负责供销，并提供教育、医疗和文化服务。

划。依据《1959年水法》，塔哈尔负责全面的水规划（包括短期和长期）、水调研和水消费预测。公司最大的工程无疑是规划和设计国家输水工程。塔哈尔还就水问题向包括农业部、水委员会和麦克洛特等在内的其他政府机构提供咨询。在1967年以色列占领部分巴勒斯坦领土后，公司又开始负责监控和维护山地蓄水层。自20世纪90年代初期以来，塔哈尔也被私有化了，与麦克洛特一样，它也进行商业运作，为以色列和全世界提供水利规划和工程设计。尽管它也为水委员会专员提供咨询，但其部分规划职能已经被转移到了专员领导下的水文署。

通过向水利工程提供资金和确定水价格，财政部也在以色列的水务决策过程中发挥着重大作用。财政部部长不仅与基础设施部部长协作确定以色列供水系统规划、发展和管理的预算，也与农业部部长合作确定所有消费者的水价格和向农业提供补贴的数量。与基础设施部部长和农业部部长一样，财政部部长也任命不同指导委员会的成员处理或监管水问题。就水政策和水价格，财政部部长、农业部部长、水委员会专员和农业游说集团之间常常矛盾不断，尤其是前两者对于如何最好地实现民族利益有不同的理解。在农业部部长看来，富有活力的农业部门最符合民族的利益，因为它让以色列实现了食品的自给自足，而且在国际上也富有竞争力。而对财政部部长而言，最重要的是减少赤字和降低通货膨胀率。农业部的官员和农业利益的代言人虽然承认水资源日益短缺的事实，但认为提高水价对农民不公平。相反，财政部则支持提高水价，以反映水供应的真实成本。

除以上机构外，还有专门为公民参与监督以色列供水系统而设立的水理事会（Water Council）、规划委员会（Planning Commission）、水法庭（Water Court）和议会水促进会（Knesset Water Committee）。水理事会的职责是就水政策向基础设施部部长和水专员委员会提供咨询。水理事会共有39名成员，主席是基础设施部部长，其2/3的成员来自普通民众，大多代表农业利益，其余1/3代表来自关心水问题的政府机构。规划委员会专门向基础设施部部长或农业部部长提建议，其成员共11名，都是各领域的专家，代表公众利益，独立于政府，由基础设施部部长或农业部部长指定。[1]

---

① Susan H. Lees, *The Political Ecology of the Water Crisis in Israel*, University Press of America, 1998, p. 27.

水法庭依据《1959 年水法》而建立，由一个专业法官和两个公众代表组成。它专门审理就破坏水法者罚款的案件和因对各种水机构裁决不满而申诉的案件。议会水促进会由议会经济和金融委员会的成员组成，财政部部长和农业部部长建议的水价格和水补贴在生效之前，需要先征得议会水促进会的同意。可见，议会水促进会能够通过阻碍政府改变水价，间接影响国家的水政策。由于议会水促进会成员大多是农业利益的支持者，提高农业灌溉用水价格的计划屡次受阻。① 因此，以色列的供水系统虽然处在政府控制之下，但它也为民众参与和影响水政策的制定以及农业游说集团发挥作用提供了一定的渠道。

二 以色列水政策的演变

至今，以色列的水政策经历了以下变化：

第一阶段（1948~1964 年）：获得水资源

获得充足的水资源，满足迅速增加的犹太移民的需要，是建国之初以色列水政策的核心目标和根本落脚点。这也是一个意识形态塑造水政策的时代，犹太复国主义民族救赎的思想推动着新生的以色列国家尽最大可能地获取更多的水资源。在这一时期，犹太复国主义“意识形态要求开发水资源。为了新的农业定居点，从没有一个方案仅仅由于供应水的成本太高而遭到抛弃”。② 在各种因素的作用下，以色列的水开采量大幅度增长，对地下水的开采尤其如此。以色列地下水的开采量从 1949 年的 2 亿立方米剧增至 1962 年的 9.508 亿立方米（见附录一）。

早期以色列水规划的基础是罗德米克-海斯建议，设想从约旦河上游引河水到沿海平原和内格夫沙漠，除了满足巴勒斯坦已有的近 200 万阿拉伯人和犹太人的需要外，还将解决其他 400 万移民的定居问题。1951 年，这一规划的第一期付诸行动。内容包括排干胡拉湖和周围沼泽，加深约旦河，并减少其弯道，目的是增加 6 万杜诺姆耕地，增大约旦河上游的水量。

① Thomas Naff, *Israel: Political, Economic and Strategic Analysis*, 1987, pp. 155-156.

② Eran Feitelson and Marwan Haddad, *Management of Shared Groundwater Resources: The Israeli-Palestinian Case with an International Perspective*, IDRC Books, 2003, p. 345.

这一工程导致以色列与叙利亚发生冲突，后经联合国的一系列调解，双方实现妥协，工程最终在 1958 年完工，胡拉湖就此消失。[①]

1953 年，新建的水规划机构塔哈尔发布了《七年规划》，目的是要通过一系列工程利用国家的水资源，把其分配到需要的地方。规划设想到 1961 年，把水供应量增加 2 倍以上，把灌溉面积扩大为原来的 3 倍。建筑工程分阶段逐个进行：第一阶段是已在进行的胡拉湖排干工程。第二阶段是西加利利-基顺工程（Western Galilee-Kishon Project），旨在把加利利地区的泉水和冬天来自瓦迪（Wadis）[②] 的径流收集到水库，而且修水坝阻拦在海法附近白白流入地中海的基顺河。获得的水将被输送到贾兹里尔谷地（Jazreel Valley）和海法地区，而后随着后续阶段工程的完工进一步输送到南部地区。第三阶段是亚孔-内格夫工程（Yarkon-Negev Project），计划把亚孔河及其源头的水通过两个独立的管道先输送至特拉维夫市区，而后输送到内格夫沙漠北部，总距离超过 100 公里。第四阶段在政治上最富争议，计划通过沟渠从加利利湖以上的约旦河输送河水到纳扎里斯（Nazareth）的巨型蓄水池，从那里通过管道与其他供水系统相连（后来放弃）。

1956 年 2 月，以色列国家计划委员会颁布了塔哈尔制定的全新的《十年规划》，以最大限度地开发国家的水资源，而后，北部的水工程建设继续进行。新规划试图通过约旦河到内格夫沙漠超过 200 公里的输水主管道，协调和整合全国的水利工程，使其成为一个供水系统。这一工程被称为国家输水工程。这一规划的目标是到 1966 年，为 300 万杜诺姆土地供应充足的灌溉用水，为 300 万人口提供食物。它还包括在地下储备水，以备不时之需。1958 年夏，以色列政府把引水点由约旦河上游改在了加利利湖的西北沿岸，这一决定完全是基于政治考虑，目的在于避免与叙利亚发生冲突。

引水点的改变对以色列非常不利。第一，它损耗了大量电力。约旦河上游的引水点高于海平面约 300 米，可以让河水依赖重力自行流动，而且，引水渠道里的水一部分流入加利利湖能够发电。而新方案却需要

---

① 具有讽刺意味的是，1994 年春，为了挽回抽干胡拉湖对生态的破坏，以色列开始了至今最大的一个环境修复工程。原先湖心的 1500 杜诺姆耕地又被灌满了水，以创造一个新湖，它将成为一个旅游景点和野生动物栖息地的一部分。

② 阿拉伯、北非等地仅在雨季有水的河道或溪谷。

以色列耗费电力，用泵把水从低于海平面约 210 米的加利利湖抽到海平面以上 152 米的高度。在 20 世纪 90 年代，这一工程耗费以色列全年电力的约 15%和整个供水系统运转费用的 40%。[①] 第二，所输送水的盐度大大增加。约旦河上游的水相当洁净，含盐量只有约 70 毫克/升，加利利湖则有湖底涌上咸泉水，含盐量高达 250~400 毫克/升。水中的含盐量较高虽然没有直接影响饮用或灌溉，但是提高了土壤和沿海蓄水层的盐碱度。

尽管存在这些问题，但自从 1964 年完工以来，国家输水工程至今已经持续和有效地运转了近半个世纪。它在以色列的水利系统中居于举足轻重的地位，其供水量占以色列全国清洁水消费量的近 1/3。起初，其目标是每年从加利利湖抽取 3.4 亿立方米水，这一数字在约翰斯顿方案的规定之内，但实际的数量每年都在增加，在 90 年代达到了每年 4.5 亿立方米。每年的抽取量很大程度上取决于上一年的降雨量。80 年代后期和 90 年代的干旱年份直接导致抽取量的减少，因为湖平面不能低于海拔以下 212 米，否则加利利湖的水质将遭到严重的破坏。[②]

国家输水工程的完成使得以色列供水系统的最后和最重要的一个部分得以成形，以色列由此成为世界上除新加坡外小型城市国家供水系统最完整的国家。[③] 而且，以色列逐步完善基础设施，以实现犹太复国主义者长期追求的将清洁水输送至全国的目标。[④]

第二阶段（1965~1988 年）：应对水资源短缺

国家输水工程的完成把以色列的水资源规划和开发带入了一个全新的时期。以色列整合了全国的供水系统，但水供应和水消费之间的鸿沟并没有因此而消除。60 年代中期以来，如何应对水短缺既是摆在以色列政府面前的一大挑战，也是其水政策制定的主要考量。在 1967 年的第三次中东战

---

① Daniel Hillel, *Rivers of Eden: The Struggle for Water and the Quest for Peace in the Middle East*, Oxford University Press, 1994, p. 162.

② Daniel Hillel, *Rivers of Eden: The Struggle for Water and the Quest for Peace in the Middle East*, pp. 164-166.

③ Itzhak Galnoor, "Water Planning: Who Gets the Last Drop?" in R. Biliski (ed.), *Can Planning Replace Politics: The Israel Experience*, p. 173.

④ Itzhak Galnoor, "Water Planning: Who Gets the Last Drop?" in R. Biliski (ed.), *Can Planning Replace Politics: The Israel Experience*, p. 172.

争后，以色列控制了西岸巴勒斯坦人的水消费，并把山地蓄水层的水据为己有，但并没有缓解以色列日益增长的水消费。在日渐意识到水资源的供应已至极限之后，犹太复国主义者依然认为农业必须优先发展。以色列国内，获得水源以应对水匮乏的思维定式同样流行。以色列不是转向更加保守的水政策，也不质疑推动水消费的价值观的合理性，而是试图发现新的技术手段化解水短缺的难题。

在这一阶段早期的水政策中，海水淡化被视为应对水资源短缺的办法。1965 年，以色列政府提出了《十五年规划》（1965 ~ 1980 年），其中心内容是大规模的海水淡化工程。工程预计耗费 1 亿美元（按 1965 年价格计算），计划由以色列和美国联合施工，其中美国承担大部分费用。后来，美国以其在经济和技术方面不具有可行性为理由，宣布撤出，原有规划随即搁置。海水淡化只能小规模进行。截至 70 年代，以色列在亚喀巴湾建造了一个海水淡化厂，每年为以色列供应 250 万立方米淡化水。①

在决定放弃海水淡化和大规模水投资后，70 ~ 80 年代以色列的水政策主要集中于新水源的开发，包括雨水的收集、污水回收利用等。以色列在这一阶段没有出台官方的全国性水规划。这一时期的犹太复国主义者对水的获取和利用的偏好并没有发生变化，但水资源开发得到的投资大幅度减少。尽管水消费依旧在增长，但以色列领导人却不愿承受大规模水资源开发的经济负担，更多地进行水资源开发并不是国家优先考虑的事情。在 70 年代，水资源开发的投资降到了总投资的 1%以下。②

水偏好持续存在的代价之一就是对蓄水层尤其是沿海蓄水层的过度开采。根据独立的以色列水文学家的研究，1980 ~ 1985 年，以色列境内的沿海蓄水层每年被抽取的水量（2.4 亿立方米）超过安全水量 0.67 亿 ~ 1 亿立方米，而山地蓄水层则每年被过度开采 0.57 亿立方米。③

在第二阶段，以色列各水机构之间开始出现摩擦和竞争。随着水利工程大规模投资的减少，在缺乏全国统一的水规划的情况下，政策的着重点

① *Israel Economist*, January-February, 1977, p. 6; Alwyn R. Rouyer, *Turning Water into Politics: The Water Issue in the Palestinian-Israeli Conflict*, p. 158.

② Itzhak Galnoor, "Water Policymaking in Israel," *Policy Analysis* 4, p. 354.

③ Ronit Nativ and Arie Issar, "Problems of Over-Developed Water System: The Case of Israel," *Water Quality Bulletin*, No. 4, 1987, p. 129.

和各机构的利益出现了差别，尤其是塔哈尔和麦克洛特在规划和执行上渐行渐远。塔哈尔的规划建议常常不被决策层接受，这一机构经常起着预测水末日的作用。[①] 与此同时，麦克洛特为了增强自身在水输送和建设中的中心地位，日渐涉入了小型工程的规划和设计工作。在这一阶段，这两个机构针对全国的水资源短缺问题不是持保守的立场，而是继续坚持获取水资源的态度。

这一阶段水资源开发的最大成就是启动了污水回收利用工程。虽然，这一方案的动机是为农业获取其他水源，但开启了第三阶段更加友好的环境政策。尽管污水净化处理的过程很长，但其成本相对较低。依据麦克洛特公布的数字，循环水的成本只有淡化水的1/4，只比抽取地下水的成本高一些。[②] 尽管以色列卫生部门认为，循环水可供“偶尔饮用”，但它实际只供农业使用。[③]

1973年，第一个也是最大的污水处理工程——丹地区污水处理工程（Dan Region Wastewater Project）开始运行，它覆盖了整个特拉维夫市区，每年处理0.25亿立方米污水。工程由塔哈尔设计，麦克洛特建造。到1998年，以色列每年处理的污水估计达2.5亿立方米，其中约0.9亿立方米来自丹地区；其大部分循环水输送到了内格夫沙漠。2.5亿立方米约为全国所产生的污水的2/3，以色列由此成为世界上污水利用率最高的国家。[④] 随着人口的增长和污水处理投资的增加，污水处理的量也在不断增加。

在1967年占领约旦河西岸和加沙地带后，以色列还通过多种方式限制巴勒斯坦人的水开采，进而急剧扩大了双方水消费量的差距。以色列人均水消费量是80~100立方米/年，而巴勒斯坦人均水消费量是35立方米/年。西岸内以色列人的水井从无到有，发展到32口，巴勒斯坦人的水井由

---

① Itzhak Galnoor, “Water Policymaking in Israel,” *Policy Analysis* 4, p. 352.

② D'Vora Ben Shaul, “Recycled Water: The Time to IncreaseIts Use Now,” *Jerusalem Post*, 18 March 1996, p. 7.

③ 在以色列，污水管道及其所有构件被涂成红色，表明农业专用。与此不同的是，饮用水的管道被涂成了蓝色。

④ Ben-Gurion Uniersity of the Negev and Tahal Consulting Engineers, *Israel Water Study for World Bank*, the World Bank, 1994, section 5, and Appendix 1; Alwyn R. Rouyer, *Turning Water into Politics: The Water Issue in the Palestinian-Israeli Conflict*, p. 160.

于水位降低和缺乏维护，则从 413 口减少到 364 口。[①]

进入 80 年代，犹太复国主义者对水的偏好依然极大地影响着以色列的水政策。农业发展被高度重视，水规划遵守最大限度地获取水资源的原则，这直接导致对蓄水层的过度开采和国家水环境的恶化。

第三阶段（1988 年至今）：保护水资源

80 年代末期，水环境的持续恶化促使以色列政府改弦更张，做出调整。越来越多的人意识到，保护水资源必须优先于农业的发展。这样，日益关心环境保护成为第三阶段以色列水政策的一大特征。依据水委员会的数据，1992 年是以色列过度开采山地蓄水层的最后一年。除了环境恶化，这一阶段以色列水政策制定者面临的另一大挑战是如何与巴勒斯坦人和其他阿拉伯邻国达成满意的水分享协议。

1988 年到 1991 年春的几个事件表明了由第二阶段到第三阶段的过渡。1988 年，以色列组建了环境部，表明环境保护已成为政府的一个中心议题和任务。同年，塔哈尔颁布了新的供水系统总体规划，突出了水资源保护的地位。1990 年底，国家审计长的报告批评以色列的水机构放任对水资源进行不负责任的过度开采。在 1989～1991 年的干旱之后，农业的特殊地位受到以色列民众的公开质疑。

早在 1973 年，以色列政府就组建了以色列环境保护处（Israel Enviroment Protection Service），以执行议会通过的环境保护措施，但实际上极少有实际行动维护相关法律。环境部的建立表明以色列政府下定决心再次应对环境污染。在水政策领域，环境部关注的内容主要包括：强制执行水质量标准，复原严重污染的水资源，提出污水处理和其他水保护措施，开展保护环境的公众教育活动。1991 年，以色列议会修订了《1959 年水法》，授予环境部更大的权力，以强制执行禁止水污染的条例。一方面，罚款从不到 2000 美元提高至 6.25 万美元；另一方面，要求污染者净化被污染的水。由此，以色列开始比过去更加有效地防止水污染。[②]

虽然以色列意识到了水污染的严重性，但水污染在 90 年代依然比较普

---

① Mark Zeitoun, *Power and Water in the Middle East: The Hidden Politics of the Palestinian-Israeli Water Conflict*, p. 184.

② Shoshana Gabbay (ed.), *The Invionment of Israel*, Ministry of Environmert State of Israel, 1988, pp. 65-66.

遍。以色列开始努力做出纠正，最值得注意的水保护措施是治理河流和溪流的污染。长期以来，未处理的工业废水和城市污水通过河流注入地中海，只有注入加利利湖的约旦河上游及其支流是干净的。1993 年以来，随着环境部之下国家河流管理处的建立，以色列政府开始净化境内的河流。除了停止向河流倾倒工业和城市垃圾外，还清理了河床上数以吨计的污水、残破的卡车、建筑残渣以及其他垃圾，并在干涸的河道建立了绿化带。在胡拉谷地的注水补给工程是逆转以往环境灾难的又一举措。虽然恢复行动十分缓慢，但计划本身表明，以色列的水政策相比之前只顾获取水源的做法已经发生重大变化。

塔哈尔为以色列供水系统制定的总体规划虽然没有全面批判以往的水政策，但承认过度开发对水供应造成了严重威胁。这一建议标志着以色列水规划者的优先关注对象，从满足经济发展和人口增长需要转向了保护水资源和保证水质量。这一规划要求采取的最重要的措施包括：补给和恢复蓄水层，增加污水循环的投资，控制供水系统中的水污染和水损失，减少低利润水消费农业的产量。[①] 规划并没有建议提高水价格以与生产成本保持一致，但要求在将来的几十年内逐步减少向农业供应饮用水的数量，并以循环水替代。污水循环的成本将由城市水消费者承担，但即便如此，规划也遭到了农业利益代言人的攻击，甚至在提交内阁讨论之前便被农业部搁置。

1990 年国家审计长的特别报告对以色列的水政策提出了激烈的批评，称其耗尽了国家的水资源，是水危机日益严重的首要原因。报告谴责水政策的制定者过去 25 年内管理不善，是对水资源的严重浪费。[②] 尽管审计长的报告只代表自己意见，并不意味着政策的转向，但是它引发了水政策的大规模讨论，表明以色列已经进入了水政策观念的新阶段，犹太复国主义思想中必须发展农业和增加人口的思想的影响也开始减弱。

但是，以色列水政策的变化缓慢而不彻底。正如塔哈尔的总体规划一样，国家审计长的建议遭到了政府官员的抵制，针对经济改革的建议尤其

---

① Tahal Consulting Engineers, *Israel Water Sector Study*, Tel Aviv, 1990, pp. 55-57.

② Shoshanah Gabbay, "The Water Crisis: 25 Years of Bad Management," *Jerusalem Post*, 3 January 1991.

如此。农业游说集团的政治权力依旧十分强大，它们依然反对提高灌溉用水的价格。但是，假若以色列想要克服日益严重的水短缺危机，并与巴勒斯坦人和其他相邻的阿拉伯国家实现永久和平，那么保护水资源的意愿就需要变得更为强烈，并转化为可靠的公共政策。不与阿拉伯人进行公平的水分享，就不会有和平协议；不更加保护水资源，不大规模减少向农业分配饮用水的数量，以色列就不会有充足的水供它与阿拉伯人分享，甚至没有充足的水满足本国需要。

三　农业与水资源

在面对解决水资源短缺、与阿拉伯人分享水资源的问题时，以色列的农业政策和农业经济是重要的变量。农业居高不下的水消费不仅直接导致水短缺，也间接导致以色列与巴勒斯坦人的水争端难以化解。

从经济角度看，农业在以色列并不占有重要的地位。到 1990 年，农业所占以色列 GDP 的比重不到 3%，所占总劳动力的比重只有 4.2%。[①] 然而，农业依旧得到大量的补贴，以至于不少人认为这从经济角度来说完全是得不偿失："在国内种植、在国外出售柑橘和柚子实际上是在出口水，以色列可以花比在国内种植的成本更少的钱从欧洲进口柑橘和柚子。"[②] 尽管如此，从领土和政治的角度来看，农业却极其重要。正如以色列农业与农村发展部部长在 1997 年的报告中所言："以色列的农村和农业部门在扩散人口和定居边疆地区方面肩负着民族和社会责任。"[③] 以色列之所以会出现巨额的"水需要"，根源在此。以色列水务专员梅尔·本-梅尔（Meir Ben-Meir）就曾承认，"如果不是出于意识形态和实际的需要种植和灌溉土地，以色列就不会有水问题"[④]。

---

① E. Feitelson, "The Ebb and Flow of the Arab-Israeli Water Conflict: Are Past Confrontation Likely to Resurface?" *Water Policy*, Vol. 2, 2000, p. 357.

② Gershon Baskin, "The West Bank and Israel's Water Crisis," in Gershon Baskin (ed.), *Water: Conflict or Cooperation*, p. 9.

③ Amnon Kartin, "Factors Inhibiting Structural Changes in Israel's Water Policy," *Political Geography*, Vol. 19, 2000, p. 109.

④ Amnon Kartin, "Factors Inhibiting Structural Changes in Israel's Water Policy," *Political Geography*, Vol. 19. 2000, p. 108.

此外，以色列农业的持续发展还与国家的经济体制密切相关。以色列的经济体制属于混合型，但政府在其中居于主导地位。尽管绝大多数企业都是私有，但政府却是国家最大的雇主和消费者。就国营经济的规模和政府涉入经济的程度而言，以色列超过了所有西方国家和许多欠发达国家。[①] 虽然20世纪90年代以来的私有化改革取得了一定的成效，但始终遭到了以色列社会，尤其是农业部门和供水系统相关力量的抵制。

在各经济部门中，农业所受政府的控制最多，也最不受市场的影响。依据1960年以色列《土地基本法》，所有的耕地都为国家拥有，并长期租给农民。目前，只有约10%的土地在私人之手，他们绝大多数是阿拉伯人。其余90%的耕地由600多个基布兹和莫沙夫合作农业定居点耕种，它们提供了全国大约88%的农产品。[②] 农民按市场委员会的规定耕种作物，可以获得一定的补贴。由于政府的保护和扶持，农业部门可以稳定地获得巨大利益，但国内农业缺乏竞争，对自然资源尤其是水的浪费十分严重。

虽然90年代以来以色列政府试图使农业经济更加市场化，但由于强大的农业游说集团的阻碍，这一意图难以实现。农业游说集团的强大并不是由于农民的数量多，或者是他们对国民经济的贡献大。其真正的原因在于，一方面，犹太复国主义意识形态对以色列社会和政治产生了无处不在的影响；另一方面，食品自给自足的安全考虑也在发挥作用。以色列的消费者往往毫无怨言地以较高的价格购买当地受保护的农产品，也可以接受大批补贴和其他公共资金流向农业，因为他们认为，富有活力的农业部门符合国家的利益，是他们民族使命的必要内容。

在以色列，农业组织和政党之间存在密切的关联，在国家建立前后尤其如此。在以色列建国后的前20年内，超过50%的内阁成员和2/3的议会议员来自于基布兹。[③] 以色列的许多重要政党发源于农业部门，比如工党的重要前身之一以色列工人党（Mapai）便起源于基布兹运动。以色列早期所有的政治领导人都来自农业部门。早期的5任总理当中有4任［戴

---

① Yari Aharoni, *The Israeli Economy: Dreams and Realities*, Routledge, 1991, pp. 16-17.

② Alwyn R. Rouyer, *Turning Water into Politics: The Water Issue in the Palestinian-Israeli Conflict*, p. 164.

③ Thomas Naff, *Israel: Political, Economic and Strategic Analysis*, pp. 187-188.

维·本-古里安（Darid Ben-Gurion）、列维·艾希科尔（Levi Eshkol）、果尔达·梅厄（Golda Meir）和伊扎克·拉宾（Yitzhak Rabin）］与基布兹存在联系。农业组织和政党的关联造成的结果就是，以色列的政治力量无论左翼还是右翼，通常都支持农业游说集团的政策和目标。近年来，市场越来越多地影响以色列的农业生产和决策，但农业部门的计划和管理色彩依然明显。

水是以色列农业中控制最严格、得到补贴最多的要素。水委员会通过限定水的配额对水进行严格的管制，水的补贴价格由财政部和农业部一起制定，并征得议会水促进会的同意。水的使用以颁布许可证的形式进行严格控制，并规定了农民在某一特定的时期有权使用的水量。许可证也写明了水的质量，供应的来源和方式，防止污染的条款等。分配的水量取决于作物的种类以及作物生长的生态区域。农业合作社能够获得额外的农业用水，具体数量取决于内部居民的多少。与耕地一样，水配额许可证不得出售，水表密切监控着农民的用水情况。

以色列的水价格体系非常明显地偏向农业，而较少考虑家庭和工业消费者的用水情况。首先，由于平衡基金会，尽管生产成本差别很大，但全国各地的水价格几乎没有变化。虽然这一政策总体上实现了将人口和农业定居点扩散到边远地区的政治目标，但也大大提高了水的成本。显然，受益最多的是农民。由于获得很高的补贴，农民所支付的水价不仅大大低于生产成本，也低于其他部门的消费者支付的水价。在 20 世纪 60 年代，由于居住地的不同，农民支付的水价为实际成本的 21%～43%。[①] 1994 年，据估计，以色列开采水的实际成本大约为 0.36 美元/立方米，而农民在使用其水配额时，前一半的价格是 0.13 美元/立方米，其后的 30% 是 0.17 美元/立方米，最后的 20%是 0.21 美元/立方米，平均价是0.16 美元/立方米。这些数据表明，农民平均只支付了实际成本的约 44%。

工业用水也得到了以色列政府的补贴，但程度不一样。1994 年，据估计，工业用水价格约为 0.30 美元/立方米，这大约是农业用水价格的 2 倍。家庭用户支付的水价更高。麦克洛特向市政当局收取农业用水 2 倍的水价，

① Itzhak Galnoor, "Water Planning: Who Gets the Last Drop?" in R. Biliski (ed.), *Can Planning Replace Politics: The Israel Experience*, p. 152.

而后，市政当局作为一种税收，向城市消费者收取4倍的水价。每两月水价按累进定价法收取。在两个月内，家庭用水第一个16立方米价格最低，第二个16立方米价格增长1倍，32立方米以上价格又几乎增长1倍。1994年，一个典型的以色列城市家庭支付的水价为1.3~1.4美元/立方米，这大约相当于农业用水价格的8倍。[①]

以色列国内许多人和组织对这种价格政策和颁发用水许可证的做法提出了批评，包括财政部里的许多人、国家审计长，以及大量经济学家和水专家。他们认为，水配额制度和向农业消费者人为收取的低水价，直接导致了以色列水利用中的浪费和效率低下现象。水补贴可能为农民带来了效益，对国民经济却是净损失。依据巴斯金（Baskin）的研究，相比在以色列国内种植，进口香蕉和柑橘等水消费量高的农产品更加便宜。他认为，出口柑橘实际在把以色列其他经济部门需要的“包装好的成箱的水”送往国外。[②] 因此，投入农业的水的边际成本高于农产品的边际价值。对水进行补贴时，并没有考虑其他成本，比如对基础设施和能源的投资以及设备折旧和水资源损耗。水配额的确定不是基于其获得的成本或利用的效率，而是根据作物的类型，居住地居民的数量，甚至居住点的类型。由于基布兹在以色列的创建神话中处于显要地位，在同等条件下，它们按历史惯例获得的水份额远远多于其他的农业实体。[③] 就此而言，水配额常常显得十分主观武断，而并非基于理性计算，这直接导致水分配不当。不公平的水配额连同价格补贴，导致了严重浪费水的习惯。

尽管维护现状的人们指出，以色列农民获得的水补贴按照中东地区的水平来说并不高，但80年代中期以来不少人开始呼吁改变现状。1986年，议会水促进会通过决议，要求全国水价象征性提高11%。[④] 这一行

---

① Alwyn R. Rouyer, *Turning Water into Politics: The Water Issue in the Palestinian-Israeli Conflict*, p. 169.

② Gershon Baskin, “The Clash over Water: An Attempt at Demystification,” *Palestinian-Israel Journal*, No. 1, 1994, p. 34.

③ Yari Aharoni, *The Israeli Economy: Dreams and Realities*, Routledge, 1991, p. 212. 20世纪60年代，当摩西·达扬任农业部部长时，他减少了给基布兹的水配额，增加了给莫沙夫的水配额。但是，即便80年代以来基布兹降低对农业的关注程度时，它们依然会得到最充足的水配额。

④ Thomas Naff, *Israel: Political, Economic and Strategic Analysis*, pp. 107-108.

动表明政府对水价的态度发生了变化。90年代，随着干旱的降临和越来越多的人意识到水危机，水价又提高了几次。[①] 不过，这几次提价连同1997年提高循环水价格的建议，遭遇了农业游说集团和政府中农业支持者的激烈反对。

虽然农民愿意接受在干旱之际减少水配额，也觉得需要逐步依靠循环水进行灌溉，但他们坚决反对减少水价格补贴。他们始终认为，提高水价只会破坏他们的产业，进而迫使以色列依赖欧洲获得新鲜的农产品。1991年4月，以色列农民游行反对政府减少对他们的水配额。[②] 在1996年提高水价时，农民联盟主席什洛默·里斯曼（Shlomo Reisman）把财政部提高水价13.3%的建议称为对农业的“致命打击”。他甚至以农民将停止向国内的商铺供应新鲜水果和蔬菜相威胁。农业部部长拉菲勒·艾坦称这一建议缺乏理性，并与财政部官员进行漫长的谈判，最终双方妥协为提价9.7%。[③] 1997年的提价导致双方爆发了更加激烈的冲突，农业部把财政部的官员称为“吸血鬼”。[④]

国家对供水系统的垄断也遭到指责。早在1984年，水委员会专员茨迈赫·伊沙（Tzemeh Ishai）便同意麦克洛特15%的预算工程将拿出由私营部门投标。1994年，水委员会专员丹·扎斯拉夫斯基（Dan Zaslavsky）建议打破麦克洛特的垄断，认为水委员会不应受政治尤其是农业游说集团的影响。1996年，利库德联盟上台后，要求私有化的呼声进一步高涨。1996年11月，特拉维夫市政当局进行国际招标，以把其供水系统私有化。1997年5月，时任财政部部长指定的阿罗佐洛夫委员会（Arlozorov Committee）提交的报告，建议在麦克洛特垄断的水供应领域引入私营部门进行竞争，禁止麦克洛特进入污水处理、海水淡化和城市水管理等已存在竞争的领域，并在给农民适当补偿的同时提高农业用水的价格。这一报告因遭到以色列政府中农业利益集团及其支持者的强烈反对，最终被束之高阁。

---

① 1998年，以色列农民水配额的前两部分水价提高了大约17%，第三部分提高了30%。

② Susan H. Lees, *The Political Ecology of the Water Crisis in Israel*, University Press of America, 1998, p. 36.

③ David Rudge, “Farmers Group to Fight Water Price Hike,” *Jerusalem Post*, 15 July 1996.

④ David Harris, “Agriculture Ministry: Treasury ‘Sucking the Blood’ of Farmers in Water Price War,” *Jerusalem Post*, 4 June 1997.

四 水政策改革的迫切性

以色列的水政策迫切需要改革。如果不对当前的供水系统进行重大变革，以色列将既不能化解自身日益逼近的水危机，也无法就共享水资源与巴勒斯坦人达成最终协议。事实已经证明，即便以色列拥有世界上最先进的节水技术，巴勒斯坦地区也没有充足的水资源可供农业部门持续繁荣发展。人为的低水价、农业补贴以及水配额制，导致农业经济与客观条件格格不入。农业经济的这些特征，连同政府的垄断与供水系统中竞争的缺乏，一方面导致水资源浪费和水的利用率低下，另一方面对以色列的整体经济健康造成长期的破坏。

以色列国内就如何应对水短缺的问题陷入了严重的分歧。就如同宗教与国家关系、西岸犹太人定居点等其他分裂以色列的问题一样，农业的发展和对农业用水的补贴问题深刻影响着以色列国家的性质和未来的发展方向。虽然犹太复国主义不再像前几十年那样强大，但它所培育的价值观远远没有衰弱。减少或者取消水补贴以及把农业和水生产市场化，是犹太复国主义者坚决反对的。曾任水委员会专员的梅尔・本-梅尔就反对改革，他把农业利益置于国家利益之上。农业游说集团根深蒂固，能在以色列政坛获得广泛的支持。国家安全的考虑也使水政策改革的问题复杂化。由于以色列在中东的地缘环境严重缺乏安全，它的公众和政治家对放弃农业自给自足的做法都十分警惕。

减少农业用水和推行水政策改革，不仅将取得更好的经济效益，而且将取得政治效益，如推动以色列与巴勒斯坦和其他阿拉伯邻国的和平进程。自 1991 年以来，以色列参与了和平谈判，水是多边工作小组会议以及以色列与巴勒斯坦、约旦双边谈判的一个主要议题。以色列农业继续过度用水，不仅将加重水危机，也将给和平之路增添又一个障碍。将来以色列不得不为日益增长的人口和工业提供更多的水，而且在和平实现的情况下，它还需要与巴勒斯坦人、约旦人的农业分享相当一部分水。水共享是 1994 年《约以和平条约》的核心内容，据此，以色列同意每年向约旦提供 1 亿立方米水。此后，就如何兑现这一承诺，双方多次出现争议。以色列无法遵守协议的主要原因是它无法满足国内农民的需要。同样地，要与巴勒斯坦人实现和平，以色列将不得不同意分享它宣称属于自己并主要用于农业的水源。1995 年的《奥斯陆第二阶段协议》朝此方面近了一步，但许多问题留给了最终谈判。

解决巴以水争端的关键依然是政治协定。正如政治是造成以色列水短缺的首要原因，通过谈判，与巴勒斯坦人和其他阿拉伯邻国实现政治和解是化解地区水危机的唯一途径。一旦达成了政治协定，以色列农业经济和水政策的改革势在必行。

第三章 以色列在巴勒斯坦被占领土上的水政策及其后果

1967年的第三次中东战争使得约旦河西岸和加沙地带处在了以色列的军事占领之下。以色列在巴被占领土上的政策对巴勒斯坦人造成了非常严重的负面影响，致使该地区出现了所谓的“去发展”（de-development）或“贫困化”（pauperization）的现象。[①]巴勒斯坦人的经济活动受到严格限制，以色列企图以此使巴勒斯坦人依赖于自身，并促进自身经济的发展。[②] 1967~1993年，以色列军事当局发布了2000多条涉及巴勒斯坦被占领土和巴勒斯坦人生活的军事法令，改变了奥斯曼帝国、英国和约旦统治以来的法律准则和生活方式。巴勒斯坦人的土地被没收，用来修建犹太人定居点、军事设施或其他设施，其中包括修建道路以把这些地方与以色列更加紧密地联系在一起。1994年5月，加沙-杰里科自治区建立，加沙地带约20%的地域依旧处在以色列控制之下。而在1995年9月签订《塔巴过渡协议》之时，73%的西岸土地完全控制在以色列手中。[③] 以色列领导人辩称，这些行动是为了维护其民族权利和国家安全，而联合国和许多学者则谴责其严重违反了国际法。只有在这一大背景之下进行分析，学者们才能深入地理解和认识巴勒斯坦地区的水危机与巴以之间水消费的不

---

① 术语“去发展”最早出现于 Sara Roy，“The Gaza Strip：A Case of Economic De-Development，” *Journal of Palestine Studies*，No. 17，Autumn 1987，pp. 56-77；术语“贫困化”出现于 Yusif Sayigh，“The Palestinian Economy Under Occupation：Dependency and Pauperization，” *Journal of Palestine Studies*，No. 15，Summer 1986，pp. 46-67。

② George Abed（ed.），*The Palestinian Economy*，Routledge，1988.

③ Ibrahim Matar，*Jewish Settlements*，*Palestinian Rights*，*and Peace*，Center for Policy Analysis on Palestine，D. C.，1996，p. 15.

平衡。

奥斯陆和平进程开始之前，以色列在巴被占领土的水政策集中反映了巴以关系的实质。以色列的歧视性水政策对巴勒斯坦的经济和环境造成了灾难性后果。以色列政府官员对其限制巴勒斯坦人水消费的政策给出了各种辩护。巴以之间对土地和水的争夺是密切相联的。尽管土地是争端的核心，但土地的经济价值与水资源的获得直接相关。对以色列而言，绿线内经济的持续增长和繁荣、西岸定居点的延续和扩大，以及加沙地带定居点的维持，都依赖于从西岸蓄水层不受限制地获取水资源。

第一节　以色列在巴勒斯坦被占领土上的水政策

1967~1993 年，以色列在西岸和加沙被占领土上的活动有五项中心内容：通过没收土地、修建定居点和公路，扩大对被占领土的殖民化；把西岸和加沙的经济纳入整个以色列的经济体系之中；确立双重的行政和司法体系，对巴勒斯坦人和犹太定居者使用不同的法律；在巴勒斯坦人中寻找服务于以色列利益的地方领导人和庇护者；严厉镇压巴被占领土上的巴勒斯坦人。[①] 总之，以色列试图把巴被占领土置于自身的全面控制之下，而水资源无疑是其中最重要的一个方面。

一　水政策的形成

在以色列占领西岸和加沙后的几周内，两地的水资源就被置于其军事当局的控制之下。1967 年 8 月的 92 号军事命令把所有处理水事宜的权力授予地区司令官任命的一个以色列军官。由此，所有的水资源，连同规范运转既存水利设施和建设新的水利设施的权力，都处在以色列的

① Jan Selby, *Water*, *Power and Politics in the Middle East*: *The Other Israeli-Palestinian Conflict*, p. 76.

控制之下。依据该军令，在没有以色列当局的书面许可的情况下，巴勒斯坦人不得修建任何类型和规模的供水设施。[①] 随之而来的其他命令和规章，不仅严格限制了巴被占领土上巴勒斯坦人的用水活动，还把西岸的水资源整合到了以色列的供水系统当中。加沙的水资源虽然在巴解组织建立之前也受到了管制，而且也被犹太定居者凿井使用，但从来没有被纳入以色列的供水系统。巴被占领土上的巴勒斯坦人无法参与水政策的决策，以色列民政机关（Civil Administration）[②] 和水委员会掌握着水资源的决策权。由于水资源完全处在以色列的控制之下，以色列在巴被占领土上的水政策和水分配严重歧视巴勒斯坦人，而十分有利于犹太定居者和绿线内的以色列消费者。因此，巴勒斯坦人认为，巴勒斯坦领土上的水短缺是以色列占领后强加给他们的政策直接造成的“人为危机”。

1967 年之前，西岸和加沙的水法与以色列占领者强加的政策形成了鲜明的对比。依据被占领之前实施的水法，水被认为是私有资源。土地所有者可以宣称对地下水、泉水或溪流拥有私有权。按照 1953 年的约旦法律，西岸的灌溉工程需要征得水利灌溉局的同意，但是其许可权往往会被授予，除非这一工程明显会对土地、道路和其他水利设施造成破坏。[③] 在埃及占领下的加沙，水利用受到习惯法的约束。尽管这一体系承认土地所有者的所有权，但它给那些需要水的人——无论什么目的——授予了用水的权利。而按以色列的法律，所有水资源的所有权归于国家，在这一集中控制式的水制度下，国家有权通过发放许可证、规定水配额和调节水价格，向各种消费者分配水资源。

在西岸，1968 年 12 月的以色列第 291 号军事命令废止了规定水资源私有权的约旦法律，宣布按以色列水法占领区所有的水资源是国家的财产，而且它还发出通告称，所有以前或现存的水争端解决协议和水交易不

① Marwan Haddad, “Politics and Water Management: A Palestinian Perspective,” in Hillel Shuval and Hassan Dweik (eds.), *Water Resources in the Middle East: Israel-Palestinian Water Issues*, p. 46.

② 1981 年之后巴被占领土上军事当局的官方名称。

③ Raja Shehadeh, *Occupier's Law: Israel and the West Bank*, Institute for Palestine Studies, D. C., 1988, p. 153.

再被认为是合法。正如一个联合国报告所评论的那样，在这一水资源十分宝贵的干旱地区，把水的所有权从土地的所有权剥离的做法引起了土地的“法律特征与经济和社会价值的重大变化”[①]。在加沙，以色列占领之前没有政府机构负责规范水供应，当地既存的习惯性做法延续至1974年被终止。为了控制水资源和确保犹太人定居点的水供应，该年以色列第498号军事法令强制在加沙实行水配额制。

二　水政策的主要内容

在占领巴勒斯坦土地后，以色列迅速控制巴勒斯坦地区的水资源并为己所用。最初几个月内，以色列军事当局破坏了杰里科、基弗里克和约旦河谷其他农业区的140个水泵和无数口水井。在面积达3万杜诺姆的约旦河东岸地区，巴勒斯坦农民的土地和水权利被拒绝承认。以色列当局以安全考虑为理由，宣布这一地区的许多土地“因军事目的而封锁”。实际上，其中一些土地被用作修建军营、补给站和防御工事，大片土地则被当作犹太人定居点，并打凿新水井和配备水泵提供用水。但是，巴勒斯坦土地所有者即便在允许返回的土地上也不得打凿新井和增加水泵。[②]

以色列在巴被占领土上的水政策的核心内容有两个：

第一，禁止在没有许可的情况下打凿新井，以及加深或者维修既存的水井。

在一系列军事命令和法规确立的许可制度下，巴被占领土的大部分经济活动都不得不从地区军队司令官或者其代表那里获得许可证。1967年10月颁布的158号军令规定：“没有新的官方许可，任何人不得建造、拥有或者管理水利设施（指被用来抽取地表水或地下水的任何建筑或者水加工厂）。”这一法规既适用于新的水井和灌溉系统，也适用于维修1967年以前已经存在的水井。158号军令不仅授予了地区军事司令官决定是否颁发

① United Nations, *Permanent Sovereignty over Natural Resources in the Occupied Palestinian and Other Arab Territories: Report to the Secretery-General*, 1994, para. 17.

② Joe Stork, “Water and Israel's Occupation Strategy,” *Middle East Report*, No. 13, July-August 1983, p. 22.

许可证的绝对权威，也使他有权撤销或修改已有的许可证，或者使它们受到他认为适合的条件的约束。[①] 这样，巴勒斯坦人在占领前获得的合法水权利遭到了极大的限制甚至被剥夺。

在以色列占领区，巴勒斯坦人极难从以色列军事当局那里获得打凿新井或建造其他水设施的许可证。依据严格的政策，只有在特殊情况下，以色列军事当局才会向巴勒斯坦人发放灌溉用水井的许可证。尽管对于家庭用的新水井没有正式限制，但是要获得许可证需要经历漫长而复杂的过程。依据巴被占领土上以色列民政机关提供的数字，从 1967 年到 1994 年加沙-杰里科巴勒斯坦自治区建立，以色列当局在西岸只颁发了 20 个家庭用新井许可证和 3 个灌溉用新井许可证。此外，还颁发了 15 个维修或替代已有水井的许可证。[②] 在山地蓄水层的西区，以色列没有发放打凿新井或维修旧井的许可证。即便巴勒斯坦人最后获得了许可证，他们从申请到最后以色列当局授予许可证需要等几年时间。比如在基弗里克，农民得到灌溉用水井的许可证需要等待 8 年时间。依据巴勒斯坦一方提供的信息，在 1967 年被以色列占领之际，西岸有 413 口运转的水井，但到 1990 年，巴勒斯坦人拥有的水井已经降到 364 口。在水资源相对丰富的加沙，以色列当局对水利用的限制不是很严格，1967~1990 年，新水井增加了 630 口，使得水井的数量达到了 1791 口。[③]

以色列当局不仅很少颁发打凿新井的许可证，而且严格限制巴勒斯坦人的新水井和已有水井的深度。在西岸凿井的深度是 60~150 米，在加沙是 15~80 米，这比以色列人的水井要浅得多。维修旧井的许可证也很难获得。结果，到 90 年代，西岸和加沙巴勒斯坦人的水井情况十分糟糕。许多水井充塞着大量泥沙，需要清理。抽水设备严重老化，马力很小，远远落后于当时的技术水平。因此，许多水井出水量下降，抽水设备燃油利用率低。[④] 巴勒斯坦人的水井大多年久失修，许多水井的出水量还不到被以色

① Raja Shehadeh, *Occupier's Law: Israel and the West Bank*, pp. 153-154.

② Alwyn R. Rouyer, *Turning Water into Politics: The Water Issue in the Palestinian-Israeli Conflict*, p. 48.

③ Hisham Awartani, *Artesian Wells in Palestine*, Palestinian Hydrology Group Jerasalem, 1992, p. 3.

④ Hisham Awartani, *Artesian Wells in Palestine*, p. 4.

列占领前的一半。设备陈旧、管子堵塞和水位过浅是普遍现象。巴勒斯坦人不仅在获得维修许可证时面临重重困难，而且囿于占领法规的限制，不可能为这些工程争取到迫切需要的资金。

巴勒斯坦人用水时遭受的各种限制与以色列向巴被占领土的犹太人定居点供应水的态度有极其鲜明的差别。1967~1994 年，以色列很少向巴勒斯坦人颁发加深或修复水井的许可证，犹太人定居点则几乎没有困难地获得了任何水设施的许可证。1990 年，麦克洛特为西岸犹太人定居点打凿了 32 口井，为加沙犹太人定居点估计打凿了 30~40 口井。[①] 而且，这些水井要比巴勒斯坦人的深得多。在西岸犹太人定居点，水井平均深度为 400~600 米，有些甚至超过 1000 米。在加沙，水井深度通常为 300~500 米。深井的出水量更大，水质也更好。以色列人的水井所采用的技术也比巴勒斯坦人的先进得多，它们配备了功率十分强大的水泵，与电网相连，而不是由引擎驱动。由此，西岸巴勒斯坦人的水井平均出水量为每年 1.3 万立方米，麦克洛特管理下的水井平均出水量为每年 75 万立方米，后者竟然大约是前者的 58 倍。[②]

第二，用仪表计量所有的水井的抽取量以便对巴勒斯坦人的用水实行严格的配额制。

以色列给巴勒斯坦人的所有水井都安装了仪表，以便严格限制其水消费量。以色列水委员会限定了从井中抽取的水配额，而后由占领区以色列民政机关强制执行。那些超过限额的人被处以高额的罚款。1967 年之前，水井的拥有者或经营者只要乐意，抽多少水都行。1966 年，约旦在西岸颁布了《自然资源法》，规定在水井上安装计量设备，1967 年实行。

尽管用仪表计量水井的抽取量和水（尤其是灌溉用水）的分配都遵循了以色列的水法，但在绿线之内和占领区，巴勒斯坦人和犹太人的用水标准却并不相同。首先，分配给以色列人的配额远远高于巴勒斯坦人，在 80 年代后期和 90 年代初的干旱年份尤其如此。其次，1967 年之后巴勒斯坦人的用水配额保持不变，而以色列人，尤其是占领区犹太定居者的用水配额则依据需要和供应情况而提高。在加沙地带，犹太农民没有任何用水配

---

① Sara Roy, *The Gaza Strip: The Political-Economy of De-Development*, p. 167.

② Hisham Awartani, *Artesian Wells in Palestine*, p. 5.

额的限定。最后，在超过年度用水配额的情况下，巴勒斯坦人所缴的罚款要远远高于以色列定居者。[①]

以色列其他的占领政策也严格限制了巴勒斯坦人的水消费和农业发展。在约旦占领西岸时期，一些法令使得约旦政府有权宣布特定的区域受到保护，比如“洪水和土壤侵蚀保护区”等，但这些权力只有在特定情况下才使用。与此相反，以色列却十分广泛使用这些法令，限制巴勒斯坦人的水消费和农业发展。比如，以色列使用这一法令限制巴勒斯坦人在未经许可的情况下种植果树。1982 年的 1015 号军令不仅要求巴勒斯坦农民在 90 天内为已有的树木获取许可证，而且规定商用而非个人消费的果树在种植树苗之前也要申请许可证。巴勒斯坦农民尤其很难获得种植枣椰树的许可证，而椰枣利润很高。民政机关的检察官有权根除没有许可证的树木，费用由树木的主人承担。后来的军令把这一要求扩展到了整个西岸的某些蔬菜的种植，包括西红柿、茄子和洋葱。[②] 尽管在干旱地区傍晚是传统而合理的灌溉时间，但西岸的巴勒斯坦人不允许在下午 4 点以后灌溉农田。以色列为这些限制巴勒斯坦人水消费的军令提出的理由是需要为所有人保护水资源。

在 1987 年 12 月开始的巴勒斯坦民族大起义期间，限制用水成为以色列用来集体惩罚巴勒斯坦人的武器。自以色列占领西岸和加沙开始，为了报复部分人或者某个人，以色列当局就对大量巴勒斯坦人采取惩罚性措施。在 1987 年起义开始后，这种惩罚变得更加寻常，即便任何形式的集体惩罚都违背国际法，但这并不能阻止以色列军队因一小部分人的行为惩罚许多家庭或整个村庄与难民营。对被认为是积极支持起义的村庄，推平丛林或其他作物是进行惩罚的常用形式。据估计，从 1987 年 12 月到 1991 年 4 月，大约 10 万棵树（其中大部分是橄榄树或者其他结着果实的树）被以色列军队推倒。起义期间更惊人的行动莫过于以色列军队在宵禁时不定时地切断巴勒斯坦人的水供应。以色列军队司令官多次发布命令，切断水电供应和中断电话服务，以击碎难民营巴勒斯坦人的反抗决心。1989 年 4

---

① Hisham Awartani, *Artesian Wells in Palestine*, Jerasalem, 1992, p. 5; Sara Roy, *The Gaza Strip*: *The Political-Economy of De-Development*, p. 167.

② Richard Drury and Robert Winn, *Plowshares and Swords*: *The Economics of Occupation in the West Bank*, Beacon Press, 1992, pp. 31-34.

月，拉马拉附近的杰拉祖（Jelazoun）难民营忍受了以色列军队长达43天的宵禁，水电供应全被掐断，离家寻找食物的人受到限制。夜间，年轻人不得不冒着被以色列士兵关押和伤害的危险，去取附近村民留在难民营之外的成包的食物和水。以色列军队还阻止村民们照料田地和收获庄稼，直到它们烂到了地里。因此，尽管以色列一再声称其在巴被占领土上的水政策是为了保护蓄水层，但是它不仅歧视巴勒斯坦人、偏向犹太人，还成了镇压巴勒斯坦人起义的工具。以色列在巴被占领土上的水政策并不仅仅是由扩大水资源的目标所推动的，可以说，政治而非经济考虑是促使这一政策形成的关键原因。

定居点也是影响以色列水政策的重要因素。在以色列占领巴勒斯坦领土之初，以色列《国土报》（Ha'aretz）的一名记者写道："以色列国家必须继续控制占领区的水资源，这不仅因为绿线内的水储备面临着危险，而且由于如果不能控制和监控水资源，就无法在这些地区建立新的以色列定居点。"[①] 没有廉价和充足的水资源，在巴被占领土上修建定居点对于以色列政府和定居者本人都是耗费巨大的冒险活动。定居者的目标是控制土地，实现犹太民族返回"应许之地"的目标。这同样不是由经济促使的，而是由意识形态和宗教推动的。因此，以色列在巴被占领土上的水政策是水在以色列建国神话中的特殊地位、以色列的安全考虑以及国内的政治经济等多种因素综合作用的结果。

第二节　以色列占领下的水政策实践

在以色列占领下，巴勒斯坦人丧失了对供水系统的管理权。以色列在巴被占领土的水政策是以色列军令、约旦和埃及法令以及英国委任统治时期的法律结合的复杂产物。以色列民政机构和水务部门享有控制权，但向巴勒斯坦消费者提供用水和污水处理服务的责任则归于地方水公司、村委会和水井的个体拥有者。以色列决定供水政策，巴勒斯坦人则为争取供水管理权而斗争。

① Yehuda Litani, "Before the Auction," *Ha'aretz*, 27 November 1978.

一　以色列在占领区的水资源管理

占领区的水供应者有几个市政水务部门、以色列民政机关的西岸水务局（现在是巴勒斯坦水管理局的一部分）和几个村委会。几个市政水务部门包括耶路撒冷水公司（the Jerusalem Water Undertaking）、伯利恒水务局（the Bethlehem Water Authority）、纳布鲁斯市政水务局（Nablus Municipality Water Department）和希伯伦市政水务局（the Hebron Municipality Water Department）。这4个市政水务部门为市区和周围乡村提供服务。上述服务区之外的城镇和乡村，通过西岸水务局从麦克洛特或者它们自己的水源那里获取水。那些水井退化或者彻底干涸的乡村，由于无法承担与麦克洛特的管道连接的费用，要么不得不依赖于屋顶的蓄水箱，要么以很高的价格向以色列的售水车购水。在加沙，1994年巴勒斯坦民族权力机构建立之前，所有的水由市议会和村委会从自己的水井抽取或通过向麦克洛特购买获得。巴勒斯坦难民营则从联合国救济和工程处[①]（the United Nations Relief and Works Agency）管理的水井中获取水。

按照军事命令所形成的惯例，以色列民政机关由水务参谋（以色列军官担任）领导的水务部门执行水委员会专员和以色列内阁制定的政策。其职责包括发放水利工程的许可证，监管获得通过的工程，批准巴勒斯坦水务公司确定的价格，监控水资源和水质量，管理和维护供水系统基础设施。自约旦统治时期遗留下来的西岸水务局处于以色列民政机关的直接监管和控制之下。它虽然由巴勒斯坦人管理，但巴勒斯坦人缺乏决策权，其行动需要水务参谋的批准。西岸水务局收取账款，向西岸的水务公司提供技术服务和建议，维护自身拥有的水厂和输水管道，对呈送给民政机关的水利工程方案进行初步研究。1994年以后，加沙地区民政机构的水务部门在农业参谋的领导下工作，但其作用与西岸的水务部门一样。

1982年，以色列采取措施，把西岸的供水系统整合进以色列的全国供水系统。自70年代初，麦克洛特已经在绿线西岸一侧的山地蓄水层为犹太人定居点凿井。1982年4月，按照时任国防部部长沙龙（Ariel SHaron）

---

① 成立于1949年，专门用来向巴勒斯坦难民提供帮助。

的指令，民政机关与麦克洛特签订协议，把其控制下的西岸所有的水资源和水设备（包括13口水井）移交给以色列的水务公司。麦克洛特只是象征性地为相关的土地、水井、建筑、抽水机器以及其他供水设备支付了1谢克尔[①]。而根据以色列水委员会专员估计，这些财产的价值约为500万美元。[②] 由于这一协议，麦克洛特实现了对西岸大量水资源抽取和分配的控制。巴勒斯坦城镇和乡村日益与以色列国家的供水网络相连，导致其对以色列供水系统的依赖。然而，这一协议的具体内容从未公布于世，被转交财产的数额也从来没有被以色列政府的地政局（Land Registry）登记。80年代初，以色列的供水网络也扩展到了加沙，它开始为犹太人定居点和部分阿拉伯社区供水。

与以色列的水务部门为居民参与水政策的制定提供渠道不同，民政机关从来不允许占领区的巴勒斯坦人参与水资源的总体规划或政策制定过程。在以色列的中央层面，农业部部长（现在是基础设施部部长）必须与由政府任命、广泛代表水消费者（特别是农民）利益的水促进会商议；而在地方上，公众的参与通过形形色色的监管水利工程的理事会或委员会实现。[③] 与此形成鲜明对照的是，在巴被占领土上，任何形式的公众参与从来不包括巴勒斯坦人。西岸或加沙麦克洛特的工程从来不向巴勒斯坦消费者征求意见。巴勒斯坦的水利工程师，甚至是西岸税务局的管理人员，也从来不被允许参与水开发的总体规划，或者接触巴勒斯坦领土的水数据。1994年，西岸水务局的局长（巴勒斯坦人）称："我们不了解以色列有关水的活动，而他们知道我们的一切。"[④]

二　用水的约束与限制

以色列人限制水分配的数量，拒绝和延迟向巴勒斯坦人的水利工程颁

---

① 谢克尔（she kel），以色列货币。1985年7月，1美元=1500谢克尔。

② State Comptroller of Israel, "Report on the Management of Water Resources in Israel," Jerusalem, 1990, p. 11.

③ Itzhak Galnoor, "Water Planning: Who Gets the Last Drop?" in R. Biliski (ed.), *Can Planning Replace Politics: The Israel Experience*, p. 152.

④ Alwyn R. Rouyer, *Turning Water into Politics: The Water Issue in the Palestinian-Israeli Conflict*, p. 54.

发许可证，无疑是巴勒斯坦水务部门所面临的最大的制度性障碍。除此以外，还有其他因素严重阻碍巴勒斯坦人有效利用水资源，如各部门缺乏协调，管理不到位和专业技术人员不足，无法获得必要的资金改善水利设施。

民政机关和水委员会专员的水规划活动关注的是以色列的顾虑和犹太人定居点的需求，几乎从不考虑巴勒斯坦人的利益。由于规模很小，而且活动受到以色列军令的限制，巴勒斯坦市政水务部门无法在水供应和污水处理方面进行协调或合作。由于被以色列民政机关禁止参与整个地区或长期的规划，它们的注意力被局限于它们供应水的地区。实际上，以色列的占领政策也不允许这些水务部门的职员之间存在官方联系或合作。其结果是，巴勒斯坦的水务部门没有整体和长远规划，彼此之间严重缺乏协调，由此也就使稀缺的水资源无法得到有效利用。

严重缺乏专业技术人员对巴勒斯坦的水务部门产生了极大的影响。乡村的水务工作者通常没有受过设备维护和管理方面的个人培训，技术水平十分低下。而市政水务部门又难以找到技术人员填充相关职位。1993 年世界银行的报告显示，在西岸和加沙水务部门的职员中，只有 6 到 8 位水供应工程师具有学士或更高的学位。[①] 对于巴勒斯坦水务部门的管理者而言，如何找到称职的管理人员和技术人员始终是一大难题。由于市政水务部门所能支付的薪水很低，极少有大学生愿意到从事水务工作。而且，巴勒斯坦的大学长期不提供水供应和污水处理方面的培训。[②] 虽然民政机构里的巴勒斯坦技术人员以及巴勒斯坦水文小组（Palestine Hydrology Group）等非政府组织提供了技术援助，但缺乏专门人才依然是有效提供水服务的一个主要障碍。[③]

此外，资金严重不足使巴勒斯坦水务部门面临严峻的考验。在 1994 年巴勒斯坦民族权力机构建立之前，巴勒斯坦水务部门和村委员会很难筹集

---

① Alwyn R. Rouyer, *Turning Water into Politics*: *The Water Issue in the Palestinian-Israeli Conflict*, P. 55.

② 1995 年，西岸的比尔泽特大学（Birzeit University）与欧盟合作，开始开设供水和排水方面的培训课程。

③ 正如下文提到的那样，自从《奥斯陆第二阶段协议》签署以来，巴勒斯坦水务局和国际捐赠者的一个主要目标就是在巴勒斯坦被占领土培训和再培训水务工程师和技术人员。

资金投资于水利设施。以色列民政机关仅仅向巴勒斯坦水利工程给予微不足道的捐款。由于1994年之前巴被占领土没有银行，巴勒斯坦人很难获得贷款支持供水设施的建设和维护。因此，他们水利设施的有限投资来自联合国和美国近东难民援助处（American Near East Refugee Aid）等非政府组织，这些资金只能投向市自来水厂或大的乡村。在缺乏协调和中央统一规划的情况下，各公共设施和乡村不得不自己寻求捐助。以色列要求巴方的水利工程必须由麦克洛特或以色列私人公司承建，这一惯例使得费用更加高昂。上述以色列占领当局所强加的种种限制导致了严重的水渗透和其他水损失，这是巴勒斯坦水利设施恶化的主要原因。

与此形成鲜明对照的是，1967~1994年，以色列政府大量投资西岸和加沙犹太人定居点的水利设施。犹太人定居点的水资源开发也受到犹太代办处和犹太民族基金会提供的资金支持。自1981年起（利库德集团执政时期）犹太人定居点开始大规模扩张。到1987年，以色列政府为定居点的水利工程投资了4.26亿美元，其中包括打凿深井和建造麦克洛特的主管道等。[①] 大力投资水利设施是以色列在巴被占领土大力扩张定居点的重要策略。因为只有为农业生产和舒适的生活条件（比如沙漠中的游泳池和碧绿的草地）提供了充足的水源，才会吸引犹太人到定居点居住。

三　高昂的水价格

以色列对巴勒斯坦人水政策的歧视，不仅表现在限制获得水资源和投资水利设施上，还体现在迫使巴勒斯坦人为有限的水资源支付高水价上。绿线内的以色列人支付的水价比西岸和加沙的巴勒斯坦人要低，而被占领土上的犹太定居者，由于其水供应得到世界犹太复国主义组织的补贴，支付的水价还要更低一些。[②] 由于西岸和加沙的供水系统被整合到了以色列的供水系统，巴被占领土上的水价严重依赖于以色列的水价格政策。

---

① Meron Benvenistin and Shlomo Khayat, *The West Bank and Gaza Atlas*, Westview press, 1988, p. 32.

② Meron Benvenistin and Shlomo Khayat, *The West Bank and Gaza Atlas*, p. 26.

在以色列，水价格由基础设施部部长[1]决定，不过，他先要与水委员会商议，并取得议会经济和财政联合委员会的批准。按照法律，以色列建立了水价调节基金会，它与水委员会专员协调行动。基金会的目的是通过在低水价地区征收消费税和在高水价地区补贴水消费，减少全国水价的差别。无论在以色列什么地方，水价实质上都一样。这一行政安排的最大受益者无疑是农业。水委员会专员为每一个农业企业确定了水配额，它们得到政府的大量补贴，因此农业用水的价格远远低于家庭用水的价格。

与此不同，由于巴被占领土的供水系统支离破碎，水供应的来源各不相同，地形互有差异，而且水利设施的条件也形形色色，各地巴勒斯坦消费者的水价也差别很大。在《开罗协议》（Cairo Accord）签署的 1994 年，大部分巴勒斯坦人的农业用水来自当地的水井和清泉，但是大约 50%的家庭用水来自民政机关和麦克洛特。有自己水井或清泉的城镇和乡村虽然忍受着以色列强加的配额，但只支付运转和维护的费用。在西岸的 4 个主要的市政水务部门，其水价随着供水机构的收费意愿以及获得水配额的多少而变化。水务部门从西岸水井抽取的水的平均价格一般比麦克洛特供应的水价格低 40%~50%。

在西岸，麦克洛特收取的水价依据民政机关领导人任命的咨询委员会的建议确定。这一价格通常远远高于麦克洛特在以色列境内收取的水价。而后，水被出售给民政机构，再由其提高 50%的价格卖给巴勒斯坦水务公司和其他消费者。与以色列不同，巴勒斯坦人的农业、工业和家庭消费者之间的水价没有差别。1994 年春，民政机构向巴勒斯坦出售的水的价格大约是 0.6 美元/立方米，这与以色列家庭消费者向供水机构支付的每两月第一个 8 立方米的价格一样。但是，当巴勒斯坦供水机构把雇员、维护和渗漏（在某些市政高达 60%）等成本加上时，它们向巴勒斯坦人供应来自麦克洛特的水的成本将是麦克洛特出售给民政机构的价格的 2 倍。对于巴勒斯坦供水机构而言，输送水的平均成本大约是 1 美元/立方米，但实际上由于消费者的收入水平很低，这是所能收取的最高费用。因此，巴勒斯坦供水机构根本无法赚取利润并以此投资于设备的改造。在加沙，所有市政供应的水都来自当地的水井，消费者平均支付的成本比西岸要低得多，大约

---

① 1996 年之前是农业部部长。

为 0.37 美元/立方米。

以色列对巴勒斯坦人实行的这一价格政策明显具有歧视性。首先，对于同一来源（麦克洛特）的水，巴勒斯坦的家庭消费者支付的价格是以色列家庭的 2 倍。由于以色列几乎不允许巴勒斯坦人在西岸打凿新井，他们的饮用水和其他家庭用水被迫越来越依赖于麦克洛特。1974 年，耶路撒冷水公司从麦克洛特得到的水和西岸井水的比例是 1∶10，到 1990 年，这一比例是 2∶1。其次，民政机关对供应的水收取额外费用似乎不应该，因为麦克洛特把水直接输送到了巴勒斯坦供水机构。麦克洛特向民政机关出售水其实仅仅是纸面移交，尽管这样造成的成本很小，但民政机关却大大提高了巴勒斯坦人支付的水价。巴勒斯坦人认为，以色列通过这种“出售”赚取利润，直接违反了有关交战国占领（belligerent occupation）的国际法。巴勒斯坦水专家相信，以色列由此得到的资金被提供给了西岸的定居点和以色列军队。

就水消费而言，价格方面最大的不平等体现在巴被占领土上重兵把守的犹太人定居点。由于定居者得到世界犹太复国主义组织的大量补贴，他们支付的水价比巴勒斯坦人或绿线内的以色列人都要低得多。依据 1986 年以色列国家审计长的报告，犹太定居者支付的家庭用水的价格是巴勒斯坦人的 1/3，农业用水的价格则是后者的 1/5。[①] 具有讽刺意味的是，许多西岸犹太人定居点的用水由巴勒斯坦供水机构提供。例如，耶路撒冷水务公司向这一地区的 4 个犹太人定居点供应水，但其水价依然远低于巴勒斯坦人的水价。1994 年，犹太定居者支付的水价为 0.33 美元/立方米，约为巴勒斯坦消费者支付的 0.92 美元/立方米的 1/3。

第三节　以色列水政策的后果

以色列在占领区的水政策对西岸和加沙的经济和环境造成了破坏性的影响。以色列强加的水配额所造成的水短缺，是造成 1967~1994 年以色列

---

① Alwyn R. Rouyer, *Turning Water into Politics: The Water Issue in the Palestinian-Israeli Conflict*, p. 59.

占领的27年间巴勒斯坦农业经济“去发展”的一个主要因素。此外，在这一时期，以色列对巴勒斯坦蓄水层的过度开采，极大地破坏了环境，再加上巴勒斯坦人无法获得充足的资金替换老化的水利和排污设备，对巴勒斯坦人的公共健康造成了日益严重的威胁。尤其是加沙地带，正面临着灾难般的环境危机。在那里，巴勒斯坦人和以色列定居者的过度开采已经导致海水的渗入，再加上无处不在的污水渗漏，沿海蓄水层已经被污染。

一　经济发展受限

简单而言，“去发展”就是指由于无法获取和利用必要的资源，经济的发展遭到削弱甚至倒退的过程。由于资源受限，一方经济日益依赖于他者，而丧失了独立发展的能力。它的任何内部的增长，不是为了促进自身的独立发展，而是为了满足处于支配地位的外部经济的需要。在西岸和加沙，以色列在巴被占领土强加的政策迫使巴勒斯坦人的经济服从于其经济需求。除了没收土地和限制各种形式的经济活动，控制巴勒斯坦人、利用水资源是确立这种依赖模式（尤其是在农业部门）的关键因素。

许多数据表明，对巴勒斯坦农民水消费的限制和巴勒斯坦农业经济的“去发展”之间存在直接联系。[①] 1967年之前，在西岸和加沙，农业对GDP的贡献最大，聚集着最多的劳动力。在西岸，农业产值占巴勒斯坦GDP的比重从1968年的大约39%，降到了80年代中期的大约23%，而后在90年代初又升至33%以上。在加沙，农业产值占GDP的比重由1967年的33%下降到1987年的大约17%，而后在90年代初也稍微有所上升。在1967年和1994年签订《奥斯陆协议》期间，农业劳动力占总劳动力的比重下降了。在西岸，从1968年的大约45%降到了90年代初的30%以下；而在加沙，同期则从大约33%降到了大约18%。

无法获取充足的水资源是导致《奥斯陆协议》签订前巴勒斯坦农业重

---

① 主要数据参见Sara Roy, *The Gaza Strip*: *The Political-Economy of De-Development*, pp. 219-234。

要性下降的一个重要因素。[①] 1967 年，西岸大约 4%的可耕地得到灌溉，但到 1993 年，这一比例仅仅增长至大约 6%。[②] 扩大灌溉面积可以让巴勒斯坦农民提高农业产量，增加利润，但由于以色列实行水消费配额制，而且极少颁发打凿新井的许可证，巴勒斯坦农民无法扩大土地的灌溉面积。与此形成鲜明对照的是，1994 年，西岸犹太人定居点大约 70%的可耕地得到了灌溉。

在加沙，由以色列占领导致的水短缺的主要经济影响是首要的经济作物由柑橘转变为蔬菜。早在英国委任统治时期，柑橘便是加沙地区农业产值和农民收入的最大来源。1967 年，柑橘占加沙农业产值的 41%。由于 1967 年之前种植的 4 万杜诺姆柑橘树成熟结果，1972~1977 年柑橘的产量达到高峰。但是到 1989 年，柑橘仅仅占加沙地区农业产值的 20%，相比而言，蔬菜约占 46%。[③] 由于过度开采导致水的盐度日益提高，加沙的柑橘类作物遭受了不利影响。以色列在占领时期对加沙农业用水强加的种种限制，不仅减少了可用的水的数量，而且增加了水的成本，农业的生产成本由此大大提高。在水条件恶化的情况下，由于蔬菜相对不容易受高盐度水的影响，种植蔬菜变得更加划算。此外，以色列没收了加沙地区一些最好的土地，颁布军令规定种植新的柑橘树或替代老化的柑橘树为非法，而且还征收高额税，这些都阻碍了加沙柑橘业的发展。[④] 对于限制沿海巴勒斯坦人水消费和阻碍其扩大柑橘种植的做法，以色列提出的理由是其效益低，且会破坏环境，但是以色列军事当局并未对加沙地区的犹太农民和绿线内的柑橘产业进行同样的限制。

以色列占领时期西岸和加沙农业利润的下降，逐渐迫使巴勒斯坦农民放弃种田，去寻找其他的收入来源。许多巴勒斯坦农民和农业工人纷纷到

---

① 其他导致巴勒斯坦农业经济“去发展”的因素有：为修建犹太人定居点和充作军用，以色列不断没收巴勒斯坦人的农业土地；各种不平等的法令允许以色列的补贴产品自由流入巴勒斯坦领土，同时又禁止某些巴勒斯坦人的农产品进入以色列市场，严格限制巴勒斯坦人与外部进行贸易。

② Jad Isaac and Jan Selby, “The Palesintian Water Crisis: Status, Projection, and Potential for Resolution,” *Natural Resource Forum*, No. 1, 1996, p. 27.

③ Alwyn R. Rouyer, *Turning Water into Politics: The Water Issue in the Palestinian-Israeli Conflict*, p. 61.

④ Sara Roy, *The Gaza Strip: The Political-Economy of De-Development*, pp. 224-234.

以色列境内从事体力劳动。在 1987 年底的因提法达（Intifada）爆发之时，每天有 1 万~1.3 万巴勒斯坦工人越过绿线，到以色列境内工作。在全部巴勒斯坦劳动力中，有 38%受雇于以色列。[①] 大部分巴勒斯坦人受雇于清洁、建筑和农业等领域，但即便是同样的工作，他们得到的报酬比以色列人要低得多。在某些情况下，巴勒斯坦人的薪水仅仅是以色列人的一半。巴勒斯坦人大约 30%的工资会以税收和社会安全等名目被扣除，但他们从中不会得到任何好处，这些钱被归于以色列的扣除基金会（Deduction Fund），而这个基金会只是为了满足以色列犹太人的利益。

这些廉价的巴勒斯坦劳动力约占以色列劳动力的 8%，给以色列带来了诸多益处，它是《奥斯陆协议》签订之前以色列把巴勒斯坦经济整合到自身经济的首要结构性机制。巴勒斯坦的劳动力没有给本地农业和工业的发展带来技术和资源，而是以以色列国内的体力劳动为导向。不仅巴勒斯坦的地方资源被转移到了以色列，而且他们的经济越来越依赖于在以色列赚取的工资，由此被置于以色列经济的控制之下。由于工资很低且没有劳工组织的保护，巴勒斯坦工人为以色列提供了庞大的劳动力储备，以色列可以在不让自身经济承担巨大风险的情况下，把他们边缘化。在经济增长和繁荣时期，巨大的劳动力储备可以起到稳定以色列国内工资的效果，而在经济衰退时期，可以在不影响本国劳动力或不造成政治动乱的情况下，把巴勒斯坦劳动力随意抛弃。[②] 这种经济依赖是巴勒斯坦“去发展”的本质所在。假若巴勒斯坦的农业经济能够获得充足的水资源，或者以色列占领时期的水政策没有严格限制巴勒斯坦人的水消费，那么巴勒斯坦领土就不会发生这种转变，乃至出现“去发展”的恶性后果。

二　环境灾难

以色列在加沙和西岸的水政策已经引发了这些地区严重的环境危机和健康危机。一方面，以色列对巴勒斯坦人的用水强制实行严格的配额制；

---

① Moshe Semyonov and Noah Lewin-Epstein, *Hewers of Wood and Drawers of Water*: *Noncitizen Arabs in the Israeli Labor Market*, ILR Press, 1987.

② Sara Roy, *The Gaza Strip*: *The Political-Economy of De-Development*, pp. 209-215.

另一方面，为了供应以色列国内尤其巴是巴被占领土上的犹太人定居点，绿线内外的以色列水井过度开采，导致巴勒斯坦领土部分地区的水位大幅度下降。以色列国家审计长估计，在80年代中期，麦克洛特在约旦河谷抽取的水超过了水委员会专员所定配额的20%。巴勒斯坦人则估计，1969~1991年，约旦河谷的水位下降了16米，而在沿海平原靠近以色列边境的地区，水位下降了6米。[①] 水的盐度的日益提高，再加上从许多犹太人定居点以及巴勒斯坦城镇和乡村流出的污水的渗透，已经导致巴被占领土水质的恶化，并引发了严重的卫生事件。

在巴被占领土，水位降低的最直接的后果是许多水井和清泉的出水量减少，或者在某些情况下完全干涸。巴勒斯坦水文小组估计，截至1993年，仅仅在约旦河谷便有26口井干涸。[②] 之所以如此，主要原因在于，相比麦克洛特为犹太人定居点开凿的水井，巴勒斯坦人的水井较浅，出水量小。以色列人使用大功率水泵，而且把水井打到了更深的蓄水层，而那里恰恰也是巴勒斯坦人水井和清泉的水源。以色列人的水井过度开采，降低了巴勒斯坦人水井所在蓄水层的水位，甚至耗尽了蓄水层的水。因此，以色列人的水井某种程度上截断了巴勒斯坦人水井的水。[③]

随着水井和清泉出水量的减少，巴勒斯坦城镇、乡村和难民营不得不减少家庭和农业用水。在滴雨不下的干旱的夏季，或者在降雨极少的干旱的年份，缺水的形势就更加严峻。在那时，用管道供水的巴勒斯坦人社区会发现水流已变为点点水滴。据估计，在2003年，西岸有20万~25万巴勒斯坦人没有管道输送的水。[④] 在依赖自有的水井和蓄水池的乡村，定期到来的旱季造成了相同的水短缺。在水井或清泉干涸的时候，巴勒斯坦人就不得不从售水车那里购水，以满足饮用等最基本的生活需求，耕地则根本无水可用。1994年，从售水车购买的水价格高达4美元/立方米。

库加泉（Al-Quja）的干涸便是被广泛关注的一个例子。库加泉位于杰

---

① Hisham Awartani, *Artesian Wells in Palestine*, p. 6.

② Hisham Awartani, *Artesian Wells in Palestine*, p. 7.

③ Gwyn Rowley, "The West Bank: Native Water-Resources Systems and Competition," *Political Geography Quarterly*, Vol. 9, No. 1, 1990, p. 45.

④ Mark Zeitoun, *Power and Water in the Middle East: The Hidden Politics of the Palestinian-Israeli Water Conflict*, p. 49.

里科以北约8公里，正常年份每年出水量达570万立方米，是西岸最大的一个清泉和附近巴勒斯坦绿洲农业经济繁荣的基础。1974年，随着附近5个以色列水井的打凿，库加泉的出水量降到正常年份的一半。1979年夏天，当麦克洛特为犹太人定居点在附近（距离不到200米）又打凿了2口井后，库加泉完全干涸了。就在库加泉的水道塞满尘土遭到废弃的时候，附近以色列的水井依然每小时抽水1600立方米。在库加绿洲，超过400杜诺姆、估价为270万美元的柑橘、香蕉和蔬菜几乎都毫无收成。附近的村庄几乎消失，1500~2000村民迁移他处，寻找生计。具有讽刺意味的是，许多留下的村民在附近犹太人定居点灌溉良好的田地里充当农业工人。以色列官方则认为，麦克洛特的水井丝毫也没有影响库加泉的水量，因为这些水井是在不同而且更深的蓄水层上打凿的。[①]

在约旦河谷，由于犹太人定居点在附近打凿深井，许多巴勒斯坦人的水井和清泉曾短暂干涸或出水量大大减少。阿里尔（Ariel）和纳布鲁斯（NaBius）附近定居点的深井大大减少了附近巴勒斯坦村庄水井的出水量。纳布鲁斯附近的一些巴勒斯坦村庄与麦克洛特的供水网络相连，但是它们支付的水价是完全的市场价格，而非附近犹太人定居点所付的补贴价。由于多方的漠视和以色列的惩罚，难民营所受水短缺的影响最大。例如，纳布鲁斯附近的巴拉塔（Balata）难民营在干旱的季节，由于受到限制，每周只有两天有流动的水。

在西岸的巴勒斯坦城市中，伯利恒和希伯伦缺水的情况最为严重。80年代后期，麦克洛特在离伯利恒不远的地方修建了大型的供水系统。按规划，它应给以色列人和巴勒斯坦人都供水，但完工后水却流向了耶路撒冷和周围的犹太人定居点。[②] 在系统完工后，向伯利恒、希伯伦和周围阿拉伯村庄和难民营供应水的水井出水量大幅度下降。1993年以来，在干旱的夏季，伯利恒的巴勒斯坦家庭一周只能获得一次管道供水，而附近的犹太人定居点则无此顾虑。1995年夏天，希伯伦的水管完全没有水了，生活用水不得不以4倍的价格用卡车运送，而附近犹太人定居点依然能够获得充

---

① Alwyn R. Rouyer, *Turning Water into Politics*: *The Water Issue in the Palestinian-Israeli Conflict*, pp. 63-64.

② Ze'ev Schiff and Ehud Ya'ari, *Intifada*: *The Palestinian Uprising*, New York, 1989, pp. 96-99.

足的水，浇灌花园，填满游泳池。

过度开采是巴勒斯坦地区的供水盐度日益提高的主要原因。在巴被占领土的部分地区，犹太人定居点大功率水泵的使用和深井的过度开采导致地下水状况的严重恶化。在西岸的约旦河谷，由于水位下降，盐度和氯度急剧升高。依据巴勒斯坦水文小组的研究，1982~1991 年，约旦河谷北部水的盐度提高了 130%，杰里科地区提高了 200%。水的盐度的提高导致约旦河谷对盐敏感的作物的种植面积减小。由于以色列对边境内侧水井的过量开采，杰宁（Jennin）和卡基亚（Qalqilya）地区的水质大幅度下滑。[①]

水的盐度的提高在加沙地区尤其明显。巴勒斯坦人和犹太定居者对水井的过度开采导致海水的渗入，威胁到沿海蓄水层部分区位的水质，柑橘的产量和质量下降。尽管以色列军事当局早在 1974 年就对巴勒斯坦人的农业用水强加了配额制，但犹太人定居点深井的过度开采一直持续到了 80 年代。以色列把这一地区最重要的地表水——加沙瓦迪（Wadi Gaza）河水改道，使得巴勒斯坦人的水问题更加严重。巴勒斯坦人估计，以色列每年从这一来源截留的地表水为 0.2 亿~0.3 亿立方米。而且，巴勒斯坦的水文专家认为，以色列靠近加沙东部的深井每年截留了原本应流向加沙的 0.6 亿立方米地下水。[②] 以色列水务部门则坚决否认这些指控，指出沿海蓄水层的流动性很差，上述情况根本不可能发生。由于以色列的相关水数据处于保密状态，公众根本无法得到，因而也就不可能对上述指控做出独立的判断。

另一个导致巴被占领土水环境恶化的因素是水污染。大部分城镇污水管道老化以及许多乡村和难民营缺乏污水排放系统，导致污水渗透严重，1994 年巴勒斯坦民族权力机构建立之前，这一问题在加沙最为严重。在整个巴被占领土，以色列对打凿水井的限制、麦克洛特供应的水的高价格以

① Hisham Awartani, *Artesian Wells in Palestine*, p. 7. 依据对以色列水委员会一位官员的采访，1992 年，以色列不再过度开采沿海和山区蓄水层，到 1998 年，其水位平均升高了大约 25 米。参见 Alwyn R. Rouyer, *Turning Water into Politics: The Water Issue in the Palestinian-Israeli Conflict*, p. 77。

② Sharif Elmusa, "Dividing the Common Palestinian-Israeli Waters: An International Water Law Approach," *Journal of Palestine Studies*, Vol. 22, No. 3, Spring 1993, p. 63; Isam Shawwa, "The Water Situation in the Gaza Strip", in Gershon Baskin (ed.), *Water: Conflict and Cooperation*, pp. 27-28.

及从外国捐助者那里获得资金支持的高难度，都使得巴勒斯坦的水务机构和乡村难以修理排污设施或者建立新的排污系统。同时，犹太人定居点的大量存在也是巴被占领土水污染的主要原因。以色列境内有良好的排污系统，但犹太人定居点却往往任凭污水自由流向巴勒斯坦人的瓦迪和田地，进而污染水供应，并损害了周围的农作物。1992 年的一项研究表明，在过去 13 年中，奥夫拉（Ofra）定居点向拉马拉以北的哈姆顿谷地（Hamdoun Valley）连续排放污水，造成了大规模的作物损害，也给附近村民造成严重的健康问题。1994 年，纳布鲁斯西南一个定居点的污水大量排出，污染了附近巴勒斯坦村民赖以饮用和灌溉的一条溪流，连牲畜都不适合饮用。虽然以色列民政机关被通报此事，但它始终没有采取措施回应巴勒斯坦人的要求。

由于供水不足和水源受到污染，巴勒斯坦人居住区传染性和寄生性疾病频发，人口拥挤的难民营首当其冲。许多研究表明，在巴勒斯坦人尤其是儿童中间，患病率普遍很高。在一项调查中，西岸 3 个难民营 48%的小学生被发现患有肠道寄生虫病。在卫生状况最糟糕的加沙，1992 年的调查发现，半数以上的孩子由于与人的粪便接触感染了肠道蛔虫。此外，还有许多个案研究可以证明①，西岸和加沙的公共卫生条件很差，而且还在不断恶化。

第四节　以色列对巴勒斯坦被占领土水政策的依据

无论是以色列人，还是巴勒斯坦人，都提出了诸多理由，来维护各自对这一地区水资源的所有权。除了对山地蓄水层和约旦河水的使用以国际法进行论证外，以色列政府还提出了三个理由，为其在西岸和加沙的水政策辩护。它们分别是：（1）这些行动是为了保护整个地区的水资源；（2）水政策并不区别对待犹太人和巴勒斯坦人；（3）这些措施实际上有利于巴勒斯坦人。以色列政府指责联合国和其他外国观察者在报道其在巴被占领土的水政策时有失客观。它尤其憎恶所谓以色列“偷盗阿拉伯人水”

---

① Anna Bellisari, “Public Health and the Water Crisis in the Occupied Palestinian Territories,” *Journal of Palestine Studies*, Vol. 23, No. 2, Winter 1994, pp. 52-63.

的指控。以色列政府的官员和学者在接受采访时，没有一个认为其政府在巴被占领土的水政策是完全基于以色列人的利益。尽管所有人都相信以色列自身的水安全是其水政策的首要考虑，但许多人坚持认为，他们国家的行动符合国际法，巴被占领土上巴勒斯坦人的基本水需求也得到了满足。

一　保护地区水资源

以色列认为其在巴被占领土的水政策就本质而言是防御性的。它指出，鉴于巴勒斯坦地区的半干旱特征，可用的水资源必须受到保护，以免于过度开采，只有这样，未来犹太人和阿拉伯人之间的水谈判才有进行的必要。至少自 20 世纪 30 年代，以色列已经打井开采向西和向北自然流到绿线一侧的山地蓄水层的水，这给了以色列对这一水源地的优先权。以色列官员担心，巴勒斯坦人在西岸海拔较高的地方过度开采山地蓄水层，将降低水位，破坏蓄水层，而其山脚较低的部分恰是以色列大部分水井的所在地。禁止巴勒斯坦人在西岸打凿新井便是基于这一考虑。以色列人认为，他们有权利和责任保护这一水源，而最好的方法是实行集权化的统一管理。在以色列占领西岸后，这已经成为现实。依据以色列官方文件，以军占领西岸最初几周之所以破坏约旦谷地的几口水井，便是出于以上的担忧。

以色列官员都拒绝承认，麦克洛特为犹太人定居点打凿的深井降低了西岸部分地方的水位，并由此使附近的水井和清泉干涸或者出水量减少。相反，他们认为，这些供应犹太人定居点的水井抽取的是完全不同的更深蓄水层的水，以前这里的水从未被利用，而是白白流入了地中海。只有一次，以色列官员承认，一个犹太人的水井导致巴勒斯坦村民的水源出水量降低，以色列民政机关通过向阿拉伯消费者提供来自麦克洛特的“便宜的水”加以弥补。

以色列官员常常把加沙作为由于过度开采而蓄水层遭到破坏的例子。为了证明其配额制的合理性，他们指出，埃及人占领时期不加限制的抽取导致加沙地下水盐度和氯度升高。巴勒斯坦人种植柑橘不考虑可用水的量，新井的打凿互相之间缺乏协调。到 1974 年，形势已经恶化到如此的程度，以至于他们不得不采取一系列措施，禁止在没有许可证的情况下打凿新井，阻止种植新的柑橘园，以及给已有的水井规定用水配额。不过，需要指出的是，除了 1990 年国家审计长的报告这一唯一的例外，以色列政府的文件虽然把过度利用水资源作为加沙占领区限制性水政策的理由，但是它们从来不提及以色列数十年在沿海蓄水层过度开采的事实。

以色列坚决拒绝所谓其有关水资源的立法扩展到巴被占领土的说法。以色列指出，291 号军令不是中止了有关水私有权的约旦法律，而是仅仅授权西岸的司令官执行 1952 年约旦有关土地和水的 40 号法令。以色列声称，这一法令连同 1966 年约旦有关自然资源的 37 号法令，确立了未开发土地和水资源公有的原则。因此，以色列没收未开发的土地和水资源的做法依据的不是以色列法律，而是约旦法律。在以色列看来，其水政策旨在保护而非没收。

二　不区别对待犹太人和巴勒斯坦人

以色列官员否认其水政策区别对待以色列人和巴勒斯坦人。他们指出，对农业用水确立配额制和用仪表测量用水在以色列是一个存在已久的做法，这一政策并非仅仅适用于巴勒斯坦人。而且，在西岸这样做的依据同样是约旦法律，而非以色列法律。尽管 1966 年的约旦 88 号法令因为 1967 年战争从未被执行，但它要求在所有水源上安装仪表，以防止过度开采。依据以色列文件记载，为了保护水井所有人的权利，1977 年以色列开始按此法令颁布许可证。正如时任以色列驻联合国代表本雅明·内塔尼亚胡（Binyamin Netanyahu）1984 年提交给联合国的报告所称："为了确立他们的权利，水表由水井拥有者付费自愿安装，它并非以色列政府的歧视性做法。"①

以色列官员否认巴勒斯坦人为了家庭用水打凿和维修水井难以得到许可证。以色列官方声明，如果是为了建立市政供水系统，任何时候都会颁

① United Nations, "Letter Dated 10 Ocotober 1984 from the Permanent Representative of Israel to the United Nations Addressed to the Secretary-General," UN Doc. A/C. 2/39/7, 1984, pp. 7-8.

发许可证。以色列官员解释，之所以否决了用来灌溉的新井的申请，在西岸是因为山地蓄水层已经被全面开采，在加沙则是为了防止进一步破坏沿海蓄水层。他们还认为，高昂的成本也是巴勒斯坦人很少打凿家用水井的原因。虽然他们批准了20口水井，但一口也没有打凿，因为每一口水井成本高达25万美元。不过，以色列官员强调，他们不会允许巴勒斯坦人的农业水消费损害以色列的农业经济。正如1996年11月水委员会专员梅尔·本-梅尔所言："以色列不会从一个巴勒斯坦小孩那里把新鲜的饮用水拿来给棉花，但是以色列也不会为了西岸（巴勒斯坦人）新的果园得到灌溉，而放弃灌溉自己国内的果园。"①

以色列官员也不认为巴勒斯坦人和犹太定居者为麦克洛特供应的水支付不同的价格带有歧视性。在他们看来，麦克洛特仅仅是按商业规则供应水，它并没有按宗教的不同而有歧视。在回应联合国价格歧视的指责时，以色列的一位官员称："麦克洛特水务公司供应的水的价格随着地形、地质和水文等影响供应成本的因素的变化而变化，肯定不是基于消费者的宗教或国籍。"② 但是这里并没有提到，麦克洛特的收费在以色列受到平衡基金会的补贴，在巴被占领土则受到世界犹太复国主义组织的资助。

三　有利于巴勒斯坦人

以色列官员认为其在西岸和加沙的水政策对巴勒斯坦人的生活质量产生了有益影响。他们常常乐于指出，在1967年之前，巴勒斯坦人通常缺乏现代供水基础设施。在约旦统治时期，西岸的大多数居民依赖清泉和雨水收集箱生活，只有两个自来水厂在运转。但在以色列的管理下，水利设施发展迅速，出现了较完善的供水系统，而且，家庭用水量增长了3倍，从1966年的每月5立方米增加至1980年的每月20立方米。以色列供水部门称，它们不仅鼓励西岸各市政部门在城镇附近打凿新井，使其运转，而且还在补充其水供应方面发挥了积极作用。以色列官员认为，把西岸的城镇

---

① Alwyn R. Rouyer, *Turning Water into Politics: The Water Issue in the Palestinian-Israeli Conflict*, p. 69.

② Alwyn R. Rouyer, *Turning Water into Politics: The Water Issue in the Palestinian-Israeli Conflict*, p. 70.

和乡村与麦克洛特的系统相连接是一个非常好的事情，他们不理解为什么巴勒斯坦人抵制这样做。

在以色列官员看来，灌溉方式的改变和农业技术的提高也是巴勒斯坦人由于以色列占领而得到的好处。以色列文件显示，在 1967 年之前，巴勒斯坦领土普遍采用的灌溉方法是简单的地表漫灌，这浪费了大量的水资源。在以色列的管理下，现代和经济的灌溉方式（包括滴灌）被介绍给巴勒斯坦农民，以色列人提供了咨询和帮助。依据这些信息，到 70 年代后期，西岸和加沙的作物产量和农业收入都大幅度增长。而且，他们认为，巴勒斯坦工人在以色列工作也对巴勒斯坦经济产生了积极影响。但是，以色列一方对 70 年代末以来巴勒斯坦农业经济的衰败避而不谈，更对因以色列占领导致的巴勒斯坦整体经济的“去发展”视而不见。

第四章　框架性巴以水谈判

自 1967 年以来，巴勒斯坦和以色列的政治关系处于剧烈对抗之中。一方面，法塔赫等巴勒斯坦组织拒不承认以色列的生存权；另一方面，以色列不承认巴解组织对巴勒斯坦人的政治代表权。因此，巴以双方也就不可能进行包括水问题在内的谈判。进入 90 年代，在各种因素的推动下，阿拉伯一方和以色列的关系开始大幅度缓和，1991 年 10 月，马德里中东和平会议开启了以色列与巴勒斯坦、约旦、叙利亚和黎巴嫩旷日持久的谈判进程。1993 年 8 月，在挪威首都奥斯陆经过数月秘密接触后，巴以谈判取得了重大突破，达成了《关于加沙-杰里科首先自治的协议》（又称《奥斯陆协议》），9 月，双方在美国总统克林顿主持下，签署了旨在实现和平的《关于临时自治安排原则的宣言》又称《原则宣言》，就此，巴以之间所谓的奥斯陆和平进程正式启动。1994 年 5 月，经过 7 个月的艰苦谈判，巴以在埃及开罗正式签署了《关于实施加沙-杰里科自治原则宣言的最后协议》（又称《开罗协议》），据此，巴勒斯坦人在加沙大部和杰里科建立了巴勒斯坦民族权力机构。1995 年 9 月，巴以又在埃及塔巴达成了《关于扩大西岸自治范围的协议》（又称《奥斯陆第二阶段协议》），巴以谈判达到了高潮。此后，双方又进行了一系列谈判。

巴以水谈判必须置于双方政治谈判的大背景下去认识和分析，从根本上说，巴以之间的力量对比、政治关系，决定了双方水谈判的内容和结果。在巴以各个阶段和各种形式的谈判中，水始终是讨论的中心话题。在马德里中东和会的多边谈判中，水是五个工作小组关注的话题之一。到 1996 年底，水工作小组举行了

9 次正式会谈。巴以之间的各政治协议都包含着有关水资源的条款。在历次谈判中，巴方要求以色列承认其水权利，分享地区更多的水资源。而以方则提出双方合作管理水资源，共同开发新的水资源。但由于各种原因，至今巴以水争端的种种问题极少得到有效解决。

第一节　奥斯陆和平进程的启动

许多学者认为，20 世纪 90 年代初奥斯陆和平进程的启动是巴以关系史上的重大事件和重要突破，1993 年 9 月第一个奥斯陆协议的签订开启了巴以关系和中东历史的新时代。但是，当仔细分析巴以之间的各项协议，尤其是与水相关的内容时，就会发现，它们对巴以关系的影响并非想象的那么大。以爱德华·萨义德（Edward Said）为代表的部分学者就曾质疑，奥斯陆和平进程是否真的在起作用，它是否真的像常常被描述的那样是巴以关系的巨大突破。因为无论如何，巴以之间的谈判脱离不了双方实力差距悬殊这一客观现实。

一　《奥斯陆协议》关于巴被占领土水问题的约定

以色列之所以愿意在 90 年代初与巴方进行谈判，是其国内多种因素综合作用的结果。

首先，自 1967 年占领西岸和加沙以来，以色列精英日益意识到了“人口问题”的严重性，即如何避免因把太多的巴勒斯坦人纳入以色列而削弱其犹太国家的属性。正如 1988 年亚龙·素佛（Arnon Soffer）所言：“在巴被占领土和以色列，巴勒斯坦阿拉伯人数量现在达到了 220 万，而犹太人的数量是 350 万。在 12 年内，阿拉伯人将达到 350 万，犹太人将达到 420 万。阿拉伯人是占总人口的 44%还是占 46%都不重要，重要的是以色列将会成为双民族的国家。无论谁造成这一形势，都将为犹太人和犹太复国主义国家的终结而负责。”[1] 在占领时期，为了应对这一问题，以色列把西岸和加沙置于军事管制下，这样就可以否认新占领土巴勒斯坦人的以色列国家公民权，进而保证犹太人的多数地位。但是，这一办法由于面对巴勒斯坦人和国际社会的压力，无法永久维持。面对此困境，以色列提出了许多计划，比如阿龙计划（Allon Plan）就设想以色列吞并1/3或者更多的西岸土地，其他人口更加密集的部分归于约旦。[2] 总之，以色列一直在考虑改变对西岸和加沙的控制方式，试图以此赋予其占领行动以合法性。

其次，以色列商业精英支持与巴勒斯坦人达成某种形式的和平协议。自以色列建国以来，国家全面主导着政治和经济各领域，但进入70年代后，以色列社会、政治和经济出现重大转型，主张经济自由化的精英开始兴起。到80年代晚期，这些持自由观点的商界领袖开始进入全国的公共政治话语，他们认为以色列经济需要吸引外资和找到新的（尤其是阿拉伯的）市场，而实现和平是其先决条件。而且，他们也主张，将来的和平协定必须确保以色列在占领地区的经济霸权。正如以色列制造业协会主席所言：“是否有巴勒斯坦国家、巴勒斯坦人自治或者巴勒斯坦-约旦国家都不重要。以色列和巴被占领土之间的经济边界必须开放。”[3] 不无巧合的是，以色列国内许多《奥斯陆协议》的起草者（包括西蒙·佩雷斯）恰巧是经济自由化的主要倡导者。正由于此，《奥斯陆协议》非常强调巴以经济合作，甚至有评论者认为《原则宣言》“首先是个经济文件”。[4]

最后，巴被占领土日益突出的安全问题是《奥斯陆协议》签订的直接原因。1987年，巴被占领土上巴勒斯坦人发起的因提法达（intifada，意为“起义”）加大了以色列控制巴勒斯坦城市的难度；而且，进入90年代，枪支取代石块成为巴勒斯坦人抵抗的最重要武器，以色列平民和犹太人定

---

① Ze'ev Schiff, *Security for Peace: Israel's Minimal Security Requirements in Negotiations with the Palestinians*, Washington Institute for Near East Policy, 1989, pp. 15-16.

② Noam Chomaky, *Fateful Triangle: The United Stated, Israel and the Palestinians*, Pluto Press, 1999, pp. 47-50.

③ Asher DAvidi, "Israel's Economic Strategy for Palestinian Independence," *Middle East Report*, No. 184, 1993, p. 24.

④ Graham Usher, *Dispatches from Palestine: The Rise and Fall of the Oslo Peace Process*, Pluto Press, 1997, p. 43.

居点的安全日益受到威胁。面对严峻的形势，以色列的重要人物开始支持“安全换和平”的计划。比如曾经在安全问题上持强硬态度的拉宾认为，实现安全利益最好的方式不是直接占领，而是间接控制。因此，他主张与巴解组织进行和谈，只要协议满足以色列安全需求、不危害其领土和经济目标即可。[①] 这就意味着以色列将把管理巴勒斯坦人的职权交给巴解组织，以此减轻自身的负担，并减少与巴勒斯坦人直接冲突的可能。

总之，到90年代初，以色列国内已基本形成共识，那就是在绝对确保本国政治经济安全的前提下，与巴解组织和谈。当然，这种和平绝不意味着以色列承认巴勒斯坦人有建国的权力，相反，以色列依然保持着对西岸和加沙巴勒斯坦人的控制，它所改变的只是其策略而已。但是，阿拉法特和巴解组织却不得不与以色列进行这种和谈，并实质上接受了以方提出的所有主要要求。

在和谈中，阿拉法特和巴解组织不仅推后了在包括东耶路撒冷的西岸和加沙建立独立巴勒斯坦国的公开目标，也偏离了包括欧洲、阿拉伯国家和俄罗斯在内的国际社会明确要求以两个国家办法化解巴以冲突的一致立场。早在1988年，巴解组织一改往日态度，接受联合国242号决议，开始愿意承认以色列，并宣布西岸（包括东耶路撒冷）和加沙名义上独立。在1993年9月的《原则宣言》里，巴解组织则进一步改变了这一温和的立场，进而倾向于认同以色列否认巴勒斯坦人自决权的做法。[②] 虽然《原则宣言》明确把242号决议作为谈判的基础，但它并没有承认巴勒斯坦人的各项权利。它既没有提及巴勒斯坦人国家，也没有承认巴勒斯坦人的建国权利。所谓的“鸽派”代表人物拉宾和佩雷斯虽然同意奥斯陆协议的条款，但坚决反对巴勒斯坦人建国。[③] 以色列和巴解组织交换了互相承认的信件，巴解组织接受“以色列国家在和平和安全中存在的权利”，而以色

---

① Tigva Honig-Parnass, “A New Stage: Military Intifada, Israel Panic, Ruthless Repression,” *News From Within*, 2 April 1993, pp. 1-4.

② Noam Chomaky, *Fateful Triangle*: *The United Stated*, *Israel and the Palestinians*, chapter 3.

③ 实际上，在如何对待巴勒斯坦人问题上，以色列内部所谓的“鸽派”和“鹰派”没有原则性差别。拉宾就曾说：“我坚持我的立场：巴勒斯坦国家并不存在。耶路撒冷必须统一在以色列的主权之下，且必须永远是我们的首都……我认为，在以色列和约旦之间，没有另一个国家的空间。”参见 Charles Smith, *Palestine and the Arab-Israeli Conflict*, St. Martin's Press, 1996, pp. 211-213。

列仅仅承认巴解组织是“巴勒斯坦人民的代表”。换言之，以色列被承认为一个民族和国家，而巴解组织只是一个组织而已。这样，《原则宣言》丝毫没有涉及以色列承诺接受巴勒斯坦建国的问题。显然，巴以之间的谈判就结果而言完全是不对等的，那么，为什么阿拉法特和巴解组织要接受如此“不公平”的和平协议呢?

从根本上说，阿拉法特之所以屈从于以色列的意志，完全是受形势所迫，当时的情况极为不利。1959 年，阿拉法特建立法塔赫之时，也坚决否认以色列的生存权，坚持武装斗争的道路。但是，面对强大的以色列，阿拉法特遭受了一次次的军事挫折。1982 年，以色列军队的入侵迫使巴解组织的游击队从黎巴嫩分散到 8 个阿拉伯国家，巴解组织总部转移到了数千里之外的突尼斯，巴解组织就此丧失了武装斗争的条件，通过政治和外交途径解决问题成为巴解组织迫不得已的选择。巴解组织一直依赖于沙特、科威特和其他海湾阿拉伯国家的外交和经济支持，但是在 1991 年的海湾战争中，由于阿拉法特公开支持萨达姆，上述阿拉伯国家几乎不再支持巴解组织。巴解组织则长期受惠于在海湾工作的巴勒斯坦人寄来的汇款。但是海湾战争后，原先在科威特工作的 50 万巴勒斯坦人由于不再受当地政府欢迎，大多数被迫迁往约旦。此时这一资金来源也近乎干涸了。结果，巴解组织每年面临着 1 亿美元的资金短缺，不得不关闭一些外交办公室。

除此之外，在突尼斯的阿拉法特和巴解组织还面临着被占领土上新兴的巴勒斯坦政治运动和领袖的内部挑战。1982 年以来，巴解组织总部设在突尼斯，远离巴勒斯坦，难以像以前那样对巴勒斯坦人施加影响。1987 年，被占领土上的巴勒斯坦人发起的因提法达对以色列和巴解组织都构成了严重威胁，[①] 尤其是巴勒斯坦伊斯兰运动哈马斯的崛起直接威胁到巴解组织作为“巴勒斯坦人民唯一合法代表”[②] 的声望、信誉和地位。因此，在突尼斯的巴解组织“外来者”和被占领土的巴勒斯坦“本土派”之间，

① 1987 年因提法达的发起与巴解组织毫无关系，这说明巴解组织的政治影响在被占领土巴勒斯坦人当中有边缘化的趋向。

② 1974 年，阿拉伯国家联盟赋予了巴解组织这一地位。参见 Walter Laqueur and Barry Rubin (eds.), *The Israel-Arab Reader: A Documentary History of the Middle East Conflict*, Penguin Books, 1984, p. 518。

不可避免地发生了一系列冲突。

1991年的马德里和谈开始之际，巴解组织在谈判中丧失了巴勒斯坦人官方代表的资格，其地位被一个来自被占领土的代表团所替代。虽然这一代表团受到巴解组织的指导，但它广受国际媒体的关注，并日益具有独立性。代表团在许多问题上持强硬路线，坚持只有以色列接受巴勒斯坦人具有自决和建国的权利，才会进行下一阶段的谈判。① 有鉴于此，佩雷斯做出判断，认为阿拉法特相比“本土派”谈判者更加容易做出妥协。他确信“如果阿拉法特被允许返回和统治加沙和杰里科……他目前将会在所有事情上做出让步。这包括巴勒斯坦人的核心问题”②。佩雷斯因此开始与阿拉法特建立秘密联系。对于作为巴解组织主席的阿拉法特而言，奥斯陆谈判和进程使得他绕过了被占领土的代表团，重新确立了对巴勒斯坦民族运动的领导权。海湾战争之后，阿拉法特在巴解组织内部的权力大大集中。由此，阿拉法特在没有与巴勒斯坦民族委员会和巴勒斯坦中央委员会商议③的情况下，便与以色列秘密谈判，而在签署《原则宣言》之前，他甚至没有召集巴勒斯坦中央委员会。因此，《原则宣言》被有些学者称为《以色列-阿拉法特协议》。④

可见，以色列利用阿拉法特的弱势地位和急于掌握巴勒斯坦领导权的迫切愿望，在巴以谈判中处于绝对的主动和优势地位。一旦巴解组织接受了最初的《奥斯陆协议》，那么它就几乎再也不可能改变权力的失衡状态或调整整个奥斯陆进程，以色列一方只需考虑是否做出些微让步即可。在整个谈判过程中，以色列提出的“安全至上”理念实质上成为双方必须恪守的准则。有报道称，巴方的谈判者收到“阿拉法特的特别指令，要其在有关安全的‘每一个方面’向以色列做出妥协”。⑤ 这样，安全成了以色列

① Haider Abd al-Shafi，“The Oslo Agreement：An Interview with Haider Abd al-Shafi，” *Journal of Palestine Studies*，Vol. 22，No. 1，1993，pp. 14-19.

② Nick Guyatt，*The Absence of Peace*：*Understanding the Israeli-Palestinian Conflict*，Zed Books，1998，p. 43.

③ 按规定，重要的决议必须由400人的巴勒斯坦民族委员会和巴勒斯坦中央委员会做出。

④ Noam Chomaky，*Fateful Triangle*：*The United Stated*，*Israel and the Palestinians*，pp. 533-540.

⑤ 详情参见 Ahamd Khalidi，“Security in the Final Middle East Settlement：Some Components of Palestinian National Security，” *International Affairs*，Vol. 71，No. 1，1995，pp. 1-18。

的专利，巴勒斯坦人的选择只是来如何配合以色列的安全、领土和经济战略。实际上，奥斯陆进程中的主要政治争论不是发生于以色列和巴解组织的谈判者之间，而是存在于以色列政坛和社会内部。佩雷斯在奥斯陆第二阶段会谈时就曾说："在某种程度上，我们在与自身谈判。"①

正是在上述背景下，我们才能理解奥斯陆协议，才能理解巴以之间充满争议、并把巴勒斯坦人置于极端不利境地的水谈判。奥斯陆进程的启动绝非由于以方的善心或者某人的魅力，也不是由于巴解组织决定承认以色列（1988 年已经承认），而是因为以色列主动选择弱势的阿拉法特和以突尼斯为总部的巴解组织作为西岸和加沙"合法的秩序的维护者"。②

二　《奥斯陆协议》对巴被占领土的影响

《奥斯陆协议》对西岸和加沙产生了重大影响，概括起来，这主要表现在以下四个方面：

第一，建立了巴勒斯坦民族权力机构（Palestinian Authority）。依据相关协议，巴勒斯坦人有了选举的主席（阿拉法特）、巴勒斯坦立法委员会以及一系列部门和机构，也有了邮票和新的身份证（信息须递交给以色列）。巴勒斯坦民族权力机构负责管理西岸和加沙的卫生、教育、社会福利和旅游业以及对当地产品征收直接税和增值税，还有了自己的自治区域。在 1994 年《开罗协议》签订后，以色列撤出加沙 80%、西岸 4%的军队。1995 年《奥斯陆第二阶段协议》签订后，巴勒斯坦民族权力机构开始担负西岸 7 个主要巴勒斯坦城镇的安全责任和西岸另外 24%土地的民事责任。后来，随着 1997~1999 年的一系列谈判，到 2000 年夏天，巴勒斯坦民族权力机构完全担负了西岸 A 区（占西岸面积的 17.2%）的安全责任和民事责任，以及西岸 B 区（占西岸面积的 23.8%）

---

① Emma Murphy, "Stacking the Deck: The Economics of the Israeli-PLO Accords," *Middle East Report*, Vol. 25, No. 3/4, 1995, p. 36.

② Jan Selby, *Water, Power and Politics in the Middle East: The Other Israeli-Palestinian Conflict*, p. 140.

的民事责任(如表 4-1-1)。[1] 但是，巴勒斯坦民族权力机构的实际权力受到极大限制。按照《奥斯陆协议》相关规定，巴勒斯坦民族权力机构将永远没有权力修订和废除已有的法律和军事命令。它对以色列人没有司法权，甚至在自治区内也是如此。而且，它的大部分部门和机构受到巴以联合委员会的监督，它们的活动受到其严格的限制。在整个奥斯陆进程中，59%的西岸土地（C 区）和 20%的加沙土地依然在以色列的全面管辖之下。[2]

表 4-1-1 西岸 A、B 和 C 区的面积和巴勒斯坦人口情况

单位：%

	占西岸面积比例	占西岸巴勒斯坦人比例
A 区	17.2	55
B 区	23.8	41
C 区	59	4

资料来源：Szalkai Attila, "Water Strategic Importance of West Bank in the Israeli-Palestinian Conflict," *AARMS*, Vol. 9, No. 2, 2010, p. 246。

第二，巴勒斯坦民族权力机构在西岸和加沙享有维持治安的重要权力，成为事实上的"以色列的执法者"。维持治安是巴勒斯坦民族权力机构最重要的权力。《原则宣言》规定巴勒斯坦民族权力机构应该有"强大的警察力量"；《奥斯陆第二阶段协议》规定警察数量可以达到 2.4 万人；截至 1996 年，巴勒斯坦民族权力机构下属的各种警察和安全人员达 3 万人，以至于巴勒斯坦自治区内警察和人口之比是世界上最高的。[3] 他们全部向阿拉法特负责，使其享有巴勒斯坦内部无人可比的权力。虽然巴勒斯坦警察严重超员，但以色列几乎从不提出反对意见。不仅如此，以色列默许巴方情报和安全人员在加沙和西岸自由行动，即便在以色列控制的 C 区也是如此。早在《奥斯陆第二阶段协议》之前，巴方安全人员就在和以色

① 数据参见 Geoffrey Aronson, "Recapitulating the Agreements: The Israeli-PLO 'Interim Agreements'," *Centre for Policy Analysis on Palestine*, *Information Brief*, No. 32, 27 April 2000。

② Jan Selby, *Water*, *Power and Politics in the Middle East*: *The Other Israeli-Palestinian Conflict*, p. 100.

③ Graham Usher, "The Politics of Internal Security: The PA's New Intelligence Services," *Journal of Palestine Studies*, Vol. 25, No. 2, 1996, p. 23.

列国防军、以色列安全部门定期进行安全合作，自 1998 年，美国中央情报局也参与其中。[1] 巴勒斯坦民族权力机构由此建立了庞大的内部安全网络，尽管如此，以色列完全控制着西岸和加沙的国际边界，可以自由封锁巴勒斯坦自治区。显然，以色列并没有真正撤离占领区域，只是改变了控制的方式而已。

第三，巴勒斯坦人对以色列的经济依赖关系被强化。在奥斯陆协议签订后，西岸和加沙依然是以色列商品的垄断市场，以色列对巴勒斯坦人工业和农业强加的各种限制大多还在发挥作用。巴勒斯坦民族权力机构的学校、警察和其他部门最多雇用 10000 人[2]，他们的薪水依靠捐款和以色列支付。依据经济协议，以色列应该把在本国工作的巴勒斯坦劳工所得税的 75%和在犹太人定居点工作的巴劳工所得税的 100%转交给巴勒斯坦民族权力机构，这笔收入占后者预算的 2/3。然而，自 2000 年 12 月，以色列单方面扣留了这笔资金，这给巴勒斯坦民族权力机构带来了灾难性后果。

第四，奥斯陆协议延续了以色列在西岸和加沙进行已久的定居点计划。在整个奥斯陆时期，定居点建设继续进行，在大耶路撒冷地区以及巴勒斯坦人聚居地之间战略地位重要的地区更是如此。到 2000 年夏天，仅仅在西岸（不包括东耶路撒冷）的犹太定居者就至少比 1993 年增加了 8000 人。[3] 而且，在奥斯陆时期，以色列还在西岸修建了大批新公路，它们一方面把犹太人定居点紧密相连，另一方面把巴勒斯坦人居住区条块分割，便于以军控制和封锁。1993～2000 年，无论是工党还是利库德集团执政，上述做法没有差别。虽然巴勒斯坦人在奥斯陆时期一直在抱怨以色列“单方面行动”，但是《奥斯陆协议》却从未禁止以色列在西岸 C 区或耶路撒冷地区修建犹太人定居点和公路。

---

① Jan Selby, *Water, Power and Politics in the Middle East: The Other Israeli-Palestinian Conflict*, p. 101.

② Adel Samara, “Globalization, the Palestinian Economy and the Peace Process,” *Journal of Palestine Studies*, Vol. 29, No. 2, 2000, p. 24.

③ 1993 年，西岸犹太定居者人数为 12000 人；2000 年，人数为 20000 人。参见 Foundation for Middle East Peace, *Report on Israeli Settlement*, Vol. 3, No. 5, September 1993; Foundation for Middle East Peace, *Report on Israeli Settlement*, Vol. 10, No. 5, September 2000。

由上述可知，所谓的奥斯陆进程实质上是以色列改变了控制巴勒斯坦人的形式而已。以色列通过巴勒斯坦民族权力机构维持巴勒斯坦人内部的治安，大大减少了控制的成本，但没有根本改变巴勒斯坦人在政治、经济和军事等方面对以色列的依附地位。这一态势就决定了巴以之间所谓的水谈判根本不是平等的谈判，巴勒斯坦人不可能通过这种方式享有应得的水资源。

第二节　国际法与巴以水争端

鉴于巴以力量的巨大差异，政治协商是持久解决巴以水问题的唯一途径，而这样的解决办法不得不以国际法的相关原则为基础。立足于国际法能够使谈判的结果获得国际社会的公认和必要的合法性。就巴以水争端而言，国际法有两个领域可以适用：一个是交战国占领（belligerent occupation）的相关原则，这体现在 1907 年的《海牙条例》（*Hague Regulations*）[①] 和 1949 年的《日内瓦第四公约》（*Fourth Geneva Convention*）；另一个是跨境水道利用的相关原则，这体现在国际法协会（*International Law Association*）1966 年提出的《赫尔辛基规则》（*Helsinki Rules*）和联合国国际法委员会（International Law Commission）创制的相关规则。

一　交战国占领原则下的水资源分配

1907 年的《海牙条例》是把军事占领规则法典化的最早尝试。这些条文对占领敌对领土的国家规定了权利、责任和约束性条件，其目的是在允许占领国满足其军事需求的同时，维持被占领土居民合理而人道的生活状态。条文明确规定，占领国不享有主权，除非完全受到阻碍，否则它有义务维护公共秩序和尊重被占领国施行的法律。而且，占领国应当尊重被占领土上居民的利益，不得以任何方式剥削他们的利益来增进本国人口利益。这些规则已被国际习惯法普遍接受，因此对所有国家都

① 《海牙条例》是著名的《海牙公约》（*Hague Convention*）的附录。

有约束力。当然，它们毫无疑问也适用于1967年以色列占领的西岸、加沙和其他阿拉伯国家领土。尽管以色列官员试图否认其适用于他们官方所称的“被管理的领土”（administered territories），但以色列高级法院曾两次确认这些条文作为国际习惯法的一部分适用于巴勒斯坦领土，对以色列具有约束力。[①]

《海牙条例》区分了私有和公有财产，以及可移动和不可移动公有财产。而这两种区分对于巴以水争端具有重要意义。条文明确规定，当地居民的私有财产必须得到尊重，除非为了特定的军事目的，不得予以没收。即便要征用，也应尽量以现金进行补偿。被没收的财产不得在占领国的领土使用，也不得满足本国公民的利益。而且，这些被许可的征用私有财产的做法不得用来在经济上压制被占领土。在这些例外情况之外，任何未经授权使用私有财产的做法都属非法的没收行为。[②]

公有财产分为可移动和不可移动财产，依据《海牙条例》，它们的对待方式不同。可移动财产，例如原料、交通工具和储备品可以被用作军事行动。相反，不可移动的公共财产，例如土地、公共建筑和森林等，不可以被占领国据为己有。占领国也可以以用益权[③]使用者的身份（usufructuary capacity）利用这种财产，直到和平条约签订，争端得以化解。尽管财产可以被使用，但占领国不得对其进行过度开发，以免对其造成永久性破坏。对于巴以水争端，存在的问题是地下水究竟是可移动财产，还是不可移动财产。

二战后，1949年的《日内瓦第四公约》（简称《公约》）更加严格地限制了占领国有关占领区平民的权力。《公约》明确规定，除非军事行动明显需要如此，否则占领国不得以任何理由破坏公有或私有财产。尽管占领者可以征用公有和私有财产，以满足军事行动之需以及支持占领国的军队和管理机构，但这些仅仅限于生活所需的物资，且不得损害当地居民的需要。而且，占领者必须以合理的价格征用物品和资源。此外，这些物资

---

① Adam Roberts, "Prolonged Military Occupation: The Israeli-Occupied Territories since 1967," *American Journal of International Law*, Vol. 84, No. 1, 1990, p. 63.

② Harold Dichter, "The Legal Status of Israel's Water Policies in the Occupied Territories," *Harvard International Law Journal*, Vol. 35, No. 2, 1995, pp. 575-576.

③ 用益权是指对他人之物使用和收益的权利，使用人不得对其造成破坏。

也不得用来满足占领者本国居民的需要。

虽然《公约》条文并未直接提及水资源，但依据上述规定，西岸和加沙的犹太定居者明显不得使用当地的水资源。巴勒斯坦人和支持他们立场的法律专家都做出了这种解释。[①] 但是，尽管以色列是《日内瓦第四公约》的签字国，而且这些公约被普遍接受为国际习惯法，由此对所有国家都有约束力，但是，以色列和以方法律学者并不完全承认《日内瓦第四公约》在巴被占领土上具有适用性。1971 年以来，以色列的官方立场是，以色列没有法律义务在西岸和加沙遵守《日内瓦第四公约》，它将“实际上按照《公约》中的人道主义条款行事”。[②] 以色列对于部分拒绝的做法提出的理由是，约旦和埃及从来没有被国际社会承认对巴勒斯坦领土拥有合法的主权。以色列法律专家耶胡达·布鲁姆（Yehuda Blum）在一篇广为人知的文章中提出，由于约旦通过征服得到了西岸，而且 1950 年它吞并西岸只获得了英国和巴基斯坦的承认，因此它对这块土地没有合法的所有权。他认为，《公约》旨在保护主权被替代者的利益，由于约旦对这一地区的主权从来没有得到确立，因此没有理由使用《公约》保护这一利益。基于这一解释，以色列认为，完全接受《公约》适用于被占领土，将授予约旦和埃及已被剥夺的主权地位。[③]

以色列对《日内瓦第四公约》的解释遭到了各方的批评。以色列从来没有明确说明《公约》的“人道主义条款”的含义。实际上，就目的而言，《公约》的所有条款都是人道主义的，因为它们都是为了更好地保护战争状态的平民。而以色列在巴被占领土的许多行动，包括强拆房屋和其他形式的集体惩罚措施，显然并不符合这一目的。法律专家认为，《公约》的首要目的是保护某一领土的居民，这优先于被占领国的主权。《公约》明确规定它适用于所有公开宣布的战争或其他武装冲突。对于巴被占领土，以色列只是部分接受《海牙条例》，而拒绝《日内瓦第四公约》。但

---

① Jeffy Dillman, “Water Rights in the Occupied Territories,” *Journal of Palestine Studies*, Vol. 19, No. 3, 1989, pp. 60-62.

② Meir Shamgar, “The Observance of International Law in the Administered Territories,” *Israel Year Book on Human Right*, No. 1, 1971, p. 266.

③ Alwyn R. Rouyer, *Turning Water into Politics: The Water Issue in the Palestinian-Israeli Conflict*, p. 180.

是，大多数国际性法律组织和包括美国在内的大多数国家都认为，《日内瓦第四公约》适用于巴勒斯坦被占领土。[①]

二　跨界水资源的法律规定

相对而言，规范跨境水资源分配的国际法并没有像有关战争和军事占领的法律那样全面而明确。当前，在国际性水道的相关国家间分配地表和地下水时，应采用何种优先次序是最富争论的法律问题。1966 年，国际法学会针对如何使用国际性河流的问题，提出了不具约束性的《赫尔辛基规则》，这是旨在创造规范国际性河道非航行使用公认原则的第一次重大努力。而后在 1989 年，一个国际法律学者小组起草了《百乐吉草案》(Bellagio Draft Treaty)，对跨界地下水利用如何进行联合管理规定了相关程序。1997 年 7 月，联合国大会采纳了其国际法委员会酝酿 20 年制定的针对所有国际水争端的一系列原则。

《赫尔辛基规则》的指导原则体现在其第四条，即每一个流域内的国家都有权合理而平等地分享水资源。对于何谓"合理而平等地分享"，《赫尔辛基原则》列出了一些因素供参考，对于每个相关国家，应该考虑的因素有：所占流域面积比例的大小；对流域地表水和地下水的贡献；气候条件；过去和现在对流域内水源的利用情况；经济和社会的需要；人口对流域内水源的依赖程度；开发其他水源满足水需求的成本；其他来源的可用水源的多少；是否采取避免水浪费的行动；为化解与其他沿岸国家冲突提供赔偿的能力；不对其他沿岸国家造成危害的情况下满足水需求的可能性；等等。[②]

对上述因素不应该单独强调某一个的重要性，而应该对其进行通盘考虑以确定怎样才是合理而平等的分享。这些规则内在的前提是每一个国家都会负责地利用水资源。这些建议尽管不以保护或确立水权利为目标，但相比未来可能的水利用，更加偏重目前的水利用。其更重要的目的是在沿

---

① 自以色列占领巴勒斯坦领土以来，美国便一直认为，以色列对西岸和加沙的占领应当接受《海牙条例》和《日内瓦第四公约》的约束。

② Alwyn R. Rouyer, *Turning Water into Politics: The Water Issue in the Palestinian-Israeli Conflict*, p. 182.

岸国家之间确立合作和协商的机制，以便于它们能够达成平等的协议。《赫尔辛基规则》不但要求沿岸国家分享流域内水资源的可用信息，而且为了便于评估可能的后果，要求其向所有受影响的流域内国家通报任何可能改变流域水文状况的工程。[①]

对于创造一整套旨在约束跨境水资源分配和管理的国际习惯法法规，《赫尔辛基规则》确立了后续努力的基准。1986 年，国际法协会制定了《汉城规则》（*Seoul Rules*）作为补充。它号召沿岸国家更加广泛地共享信息和数据，实行平等利用国际性地下水和地表水的原则，以及统一管理这些水资源。1997 年，联合国《国际水道公约》（*Convention on International Watercourses*）第一次确立了一系列成文原则，以指导沿岸国家分配国际水道。在其中，有关巴以水争端的主张主要有四条：不造成重大损害的义务；平等和合理使用的义务；合作的义务；提前告知和协商的义务。

虽然每一个国家都有权利用横穿其领土的国际河流及蓄水层的水，但它应该“采取一切适当的措施，以免给水道的其他国家造成重大损害”。[②]《公约》并没有绝对要求相关国家不得对流经其领土的河水造成任何损害，但强烈要求它们避免因过度利用或污染水道而对其造成重大损害，其目的显然是要阻止一个国家剥夺另一个国家使用共享水资源的权利。它要求相关国家以“平等和合理的方式”利用其疆域内的国际水道。其意思并不是要沿岸国家平均分享，或者依据对水道的贡献按比例分享，而是要在可持续利用的前提下按比例分享。联合国国际法委员会指出，贯彻这一原则时应该具有灵活性，当国家间发生冲突时，人的水需求享有优先权，这就意味着家庭水需求应该优先于农业等其他需求。这一平衡利用的原则被普遍接受，并被视为国际法的一部分。

《公约》确立了一套鼓励相关国家进行合作和和平化解争端的程序。为此，条文明确规定，相关国家应以最大限度利用水道为目标，以足够保护为前提，“在主权平等的基础上合作”。它所建议的合作的首要形式是定期交换数据和信息，此外还包括联合管理水资源。《公约》也要求每一个

---

① Daniel Hillel, *Rivers of Eden*: *The Struggle for Water and the Quest for Peace in the Middle East*, Oxford University Press, 1994, pp. 271-275.

② United Nations, General Assembly, *Convention on the Law of the Nonnavigational Uses of International Watercources*, UN Doc. A/51/L. 72/Add. 1, 1997, arts 7.

国家，就计划采取的任何会对水流产生不利影响的措施，及时向相关国家发出通告。它应该主动提供技术信息和数据，以便于后者对影响进行评估。

以色列和巴勒斯坦都在水谈判中利用这些规则，以加强各自的立场。正如有关交战国占领的国际法，每一方对许多条文都有不同的解释。尽管如此，水谈判中任何协定都必须根据上述国际法规则获得合法性，否则它就不可能具有持久性。

第三节　巴以水谈判与《奥斯陆第二阶段协议》

一　《奥斯陆第二阶段协议》中的水问题阐述与评估

（一）《奥斯陆第二阶段协议》中的相关条款

《奥斯陆第二阶段协议》第一次明确承认了“巴勒斯坦人在西岸的水权利”，而其细节将在最终地位谈判时确定。更重要的是，《奥斯陆第二阶段协议》还要求以色列和巴勒斯坦民族权力机构建立联合水委员会（Joint Water Committee），负责监督西岸所有水务资源和系统的管理工作。联合水委员会由巴以双方同等数量的代表构成，内部决策要巴以双方一致做出。

双方同意在各自领域“尊重彼此权利和责任”的同时，就西岸水资源管理和污水处理展开合作。除了管理和开发水资源，双方的合作还包括交换地图以及地质研究结果、抽水量和消费量等相关数据。联合水委员会的职责包括：就打凿新井和从其他水源增加抽水量颁发许可证；在已有许可证的基础上确定每年的抽水配额；协调已有供水和排水系统的管理；在干旱或其他影响水供应的自然条件下调整抽水量；规划建设新的供水和排水系统。就空间范围而言，委员会的职权只局限于西岸。然而，联合水委员会并不负责日常的管理，它主要是个协调机构，多数现场的工作由巴以双方各自承担。因此，给水和排污系统将由以色列或巴勒斯坦民族权力机构各自控制。只和巴勒斯坦人有关的系统原先由以色列民政机关控制，现在转交巴勒斯坦民族权力机构，其他的系统依旧处在以色列的掌控之下。以色列和巴勒斯坦人的水务部门将各自独立运转，但处于联合水委员会的总体调控和指导之下。因此，就实质而言，联合水委员会是一个“协调”（co-ordinated）而非“联合”（joint）的管理机构。

《奥斯陆第二阶段协议》还规定，在联合水委员会的指导之下，双方建立至少 5 个联合监督执行小组（Joint Supervision and Enforcement Teams），以监控西岸的水资源、水系统和水供应。与联合水委员会一样，每个联合监督执行小组都由双方的不少于 2 名代表构成，每一方都有自己独立的交通工具，并独立承担费用。联合监督执行小组负责监督基础设施的发展，监控水井的打凿、泉水的流出和水的质量。

除以上职责外，联合水委员会的一项主要而紧迫的任务将是为西岸巴勒斯坦社区监督开发其他的水资源。《奥斯陆第二阶段协议》要求以色列和巴勒斯坦民族权力机构在过渡时期每年从西岸地下蓄水层开发 2360 万立方米水，“来满足巴勒斯坦人的迫切需要”。此外，《奥斯陆第二阶段协议》确定未来巴勒斯坦人每年还另外需要 7000 万~8000 万立方米水。值得注意的是，1995 年西岸巴勒斯坦人用水总量只有 1.18 亿立方米。《奥斯陆第二阶段协议》承诺西岸巴勒斯坦人不久将获得大量其他来源的水。以色列承诺每年从自己的水务系统向巴勒斯坦人供应 950 万立方米水，其中包括向西岸提供 500 万立方米水；其余的部分由巴勒斯坦民族权力机构从东区蓄水层开采。为了给执行这些决议提供方便，以色列同意提供塔哈尔和其他政府机构收集的相关水数据。就一方向另一方购买水而言，购买者将按水资源开发的实际成本支付。但对于如何开发新的水源，协议并没有提及。

为了争取美国的资金支持，并让美国充任调解者，协议还就水资源的开发建立了以色列—巴勒斯坦—美国联合委员会。以色列知道，巴勒斯坦人怀疑以色列的任何水管理行为，因而有必要让美国参与整个进程。此外，双方不仅都寄希望于美国为水开发工程提供大量资金，还希望美国在双方争取世界银行、欧盟和日本的援助方面提供帮助。

（二）《奥斯陆第二阶段协议》中水条款的分析

总体来看，除了承认巴勒斯坦人的水权利之外，《奥斯陆第二阶段协议》有关水问题的条款主要涉及以下三个方面。通过分析，可以看到《奥斯陆第二阶段协议》对于巴勒斯坦人的实际意义和价值。

第一，确立了协调管理西岸水资源、水系统和水供应的体系。

在占领时期，以色列不仅在整个西岸建立了统一的供水网络，还确立了委托机构管理巴勒斯坦人的水务部门。它的供水系统把犹太人定居点与巴勒斯坦人的城镇和村庄连接在一起。在其管理体系下，雇员为巴勒斯坦人的西岸水务局以及巴勒斯坦市政局和村委会负责与巴勒斯坦水消费者打交道。以色列军事政府（后来是民政机关）和其水务官有总体的控制权，麦克洛特拥有水供应基础设施，西岸水务局以及巴勒斯坦市政局和村委会则负责维护给水管线，开关通向巴勒斯坦社区的供水阀门，以及向巴勒斯坦人收水费。然而，上述所有巴勒斯坦机构无权管理犹太定居者，比如西岸水务局不得关闭给犹太定居者供水的阀门，也不负责向犹太定居者收水费。因此，巴勒斯坦机构，尤其是西岸水务局，是间接联系以色列民政机构和被占领土巴勒斯坦人的不可替代的中介，它使得以色列在实行其具有殖民特征的水政策的同时，不与巴勒斯坦水消费者产生直接的关联，以色列通过这种方式减少了与普通巴勒斯坦人在水问题上产生直接冲突的可能。

《奥斯陆第二阶段协议》规定了巴以双方协调管理西岸水资源、水系统和水供应的机制。按照协议，双方将建立联合水委员会来监管这一协调管理机制。然而，水供应的基础设施不是由联合水委员会直接管理，而是由巴以双方各自管理。仅仅与巴勒斯坦人直接相关的部分将由巴勒斯坦人一方运转和维护，其他部分继续处于以色列的控制之下。这就意味着，以色列决不允许巴勒斯坦人控制涉及以方水安全的供水网络。巴勒斯坦人据此将负责维护和运转巴勒斯坦城镇和乡村内部的供水网络，但是鉴于 1995 年以色列和巴勒斯坦人的供水网络完全是一体化的，这一规定实际上并没有承诺给予巴勒斯坦人多少东西。以色列将继续控制绝大多数供水管线，也将继续控制许多自 1982 年以来麦克洛特打凿的深井，因为这些井还在为一些犹太定居者供水。对西岸大部分地方供水网络和基础设施的管理在 1995 年以前就已经由巴勒斯坦人（西岸水务局以及巴勒斯坦市政局和村委会）承担。因此，《奥斯陆第二阶段协议》所承诺的协调管理实际上没有多大意义，协议本身未根本改变巴以双方在西岸水供应管理方面的权利不对等。因此，学者约瑟夫·达拉派尼（Joseph Dellapenna）认为，《奥斯陆第二阶段协议》“强化了巴勒斯坦人对以色列供水设施的依赖，实际上使得以色列在开发蓄水层时成为‘上游’的合作者”[①]。而且，他指出，按照《奥斯陆第二阶段协议》，以色列依然控制着西岸的水资源，而巴勒斯坦人则仅仅负责他们生活区域内的水供应。《奥斯陆第二阶段协议》并没有以任何形式改变或者转换以色列或者巴勒斯坦人在水供应方面的责任。相反，《奥斯陆第二阶段协议》仅仅是把已经存在数年的供水管理系统正式化了，但它却让外界误以为巴以在平等地联合协调管理。

水价格的相关条款也存在相同的问题。《奥斯陆第二阶段协议》规定："一方向另一方购买水时，购买者应该支付供应者承担的全部实际成本，包括在源头的开采成本和输送到分配点的成本。"[②] 初看之下，这似乎公平而合理。然而，如上文所言，以色列当局将继续控制西岸的水资源和所有"上游"的设施，以至于通常以色列当局是供应者，而巴勒斯坦机构和社区是购买者。而且，这一条款仅仅适用于以色列人和巴勒斯坦人之间的交易，并没有对西岸犹太定居者的购买活动做出限制，他们得到很高的补贴，因此所支付的水价较低。这样，按照《奥斯陆第二阶段协议》，巴勒斯坦人不得不向以色列当局支付开采和输送水的全部实际成本，与此同时，后者则继续以大大低于实际成本的价格供应犹太定居者。由此可见，就水供应的管理而言，《奥斯陆第二阶段协议》只是把 1995 年以前已经存在的歧视性水价格机制合法化了。以色列政府的水价格补贴政策，实际上在鼓励犹太人在西岸定居点居住。

此外，《奥斯陆第二阶段协议》在管理方面还给以色列带来了另一个好处。自从 1987 年的因提法达开始后，西岸水务局越来越多地遇到巴勒斯坦市政局和个人不支付水费的情况，到 1995 年，这一债务已经高达约 450 万美元。在所谓的联合管理体系确立后，这些债务由巴勒斯坦一方承担，归于巴勒斯坦财政部名下。到 2002 年，这一债务进一步增加到 2400 万美元。[③] 这样，巴以合作关系的正式化使得以色列在摆脱了一些占

---

① Joseph Dellapenna, "Developing a Treaty Regime for the Jordan Valley," in Eran Feitelson and Marwan Haddad (eds.), *Joint Management of Shared Aquifers: The Fourth Workshop*, Jerusalem, 1995, p. 207.

② Israel and the PLO, "Interim Agreement," Annex III, Appendix 1, Article 40 (18).

③ Jan Selby, *Water, Power and Politics in the Middle East: The Other Israeli-Palestinian Conflict*, p. 108.

领巴勒斯坦领土带来的沉重负担的同时，既没有丧失对犹太人定居点水资源和水供应的控制，也没有改变歧视性的水价格政策。

第二，建立专门小组，监控西岸的水资源、水系统和水供应。

在占领时期，西岸水务局的工作除了维护西岸的供水网络和向巴勒斯坦消费者收取水费外，它的一个主要任务就是监控西岸的清泉和水井。在此方面，西岸水务局内的巴勒斯坦技术人员采用的是 20 世纪 60 年代晚期和 70 年代初在以色列水文署指导下形成的办法。[①] 早在 1967 年 9 月，以色列水文署和西岸水务局已经制定了监控被占领土水资源的程序。在占领的最初几年，以色列水文署和西岸水务局一起测量被占领土内的所有清泉和水井，并对其进行分类。清泉被依据排水量分类，由此确定监控的频率；某些重要的水井被作为代表定期监控。到 70 年代初，这套水文监控系统已经在全面运转。监控工作一度由以色列和巴勒斯坦技术人员联合进行，后来只由后者承担。

《奥斯陆第二阶段协议》规定，将在联合水委员会指导之下，组建至少 5 个联合监督执行小组，来监控西岸的水资源、水系统和水供应。[②] 3 个联合监督执行小组随即建立，每一个都负责水文的监控。它们所遵循的正是 70 年代初期以来西岸水务局所采纳的监测系统，监测工作依然由原来的巴勒斯坦技术人员承担，采用的程序和报表与原来的一模一样，记录数据的表格几乎与《奥斯陆第二阶段协议》之前的无差别。就形式而言，巴以双方的联合监督和管理应该取代以色列一方的占领和控制，但就实际的监控工作而言，只是发生了很小的变化，而且对巴勒斯坦人没有太大实际意义。

联合监督执行小组及其相关规定带来了三个主要变化，它们表面上看起来很重要，但事实上没有给巴勒斯坦人带来实际益处。

首先，按照《奥斯陆第二阶段协议》，西岸水务局的技术人员在工作地点时应由以色列人陪同。像往常一样，依然是由巴勒斯坦人查看水文状况，以色列人负责写下数字。就此而言，联合监督执行小组的工作只是返

---

① Water Resource Action Program, "Hydrological Monitoring in Palestine: Status and Planning of the National Programme," Report for the Palestinian Water Authority, June 1996.

② Israel and the PLO, "Interim Agreement," Annex III, Appendix 1, Schedule 9 (1).

回了70年代的监控程序，当时，巴勒斯坦技术人员到西岸的水源时都由以色列技术人员陪同。

其次，在占领时期，巴勒斯坦的技术人员在开展工作时并没有护卫人员，然而，联合监督执行小组却通常由以色列士兵陪同，有时还有巴勒斯坦警察伴随。鉴于西岸不同地区之间严重被隔离，以及各居住区处于不同的军事和警察力量的控制之下，组织安全护卫工作非常困难而且要花费大量的时间。因此，这种安排不仅导致联合监督执行小组效率低下，还给以色列和巴勒斯坦水务管理者带来诸多麻烦和不便。

最后，依据《奥斯陆第二阶段协议》，巴勒斯坦人有权利用联合监督执行小组的数据。在占领时期，西岸水务局无从合计数据，记录的表格只是收藏在西岸水务局那里，数据副本每隔一月由以色列水文署的人员收集。与此不同，在《奥斯陆第二阶段协议》签订后，西岸水务局开始把数据交给巴勒斯坦水务局，后者自1996年在各种国际援助资金的支持下开始开发自己的水资源数据库。以色列和巴勒斯坦的水务部门现在都可以接触联合监督执行小组的数据。这一点明显具有重要意义，可以视为在新的联合监督执行小组框架下巴以切实合作的例证。然而，巴勒斯坦水务局在开发水资源数据方面完全依赖国际捐助者，但后者极少有兴趣给这样不受人关注的工作提供资金，而是热心于那些广受关注的项目。此外，巴勒斯坦水务局几乎无法接触以往的水文数据，也无法看到当前某些最重要的数据，因为以色列当局始终拒绝转交有关犹太人定居点内水井抽取量的关键信息。鉴于此，巴勒斯坦水务局的水资源数据库非常不完整，极少发挥实际的作用，巴勒斯坦水务规划者和谈判者以及国际捐助者都不得不继续依赖以色列的数据、方案和模式。长期以来，以色列一直高度保密和严格控制最重要的水文信息，并且利用对数据的控制使以方在和巴勒斯坦人的谈判中处于有利地位。尽管按照《奥斯陆第二阶段协议》，巴勒斯坦民族权力机构被授权利用巴勒斯坦人收集的数据，巴勒斯坦人再也不是简单地把记录表格转交以色列当局，但是巴勒斯坦民族权力机构实际上很难利用这些信息。数据的共享并没有改变以色列控制整个占领区水文信息的事实。

第三，为西岸巴勒斯坦人供应其他来源的水。

按照《奥斯陆第二阶段协议》，在过渡时期，每年将开发2360万立方米的水来满足西岸巴勒斯坦人的迫切需求，另外每年将开发4140万~5140万立方米水来满足西岸巴勒斯坦社区的未来需要。[①] 毫无疑问，这些规定具有重要意义，但分析发现仍存在以下问题。

首先，这些规定只给以色列极小的负担。《奥斯陆第二阶段协议》承诺给西岸巴勒斯坦人另外每年提供6500万~7500万立方米水，以色列只在经济上负担其中450万立方米水的开发，剩下的6150万~7150万立方米的开发成本全部由巴勒斯坦人承担。而且，以色列只会牺牲自己极小的水量，因为在西岸另外供应的6500万~7500万立方米水中，以色列只需每年由其国家水务网络给巴勒斯坦人供应310万立方米水，这甚至不到规划供应水量的5%。[②] 就此而言，《奥斯陆第二阶段协议》使得以色列不仅把开发其他水资源的责任抛给了巴勒斯坦人，也把改善巴勒斯坦人水供应状况的经济负担由麦克洛特转给了国际社会的捐助者和巴勒斯坦民族权力机构。

其次，所有无法由以色列从其国家供水网络中提供的水将“从东区蓄水层和西岸其他商定的来源”开发。之所以选定东区蓄水层，是因为按照以色列提供的水文数据，它是西岸三个蓄水层当中唯一没有得到充分开采的地下水资源。非常巧合的是，按照《奥斯陆第二阶段协议》估计，东区蓄水层剩余的潜在水量正好足够满足巴勒斯坦人所有目前和未来的水需求。[③] 然而，学者们普遍认为，《奥斯陆第二阶段协议》严重高估了东区蓄水层剩余的潜在水量。不仅东区蓄水层部分地区水位线在迅速下降[④]，而且东区蓄水层的水盐度很高，如果当作家庭和农业用水的话，需要花费很高的成本脱去盐分。更重要的是，为《奥斯陆第二阶段协议》提供每年开采7800万立方米水的数据的以色列水文学家并没有考虑无法长期开采出这么多水的可能性。[⑤] 巴勒斯坦水务局和国际捐助者已经从东区蓄水层开发

---

① Israel and the PLO, "Interim Agreement," Annex Ⅲ, Appendix 1, Article 40 (7), (7. b. vi.).

② Israel and the PLO, "Interim Agreement," Annex Ⅲ, Appendix 1, Article 40 (7).

③ Israel and the PLO, "Interim Agreement," Annex Ⅲ, Appendix 1, Schedule 10.

④ 1981~1997年，其中一口井的水位竟然下降了85米。

⑤ Amjad Aliewi and Ayman Jarrar, "Technical Assessment of the Potentiality of the Herodian Wellfield aginst Additional Well Development Programmes," Report for the PWA, April 2000, p. 6.

新水源，1999 年才开始供水。但是，这一蓄水层剩余的潜在水量远低于《奥斯陆第二阶段协议》所正式公布的量。因此，可以说，《奥斯陆第二阶段协议》授予巴勒斯坦人进一步开发东区蓄水层的权利看似是以色列的慷慨之举，但实际上巴勒斯坦人不可能获得所期望的水量。

再次，联合水委员会的结构也限制了巴勒斯坦人开发西岸的水资源。联合水委员会内部的所有决定都应该是巴以双方一致做出的。由于所有基础设施的开发工作都“首先需要联合水委员会的同意”[①]，每一方实际上对另一方的建议都有否决权。尽管这一情况平等地适用于双方，但实际上这一规定给巴勒斯坦人造成了太多的限制，这是因为他们迫切需要更多的水，因而需要远远多于以色列的供水项目。事实证明，以色列经常以各种理由否决巴勒斯坦人的水开发项目。

最后，巴勒斯坦民族权力机构无权单方面修改和废除《奥斯陆第二阶段协议》之前就有的任何法律和军事命令，其结果是，所有 1967 年之后以色列当局颁布的与水有关的军事命令在《奥斯陆第二阶段协议》签订后依然在发挥效用。有关水资源和水系统的最终决定权依然在以色列民政机关的水务官员之手，他们可以否决任何巴勒斯坦人的基础设施开发建议，即便它们获得了联合水委员会的同意。这样的事例已经在以色列控制的 C 区无数次发生，当巴勒斯坦人建议的水井地点和供水管线与犹太人定居点的计划发生冲突时，以色列水务官员会毫不犹豫地拒绝巴勒斯坦人的建议。

从以上三个方面可见，巴勒斯坦人和国际捐助者几乎承担了开发新水源的所有责任，东区蓄水层剩余的潜在水量比官方确认的少得多，联合水委员对巴勒斯坦人的限制远远超过了对以色列的束缚，以色列民政机关依旧对巴勒斯坦人的水开发享有最终的决定权。显然，《奥斯陆第二阶段协议》做出的开采其他水源的承诺，对巴勒斯坦人而言没有太大的实际效用。需要指出的是，无论是工党执政，还是利库德集团掌权，以色列在故意拖延同意巴勒斯坦供水项目的做法上没有根本区别，唯一的差别在于言辞的激烈程度。在内塔尼亚胡任总理时期，以色列官方公开指责巴勒斯坦

---

① 这包括安装直径超过 2 英寸（相当于 0.05 米）或者长度超过 200 米的管线，也包括打凿或维修水井。

民族权力机构在发动针对以色列的“污水因提法达”(sewage intifada)[1]

当然，以色列和巴勒斯坦人在进行水务活动时，都没有完全遵守《奥斯陆第二阶段协议》的相关条款，而相对而言，以色列凭借自身实力，更加无视双方达成的协议。好几次，以色列在没有获得联合水委员会许可的情况下，在西岸犹太人定居点铺设了输水管道。以色列在无法通过联合水委员会的合法途径完成某项工程的情况下，凭借自身各种优势，确保管道按时铺设。与此相反，巴勒斯坦一方有时好不容易获得了联合会委员会的同意，却无法顺利修建供水设施。西岸水务局的一位巴勒斯坦人接受采访时曾说：“我们一年前获得了联合水委员会的同意。一周前，他们突然停工了，以色列军队来拉走了设备。为什么呢？因为他们没有得到掌管水务的官员的许可，因为这是在以色列控制的C区。捐助者们震惊不已……他们有军队，他们有武力，我们却没有。我知道，以色列的许多工程并没有获得联合水委员会的许可。”

（三）《奥斯陆第二阶段协议》中水条款的评估

对《奥斯陆第二阶段协议》的内容，巴以双方以及国际社会和学术界的看法分歧很大。

巴勒斯坦水专家称赞协议是进一步谈判的起点，尤其欢迎以色列承认巴勒斯坦人在西岸的水权利，但他们批评协议不仅没有明确界定这些权利，还依然延续西岸水资源不平等分配的状况。他们指责协议不仅把水权利的含义留待最终地位谈判时明确，还把以色列在过渡时期利用巴勒斯坦人的水资源合法化。[2] 在这些批评者看来，《奥斯陆第二阶段协议》根本就不是突破，没有真正解决水权利问题，而且还让西岸的犹太定居者继续利用当地的水资源。[3] 他们认为，协议几乎没有缓解巴勒斯坦人的水短缺，也没有打算为农业灌溉开发水资源。犹太定居者得到的水量依然比巴勒斯

---

① Z. Hellman and P. Inbari, “Water Pollution in the West Bank: Overcoming Political Stumbling Blocks to a Solution,” *Institute for Peace Implementation*, 29 April 1997, p. 5.

② Abudul Rahman Tamimi, “A Technical Framework for Final Status Negotiations over Water,” *Palestine-Israel Journal of Politics, Economics and Culture*, Vol. 3, 1996, pp. 70-72.

③ 按照《奥斯陆第二阶段协议》，在过渡时期，以色列将继续消费西岸两个跨界蓄水层的87%的水量，而巴勒斯坦人只能消费13%的水量。

坦人要多得多。向以色列购买水不仅成本太过高昂，而且会加强巴勒斯坦人对麦克洛特的依赖。按照《奥斯陆第二阶段协议》，他们还是无法建立自己独立的供水系统，只会继续依靠以色列供应高价水。虽然协议的签订是以《赫尔辛基规则》和联合国《国际水道公约》中包含的国际水法为原则的，但协议依然没有改变巴勒斯坦人和以色列人之间人均水消费量存在巨大差距这一事实。实际上，新的分配方案即便得到彻底执行，也无法满足巴勒斯坦人当前的水需求。协议既没有提及巴勒斯坦人农业用水的需求，也没有采取任何措施限制犹太定居者和绿线内许多犹太人大量浪费水的做法。

以色列人对协议的批评要激烈得多。许多人觉得，无论怎么看协议，以色列都将是一个失败者。曾任水委员会专员的丹·扎斯拉夫斯基（Dan Zaslavsky）认为，所谓的再分配只不过是把以色列的水给阿拉伯人而已。持这种观点的人认为，这一协议使得以色列“把对自然水资源主要部分的控制权给了阿拉伯政权”①。另一位水委员会专员梅尔·本-梅尔指责协议中有关联合管理的条款只是摆设，因为自《开罗协议》以来，在加沙不加授权的凿井活动泛滥成灾，这充分证明，根本就不能信任巴勒斯坦人会承担起保护水资源的责任。他建议，巴勒斯坦人可以得到与以色列人一样多的饮用水，但是以色列必须继续掌握水权力，且不得分享农业用水。他说：“共同管理并不是职责共担；必须有人是老板。”②

国际社会则普遍认为，上述与水有关的条款是《奥斯陆第二阶段协议》中最重要的内容之一。《奥斯陆第二阶段协议》毕竟向平等分配的方向迈出了一步。水协议签订本身表明，以色列，或者至少是以工党为代表的温和派承认，除非巴勒斯坦人得到了更加公平的水份额，否则不可能达成完全的和平协定。以色列愿意放弃对部分山区蓄水层的控制，以换取水安全和和平。巴勒斯坦民族权力机构的领导人也表示，他们已经意识到，

---

① Martin Sherman, *The Politics of Water in the Middle East: An Israeli Perspective on the Hydro-Political Aspects of the Conflict*, MacMillan Press and St. Martin's Press, 1999, pp. 108, 112-113.

② Alwyn R. Rouyer, *Turning Water into Politics: The Water Issue in the Palestinian-Israeli Conflict*, p. 207.

他们永远不可能完全控制山地蓄水层，而且，水争端的和平解决必须包括共享水资源的共同管理和新水源开发方面的合作。许多媒体称，有关水权利的条文是巴以关系中的一项重要“突破”。有些观察家认为，《奥斯陆第二阶段协议》是整个奥斯陆进程最重要的成果。[①] 有人甚至指出，《奥斯陆第二阶段协议》与水相关的条款是巴以迈向永久水合作和公平分享水资源的重要一步。[②] 总之，国际社会大多认为，这些水条款开启了巴以水关系的新时代。

毫无疑问，在西岸水资源、水系统和水供应的管理和开发方面，《奥斯陆第二阶段协议》确实带来了一些积极的变化。最重要的是，协议的签署给巴勒斯坦水务部门带来了大量资金，使其可以建设供水网络、创建水务机构。除此以外，《奥斯陆第二阶段协议》还导致巴勒斯坦人水务管理方面新的制度安排和决策权的重新分配。但是，通过以上分析可以看到，《奥斯陆第二阶段协议》没有也不可能根本改变巴以之间水资源分配的不平等。对于以色列而言，协议本身实际上给其以往对巴被占领土水资源的控制披上了合法的外衣。正如学者简·塞尔比所言，一系列证据“表明，《奥斯陆第二阶段协议》在任何意义上都不是真正的‘进步’；这一‘过度安排’只是名义上的安排”[③]。巴以之间在水领域的合作基本上名不副实，谈论“合作”掩盖了以色列“支配”的现实。这不仅因为“大象和蚊子合作的结果并不难预测”，[④] 而且由于在奥斯陆时期，巴以之间的“合作”与以往的占领和支配只有微不足道的差别。学者米龙·本万尼斯提（Meron Benvenisti）就指出，以当前权力关系为基础的“合作”与伪装下的以色列的永久支配没有大的差别。[⑤]

---

① Elaine Fletcher, “Israel, PLO Make Deal on West Bank Water,” *The San Francisco Examiner*, 21 September 1995.

② Greg Shapland, *Rivers of Discord: International Water Disputes in the Middle East*, p. 35.

③ Jan Selby, *Water, Power and Politics in the Middle East: The Other Israeli-Palestinian Conflict*, p. 117.

④ Noam Chomsky, *Fateful Triangle: The United States, Israel and the Palestinians*, p. 538.

⑤ Meron Benvenisti, *Intimate Enemies: Jews and Arabs in a Shared Land*, University of California Press, 1995, p. 232.

二　巴以水谈判的各自立场

巴勒斯坦和以色列都把它们在水谈判中的主张建立在国际法相关原则的基础上。双方在地区水资源分享问题上分歧巨大，并以不同的立场对待水谈判。无论是多边还是双边水谈判，猜疑和挫折是其不变的特征。巴勒斯坦人认为，以色列人并没有真心实意地想达成协议，而以色列人从谈判中得出的结论是，巴勒斯坦人的主张缺乏理性，他们并不理解谈判要做什么。即便是在 1995 年《奥斯陆第二阶段协议》达成之后，双方分歧依旧。

从一开始，不同的期许和世界观就使水谈判背负着沉重的负担，使其无法取得更大的突破。以色列看重的是技术性问题。它试图把水问题区分为政治和技术两个方面，并在谈判中分开解决。在多边水工作小组中，以色列关注的仅仅是技术问题和联合管理，提出了诸如如何增加地区总的水供应量、如何开发更好的水保护措施等问题。在其看来，水危机是一个全球性问题，需要以地区或者更加广泛的视角去应对。以色列认为，要解决这一地区的水问题，需要各国水专家和政府官员通力合作。即便是在双边谈判中，以色列起初也拒绝讨论巴勒斯坦人的水权利，而是更乐意讨论如何合作应对未来的水短缺。

相反，巴勒斯坦人在多边和双边谈判中，更加强调以法律和政治角度看待水问题。他们认为，考虑水权利应是谈判的主要议题和水资源管理地区合作的先决条件。他们首要的目标是确认他们对降落在自身土地上的雨水的权利。他们认为，问题的关键是一个民族侵占了另一个民族的土地，并否认了后者的水权利。只有在占领的问题以及自由获得水资源的问题获得解决后，他们才愿意和以色列讨论水资源管理地区合作的问题。

双方立场的不同直接导致以色列和巴解组织以不同的代表和组织进行水谈判。20 世纪 90 年代的以色列，工党政府为了表明明确区分谈判的技术和政治层面的态度，把多边会谈的职权委任给了佩雷斯任部长的外交部，双边谈判则由总理拉宾（兼任国防部长）领导下的国防部掌握。正因为以色列认为双边谈判的结果更加影响国家安全，军队才要在其中扮演主要角色。与以色列做出划分不同，巴解组织所有谈判的过程都长期处于阿拉法特的直接领导之下。

（一）巴勒斯坦人

巴勒斯坦人要求的范围包括大部分山地蓄水层的水、加沙的所有地下水以及50年代美国发起的约翰斯顿谈判分配给西岸巴勒斯坦人的约旦河流域的地表水。他们的立场是，在就分享和开发新水源进行谈判之前，以色列首先必须承认这些水权利。巴解组织高级官员赛伊卜·埃雷卡特（Saeb Erekat）在接受采访时说："水权利是所有谈判的核心，只有以色列人承认这些权利，巴勒斯坦人才会考虑就水资源的利用将来与他们进行合作。"埃雷卡特和其他巴解官员指出，在奥斯曼帝国、英国和约旦统治时期，他们一直拥有对地下水的权利。只有在以色列的占领下，这些权利才遭到否认。他谴责道："以色列人在偷我们的水，这必须要停止。必须得提醒他们，他们正在占用着我们的宝库，这不是凭借安拉的行动，而是通过战争行为。"①

在水谈判中，巴勒斯坦人的立场是要把土地和在其下面的水联系在一起。在要求对西岸和加沙的土地的主权时，巴勒斯坦人也要求拥有作为土地一部分的地下水和其他自然资源。由于土地和水不可分割，水如同土地一样也是一种财产。正如一位巴勒斯坦谈判者所言："问题很简单，就财产权而言，土地和水无法分离。"② 巴勒斯坦人的这一主权要求得到了1962年联合国大会1803号决议《关于水资源永久主权的声明》的明确支持，后者确认了国家和人民对其领土上的自然资源具有排他性的控制权。1967年以来，联合国的几项决议直接论及巴勒斯坦人对西岸和加沙自然资源的权利。尤其是1967年11月安理会242号决议的支持，要求以色列放弃通过1967年战争获得的土地，以换取持久的和平，也即"土地换和平"。在1993年的《奥斯陆协议》中，以色列和巴解组织都接受242号决议为和平进程的基础。贯彻242号决议需要以色列逐步结束占领，向巴勒斯坦人移交土地。按巴勒斯坦人的理解，对土地的主权自然包括下面的水资源。③

---

① Alwyn R. Rouyer, *Turning Water into Politics*: *The Water Issue in the Palestinian-Israeli Conflict*, p. 186.

② Alwyn R. Rouyer, *Turning Water into Politics*: *The Water Issue in the Palestinian-Israeli Conflict*, p. 187.

③ 这一立场在巴解组织水谈判的官方声明中得到了体现。

联合国大会的3005号决议特别确认了被占领土人民对其自然资源的永久主权，而3336号决议则承认了巴勒斯坦人的主权，谴责以色列剥削巴勒斯坦人的“人力资源、自然资源和其他资源”为非法行为。但是，由于以色列认为联合国有偏见，它几乎不认为这些决议是权威的准则。

就法律角度而言，巴勒斯坦人对西岸和加沙地下水的主权要求主要基于交战国占领的两大支柱：《海牙规则》和《日内瓦第四公约》。按照约旦1953年31号法，西岸的水资源被认为是私有财产，因此土地所有者有权对土地之上和之下的水享有所有权。在埃及控制下的加沙，水同样被认为是私有财产。巴勒斯坦人指控以色列，认为其通过把地表水和地下水重新定义为公共财产，并把其整合到自己的供水系统，非法地把水权利和土地所有权割裂了。在他们看来，这一行动由于否认了财产所有权，等于没收了财产和违背了《海牙规则》。而且，他们指出，这一剥夺水权利的做法，不是出于任何的军事目的，而是为了满足以色列公民和被占领土犹太人定居点的利益。以色列政府并没有按《海牙规则》对西岸和加沙的土地所有者提供补偿。

1967年之前，在西岸，如果原有的水井干涸了，约旦法律允许颁发维修老井或打凿新井的许可证。在加沙，埃及当局并未要求为打凿新井申请许可证。巴勒斯坦法律专家和水谈判者认为，以色列对既有水井安装水表监控水量，而且往往拒绝向巴勒斯坦人打凿新井颁发许可证，这些做法严重侵犯了巴勒斯坦人的财产权。以色列在巴勒斯坦领土为定居点挖掘深井，导致附近巴勒斯坦人水井和清泉的水盐度提高或干涸的行为也破坏了私有财产权和违背了《日内瓦第四公约》。

约旦统治下西岸的地下水究竟被认为是公有或者私有财产，存在一定的争议。1966年，约旦政府颁布了《自然资源法》，它使得国家有权控制地下水。有些人认为这等于赋予了地下水国有财产的地位。但是，即便按照这种解释，私人土地上的水井和清泉也是私有财产。巴勒斯坦水文小组采取了这一观点，1992年，它向国际水资源法庭（International Water Tribunal）提交起诉书，否认以色列按照交战国法律利用西岸水资源的合法性。

巴勒斯坦法律专家认为，虽然《海牙规则》没有提及地下水，但它应该被视为不动的公共财产，与私有财产一样，不得被占领国没收。巴勒斯坦水文小组的起诉书指出，《海牙规则》把自然资源包括在其不动产的名单之中。巴勒斯坦人主张，不能把地下水与土地划分开来，区别对待。正如巴勒斯坦水文小组的起诉书所言："无论是国际法，还是水文学，都没有把水和其所处的地质层分开看待。因此，国际法采用的是水的区域性概念，土地和水如同一个整体一样密切联系，不可移动。"① 鉴于地下水是不动产，以色列作为占领国只能以用益权使用者的身份对其合法使用，而不得行使所有权，它使用地下水只能明确限制为满足被占领土军队的需求。但以色列在限制巴勒斯坦人用水的同时，却使用西岸80%以上的山地蓄水层的水供应国内平民和西岸犹太人定居点，因此，巴勒斯坦法律专家指责以色列公然违背了《海牙规则》。

对于跨境水资源的利用，巴勒斯坦人在谈判中的立场主要表现在以下五个方面。

第一，巴勒斯坦人称，由于以色列的军事占领，特别是其限制打凿水井和强加配额制的做法，他们被剥夺了按照《赫尔辛基规则》和联合国国际法委员会的相关条款合理平等分享水资源的权利。巴方谈判者指出，尽管巴勒斯坦人约占整个地区人口的30%，但他们仅仅被允许利用10%的水。在西岸，巴勒斯坦人在《奥斯陆协议》之前的用水量仅仅占山地蓄水层抽水量的6%。然而，如上所言，巴勒斯坦人的要求不仅是分享西岸蓄水层的水，而且要取得对其的主权。他们之所以勉强提出平等分配的观点，只是因为国际水法越来越强调这一点，他们一直把平等分享水资源与要求以色列承认其水权利联系在一起。

第二，巴勒斯坦水谈判专家认为，以色列的行为甚至对那些他们允许巴勒斯坦人使用的水资源都造成了"重大损害"。这些行为包括：过度开采山地蓄水层对这一水源造成了不可挽回的破坏；在巴勒斯坦人较浅的水井或清泉附近为犹太人定居点打凿深井导致这些水源出水量下降或完全干涸；在靠近加沙的边境地带打凿水井致使这一地区的地下水盐度逐渐提高。此外，巴勒斯坦人还指责以色列一方面大量浪费农业用水，使用农业用水注满游泳池，或洗车；另一方面，毫不关心附近城镇和乡村里的巴勒

① PHG and Palestine Advocates Group, *Case Doument for International Water Tribunal*, East Jerusalem, 1992, pp. 6-7.

斯坦人在炎热的夏季得不到足够的饮用水。

第三，巴方认为，巴勒斯坦人对水的需求要比以色列大得多。按照《赫尔辛基规则》和联合国公约的规定，经济和社会的需求应该是合理分配水资源的一个主要决定因素。巴勒斯坦人认为，这一需求不仅反映着两个民族人均水消费量的严重不平等，也与各自的经济发展水平有关。他们指出，农业在以色列经济中处于边缘地位，仅仅占有约4%的GDP和约3.5%的劳动力。但比较而言，农业在巴勒斯坦经济中处于中心地位，贡献约25%的GDP，雇用了约25%的劳动力。以色列可以向农业投入更少的水而不破坏其经济，但巴勒斯坦的经济严重依赖于农业。可预见的将来，这种情况也将依然如此。以色列的人口增长可以由农业用水补充，但巴勒斯坦人的增长却不得不由现今消费之外的水来满足。[①]

第四，巴勒斯坦官员指出，就共享的水资源，他们无法得到以色列水专家收集到的数据。正如第一章所言，由于无法验证以色列公布的水资源数据，巴勒斯坦水文学家对其持高度怀疑的态度。在谈判中，巴勒斯坦一方要求获得以色列有关地区水资源、其在被占领土上的水井以及以色列人尤其是定居者水消费情况等数据。就如一个巴勒斯坦谈判者所言："假若我们要讨论合作和分享的话，我们就不能不知道他们拥有的东西。"[②]

第五，为了与当前国际水道利用规则的变化方向相一致，巴方谈判者称，他们会接受与以色列联合管理双方共享的水资源。但这样做的前提是以色列承认巴勒斯坦人的水权利。就巴方谈判者看来，在没有明确水权利之前，谈论联合管理是十分荒唐的事情。当然，他们也承认，向联合管理的方向努力是水问题唯一可行的解决方式。但是，巴勒斯坦人也表示，如果山地蓄水层的水要被分享，那么约旦河上游和沿海蓄水层的水也应该一样。这就意味着，以色列想要分享位于西岸的山地蓄水层的同时，也应该让巴勒斯坦人分享大多在其领土的沿海蓄水层和约旦河上游水源。

---

① Jad Isaac and Jan Selby, "The Palestinian Water Crisis," *Natural Rescources Forum*, Vol. 20, No. 1, 1996, p. 23.

② Alwyn R. Rouyer, *Turning Water into Politics: The Water Issue in the Palestinian-Israeli Conflict*, p. 191.

（二）以色列

与巴方强调水权利截然不同，以色列在谈判初期拒绝谈论水权利，而是试图让双方关注巴勒斯坦人的水需求。以色列前水务专员吉登·苏尔（Gideon Tsur）表明了这一立场，他说："水权利的问题是次要的。权利声明无法创造哪怕一立方米水。我乐意看到我们开始谈论……创造大量的新水源。"[①] 因此，以色列拒绝在马德里多边谈判中讨论水问题。而在双边谈判中，以色列则一直试图把水权利问题留待最终地位谈判解决。在奥斯陆谈判早期，以色列试图让双方关注水需求而非水权利问题，强调重点不在于向巴勒斯坦人移交水资源，而是增加他们的水供应。据报道，佩雷斯曾对阿拉法特说："让我们现实一些。我们不会从你们那里拿走一滴水（原文如此）。我建议，现在你们拥有的所有水由你们处置，我们将会努力帮助你们发现新的水源。"[②]

实际上，巴以之间的和平会谈一开始，以色列谈判者便拒绝巴勒斯坦人对山地蓄水层享有比他们更大的权利。直到《奥斯陆协议》第二阶段的塔巴会谈，他们甚至拒绝讨论巴勒斯坦人对西岸水资源的权利。以色列人顽固地认为，作为他们饮用水主要来源的山地蓄水层的西区以及东北区是不容谈判的。这一立场不仅被他们基于国际法进行强化，而且还强调是出于维护以色列安全的考虑。他们尤其憎恶和抨击对他们"偷盗阿拉伯人的水"的指控。以色列并不想按巴勒斯坦人的要求谈判如何划分水权利，而是建议就开发和管理新的水资源展开合作。

以色列认为其对山地蓄水层西区和东北区的水的权利基于国际法优先使用的原则。他们宣称，他们对这些水资源具有合法的历史性权利，因为他们充分利用这些水资源的时间已经超过了 80 年。这些地下水自然地流向他们的领土，在滨海平原又以泉水流出，在 20 世纪 20 年代犹太难民最早进行投资之前，它一直没有得到开发。由于这些水资源大部分没有被巴勒斯坦人或者 1967 年之前的约旦开发，以色列宣称它必须被视为多余的水资

① L. Collins, "Water Rights Negotiations Move along a Very Slippery Road," *Jerusalem Post*, 29 July 1995.

② Uri Savir, The Process: *1100 Days That Changed the Middle East*, New York, 1998, p. 214.

源。自建国以来，以色列投资 300 多亿美元开发水资源，包括打凿数百口深井，修建抽水设备，最重要的是建造了国家输水工程把水输送到全国。以色列提出，确认埃及对大部分尼罗河河水权利的国际习惯法的原则，同样也适用于他们对山地蓄水层的所有权。补给尼罗河的雨水降落在埃塞俄比亚、肯尼亚和苏丹，但埃及开发和利用尼罗河水已经 4000 多年。正如埃及对大部分尼罗河河水的权利被国际法所广泛承认一样，以色列对来自山地蓄水层西区和东北区的地下水的权利也应该得到承认。[①]

基于长期开发的事实，以色列断然否认了巴勒斯坦人对他们利用这些水源违反联合国决议和交战国占领法律的指控。以色列谈判者以军事需要和保护自身水资源完整为由，为政府的行为辩护。他们认为，由于以色列早在占领之前就在开发山地蓄水层，以色列的地位就不能等同于用益权所有者，虽然山地蓄水层完全在西岸，但是其水却从地下流过了绿线。虽然以色列人为满足犹太人定居点的需要打凿了新井，但是这些水井触及的是巴勒斯坦人以前未曾使用过的新的更深的水源，因此并没有对他们的水井和清泉造成影响。而且，与石油资源不同，至少在谨慎管理的情况下，西岸的水资源能够自我补给。以色列认为，在使用这些水资源的时候，他们对其进行了保护，履行了用益权所有者的职责。[②] 不过，也有一些以色列学者对在西岸打凿新井仅仅给犹太人定居点使用是否合法提出了质疑。在他们看来，优先使用的国际法原则在此情况下并无依据。

与巴勒斯坦人一样，以色列谈判者和法律专家提出的优先使用的观点也以跨境水道非航海使用的规则为依据。他们的立场也是以平等利用和禁止重大损害的原则为基础，但是角度明显不同。他们指出，国际法协会和国际法委员会在确定怎样才算“平等和合理”分享一个流域的水资源时，过去和现在使用的事实是其中考虑的一个重要因素。以色列法律学者埃雅尔·本维尼思迪（Eyal Benvenisti）认为，依据国家行为和法律意见，实现平等利用的最有效方式是兼顾不同国家的需求，以便让每一方获益最大

---

① Hillel Shuval, “Approaches to Finding an Equitable Solution to Water Resources Problems Shared by Israeli and Palestinians over the Use of the Mountain Aquifer,” in Gershon Baskin (ed.), *Water: Conflict or Cooperation*, pp. 51–57.

② Harold Dichter, “The Legal Status of Israel's Water Policies in the Occupied Territories,” *Harvard International Law Journal*, Vol. 35, No. 2, 1995, p. 591.

化，损害最小化。他同时指出，没有证据支持巴勒斯坦人的观点，即平等利用应该由每一个国家对流域内水资源的贡献或者每一个国家内水道的长度来决定。[1] 因而，以色列的立场是，他们对发源于西岸的蓄水层的水的权利大于或者等于巴勒斯坦人的水权利，以色列保护其获得这一地下水资源的行动具有法律依据。

在水谈判中，以色列也强调，按照国际法，一国不得对其他同一水道的国家造成“重大的损害”。以色列官员指出，假若他们无法管理和控制在山地蓄水层凿井的行为，那么它就会遭受已经在加沙沿海蓄水层发生的严重破坏。如果不加约束，巴勒斯坦人的凿井活动就会把水位降到红线以下，进而导致海水的渗入和不可逆转的损害。他们也担心，如果他们不决定水的利用，那么城市污水与有毒的农业和工业垃圾会给蓄水层造成严重污染。简单而言，他们不相信巴勒斯坦人有能力自己管理好蓄水层。以色列也拒绝承认，他们由于在占领期间限制水消费而对巴勒斯坦人造成了严重的伤害。他们指出，在他们管理的时期，巴勒斯坦人的人均水消费量有所增长。他们坚持认为，通过允许打凿新井或用国家输水工程的管道供应水，他们满足了巴勒斯坦人基本的家庭用水需求。[2]

在《奥斯陆第二阶段协议》之前，以色列一方面拒绝讨论巴勒斯坦人的水权利和减少他们自己的水分配量，另一方面又提议在开发新的水源方面进行合作。他们强调，即便适于饮用的水不再用于农业，而转向家庭和工业，整个地区不久也将面临水赤字。他们认为，对于巴勒斯坦人和以色列人而言，都必须从其他地方获得新的水源。正如 1988~1990 年任以色列农业部部长的阿维拉罕·卡茨-奥斯（Avraham Katz-Oz）所言：“我告诉他们，让我们停止讨论权利。未来 5 年，你们每年需要 1 亿立方米水。睁大你们的眼睛，我们不会给你们 1 亿立方米。未来 5 年，我们自己也需要更多的水，让我们一起努力开发水资源；让我们一起努力进行合作。”[3] 许多以色列官员和专家都认为，这种合作可以进行。多数人建议双方在地中海

---

① Eyal Benvenisti, *International Law and the Mountain Aquifer*, Zurich, 1992, pp. 4-5.

② Hillel Shuval, "Approaches to Finding an Equitable Solution to Water Resources Problems Shared by Israeli and Palestinians over the Use of the Mountain Aquifer," Springer, 2007, pp. 51-54.

③ Alwyn R. Rouyer, *Turning Water into Politics: The Water Issue in the Palestinian-Israeli Conflict*, p. 195.

沿岸合作建设和管理海水淡化厂，以便给以色列人和巴勒斯坦人提供饮用水。有人建议修建一条从地中海通向死海的运河，除了发电，它将向死海补给海水。其他合作建议还包括，建设污水处理厂（回收巴勒斯坦人的污水用来灌溉），建设储备季节性径流的设备，分享灌溉技术，防止渗漏，人工降雨，联合开发深度化石水含水层，等等。

以色列当局承认，巴勒斯坦人和以色列人在饮用水的供应方面存在差距，它愿意讨论平等分配饮用水的问题。但是，实现这一目标的具体途径从来没有被明确化。从一开始，以色列的态度就很坚决，以色列的农业用水不会用到巴勒斯坦人的农业上。但就与巴勒斯坦人进行水合作而言，工党政府比利库德政府的态度更加温和，更富灵活性。阿维拉罕·卡茨奥斯就认为，地区合作和联合管理是水问题的唯一解决办法。

三　巴以水谈判的推进过程

（一）多边谈判

1991 年的马德里中东和会后，中东和谈按两个轨道分开推进：一个是双边会谈，由以色列与巴勒斯坦及其他阿拉伯邻国分别进行；另一个是多边会谈，参加者不仅包括以色列及其阿拉伯邻国，还包括中东的多数国家以及美国和欧盟等相关方。双边谈判旨在就棘手的政治问题达成和解；多边谈判除了关注如何就地区关心的问题进行技术性合作外，还试图增进彼此信心以推进双边会谈。双边会谈的问题包括领土控制、边界划分、安全安排以及巴勒斯坦人的权利和主权；多边会谈旨在解决跨越国界的问题，它又分为水资源、环境、难民、军备控制和经济发展 5 个工作小组。正如乔尔·彼得斯（Joel Peters）所言："双边谈判将处理过去遗留下来的问题，而多边会谈则将关注对未来中东的塑造。"[①]

但自水谈判伊始，巴勒斯坦人和以色列都没有按此计划进行。让以色列恼怒不已的是，在多边会谈水工作小组的历次会议中，巴勒斯坦代表团都要求把考虑他们的水权利作为讨论的一个话题。正如巴勒斯坦代表团团

---

① Joel Peters, "Building Bridges: The Arab-Israeli Multilateral Talks," *Middle East Program Report*, London, 1994, p. 3.

长利亚德·胡代利（Riyad el-Khoudary）所言："我们是遭受占领的民族；在多边会谈中，我们必须要求得到水权利和对蓄水层的合法份额。"[1] 但与此同时，在《奥斯陆第二阶段协议》之前的双边会谈中，以色列代表团拒绝承认巴勒斯坦人的水权利，相反乐于讨论在水开发和管理方面进行合作的途径。由于水与巴勒斯坦人的主权和地区的未来发展密切相关，水争端不可能被简单地视为政治或者非政治问题。

尽管巴以分歧严重，但多边水工作小组曾多次召开会议。从 1992 年组建到 1996 年宣布解散，工作小组召开了 9 次正式会议，与会者来自 45 个国家，美国人充当其主持人。1992 年和 1993 年的三论会谈主要进行技术性研讨，以在各方之间建立良好的工作关系。1993 年 4 月，在日内瓦，由于巴勒斯坦人一再坚持把水权利作为讨论话题，第四轮会谈几乎陷入停滞。5 月，在奥斯陆难民工作小组会谈之前，经过秘密外交，以色列和巴勒斯坦人才达成了部分安排的协议。根据签署的文件，以色列同意在双边谈判框架内建立三个工作小组，其中一个将讨论水问题。作为回报，巴勒斯坦人则不再抵制多边水谈判小组会谈。[2]

尽管巴以之间存在根本分歧，多边水工作小组依然在探索增加和管理地区水供应的措施方面取得了进展。在 1992 年维也纳的第二轮会谈中，工作小组列出了四个可供讨论的内容：提高数据的可用性；水资源的管理与保护；增加水供应；地区性合作和管理。随着会谈的推进，大量重要的研究项目在这四个领域开始进行。早在 1993 年的北京会议期间，工作小组就把建立地区数据库作为一个主要目标。在水保护方面，美国在中东的几个地方的小型居住区发起了污水回收和再利用的研讨，而世界银行则调查西岸、加沙和约旦的水保护情况。在提高水供应方面，德国进行了主要争论方水供应和需求情况的研究。1994 年 4 月，在马斯喀特会议期间，阿曼倡议建立的马斯喀特海水淡化研究中心（the Desalination Research Centre at Muscat）是工作小组到目前为止完成的最大的项目。它由美国和阿曼各出资 300 万美元，以色列是中心的创建者之一，在其董事会享有平等的投票

① Alwyn R. Rouyer, *Turning Water into Politics: The Water Issue in the Palestinian-Israeli Conflict*, p. 196.

② Joel Peters, *Pathways to Peace: The Multilateral Arab-Israeli Peace Talks*, London, 1996, pp. 17-18.

权。1996 年 2 月，在挪威的倡议下，以色列、约旦和巴勒斯坦民族权力机构签署了就水问题和开发新水源进行合作的原则声明。[①]

尽管开局艰难，但多边水工作小组为整个水谈判产生了积极影响，某种程度上，它发挥了互相理解和交换看法的平台的作用。历次会议不仅让各方提出了水资源开发和合作的新观点，也促进了彼此间理解和信任。对于以色列而言，多边会谈为它走向阿拉伯世界提供了通道。它们逐渐溶解了阿拉伯世界对以色列的封锁，以色列代表团也受到了欢迎。1994 年 4 月在马斯喀特举行的第六次会议为以色列官方代表团第一次出访海湾国家提供了机会。多边会谈也使得巴勒斯坦人成为和平进程中的全面的谈判方。[②]

多边会谈在客观上以多种方式促进了双边会谈。许多多边会谈中提出的想法和方案在双边会谈中被讨论和接受。《约以和平条约》与水有关的条款很多就是在多边谈判中提出的。正是在 1994 年一次多边水工作小组会议中，以色列代表团第一次同意讨论巴勒斯坦水权利，而就在那时，以色列代表团在双边会谈中还拒绝这样做。但是，多边水工作小组会谈因为叙利亚和黎巴嫩的抵制而无法继续推进，这两个国家认为，在双边会谈中核心政治问题获得解决之前，就不应该与以色列讨论技术性问题。这两个国家的缺席，使得多边谈判最初旨在寻求地区水合作方案的目标无法实现。

（二）双边谈判

1993 年 1 月 20 日，巴以双方在挪威政府的斡旋下，开始在奥斯陆进行秘密接触和会谈。历时 7 个月，经过 17 次谈判后，巴以双方终于在 8 月 20 日达成了《关于加沙-杰里科首先自治的协议》；9 月 13 日，以色列和巴解组织在美国华盛顿签署了《关于临时自治安排的原则宣言》，两者合称《奥斯陆协议》。这被视为在西岸和加沙建立巴勒斯坦政治实体的第一步，同时也是巴以走向全面和平的第一步。它规定分两个阶段实现这一目标：在为期 5 年的过渡期，以色列从加沙和杰里科地区撤军，巴勒斯坦人

---

① Joel Peters, *Pathways to Peace: The Multilateral Arab-Israeli Peace Talks*, pp. 19-22.

② 在马德里和平会议上，巴勒斯坦代表被迫作为约旦代表团的成员参加，在多边会谈的框架下，他们获得了独立组团的权利。

逐步获得两个地区的管理权；至于最终地位谈判，则在不晚于过渡期开始2年后进行。

《原则宣言》中涉及水的内容并不多。第七条规定，为了促进经济增长，巴勒斯坦民族权力机构有权建立包括巴勒斯坦水资源管理局在内的几个相关机构。在附录三《以色列—巴勒斯坦经济发展合作议定书》中，水被列为第一条。特别值得一提的是，双方同意就各方专家提出的水资源开发方案展开合作。这包括：西岸和加沙水资源管理的合作模式；研究各方水权利的相关建议；在过渡时期和之后平等利用这些共同水资源的建议。附录四列出了巴以地区合作的建议，包括贯通加沙的地中海—死海运河和海水淡化工程。《原则宣言》一系列建议的目的是为未来巴以之间广泛的水资源合作创造基础，但是，正如《原则宣言》的其他内容一样，对所写内容的不同解释导致双边水谈判在接下来的9个月几乎趋于停止。

虽然《原则宣言》的达成已是巴以谈判代表付出巨大努力的结果，但巴以内部依然有许多人对此提出了质疑和批评。几个没有参与谈判的巴勒斯坦水专家批评《原则宣言》没有包含一些重要内容。他们指出，尽管《原则宣言》允许巴方建立一个水务管理部门，但它并没有明确其职责。著名的巴勒斯坦法律学者拉加·舍哈德（Raja Shehadeh）谴责一个附加性条款把协议中没有提到的巴勒斯坦在被占领土上的权力都赋予了以色列。他不相信巴勒斯坦人在最终地位谈判中有能力修正这一会被曲解的内容。[①] 其他的学者则抨击《原则宣言》没有提及巴勒斯坦人在西岸打井的权利。总之，巴勒斯坦批评者认为，就缓解被占领土的水短缺而言，《原则宣言》和后继的谈判并没有取得实质性进步。

以色列内部对《原则宣言》与水相关的条款的批评主要来自利库德集团和犹太革新运动。他们之所以批评，首先是基于安全的考虑。沙龙就曾说："我对朱迪亚和撒玛利亚（指西岸）的看法众所周知。对于我们的安全而言，保护这一地区我们的水极端重要。这不是一个可供谈判的话题。"[②] 他

---

① Raja Shehadeh, "Can the Declaration of Principles Bring 'a Just and Lasting Peace'?" *European Journal of International Law*, Vol. 4, No. 4, 1993, pp. 555-563.

② Marwan Haddad, "Politics and Water Management: A Palestinian Perspective," in Hillel Shuval and Hassan Dweik (eds.), *Water Resources in the Middle East: Israel-Palestinian Water Issues*, p. 50.

们认为，巴勒斯坦人在西岸绿线一侧不加限制地凿井，将对水质和以色列水供应量产生严重影响。他们指出，对于以色列的供水系统和大部分城市的饮用水源而言，山地蓄水层是一个主要而长期的水源。过度开采将导致蓄水层的水盐度提高，并因为过度开采会使水位降到红线以下，进而导致地中海盐水的渗入和沿海蓄水层遭受不可逆转的破坏。前犹太革新运动官员马丁·舍尔曼（Martin Sherman）曾在《耶路撒冷邮报》撰文指出，如果以色列遵循《原则宣言》的建议，那就是在自毁国家供水能力。他提出警告，大量难民回归造成人口迅速增长，将使西岸污水处理系统不堪负重，西流的污水将破坏以色列的地下水资源。为了防止这一情况发生，他认为以色列需要继续拥有决定西岸城市规划、水管理和移民政策的权威。在他看来，建议联合管理水资源只会导致冲突，并注定要走向失败。由此，他得出结论，对以色列唯一现实的途径是保持对西岸和戈兰高地的控制权。[1] 舍尔曼的观点代表了大部分鹰派对《原则宣言》的态度。

1994 年 5 月 4 日，巴以双方经过 7 个月的艰苦谈判，阿拉法特和以色列总理拉宾在开罗正式签署了《关于实施加沙-杰里科自治原则宣言的最后协议》（又称《开罗协议》）。当月，以色列军队基本从加沙和杰里科撤走，以色列结束了对这两个地区长达 27 年的占领。巴勒斯坦民族权力机构成立并开始从以色列手中接收加沙和杰里科的管辖权。按照《开罗协议》，除了对以色列定居点和军事区域的水供应，巴勒斯坦民族权力机构有权“运转、管理和开发”加沙和杰里科地区所有的水系统和水资源，这包括对既存水井的控制权和打凿新井的权利。以色列依然保有对定居点和军事设施内水井的控制权，但同意限制定居者的水消费，并向巴勒斯坦民族权力机构提供定居点内水井数目以及每月水消费数量和质量的信息。作为回报，巴勒斯坦民族权力机构要和以色列人分享自己的水数据。双方都认为，为防止蓄水层的进一步恶化，有必要交换水数据。除了犹太人定居点，以色列麦克洛特水务公司将以实际成本价，继续向自治区内的一些巴勒斯坦社区供水。此外，按照《原则宣言》，巴勒斯坦民族权力机构建立了自己的水务部门，并任命一名水务专员（Water Commissioner）负责自治区内的水问题。

---

① Martin Sherman, “Dry, Dangerous Future,” *Jerusalem Post*, 21 November 1993.

与《原则宣言》一样，《开罗协议》同样让巴以内部许多人失望不已。以色列一方，水委员会专员吉登·特速尔（Gideon Tsur）对其进行了公开批评。他担心，巴勒斯坦民族权力机构并没有做好控制加沙水资源和污水处理的准备。他认为，除非巴勒斯坦人快速制定水利用规章制度，否则加沙供水系统就会崩溃，生态将会遭受灾难。加沙将不得不依赖以色列获得饮用水。巴勒斯坦民族权力机构可能会允许加沙的农民打凿新井，由此使得已被过度开采的蓄水层更加恶化。在他看来，《开罗协议》是一个十分糟糕的先例，以方做出了太多的让步，以色列必须在西岸其他地方的谈判中避免这样的错误。

而在巴方，法律学者拉加·舍哈德则对水谈判的进程担忧不已。他认为，一系列水协议只是维护了加沙的现状，因为犹太人定居点和以色列的军事设施依然被允许抽取同等量的水。在他看来，假若有关西岸的谈判依然如此，这将是一个恶劣的先例，因为法律管辖权还是在以色列手中。尽管以色列同意提供加沙犹太人定居点和军事设施每月水消费量和水质的数据，但他怀疑在谈判期间，这些信息是否真的提供给了巴方代表，毕竟在此之前以色列始终对水数据保密。[①] 多边水工作小组的巴勒斯坦代表团团长利亚德·胡代利也批评协议没有明确规定以色列从加沙沿海蓄水层能够继续抽取的水的量。对于协议没有提及西岸的水分配，他也表示担忧。在他看来，不是巴勒斯坦人应该按协议规定购买额外的水，而是以色列应该被迫“偿还”其在27年多的占领时期从巴勒斯坦人那里夺走的水。[②]

1994年夏天，《开罗协议》有关水的规定开始生效。随着以色列不再控制加沙和杰里科地区，这里的巴勒斯坦人为了满足自身需求，开始快速在当地打井。他们并没有向麦克洛特买水，因为后者以商业价格向他们出售，水价是犹太定居者支付的两倍以上。但是，巴勒斯坦人不加限制的打井，使得以色列和巴勒斯坦水专家都担心加沙沿海蓄水层水况恶化。而且，这也加强了许多以色列人反对水谈判的立场，他们始终认为，巴勒斯坦人无法有效管理他们的水资源，不应该让他们控制对以色列水安全至关

---

① Raja Shehaheh, “Questions of Jurisdiction: A Legal Analysis of the Gaza-Jericho Agreement,” *Journal of Palestine Studies*, Vol. 23, No. 4, 1994, pp. 19-20.

② John West, “Palestinians Powerless to Face Gaza Water Crisis,” *Reuters*, 24 August 1994.

重要的西岸蓄水层。

《开罗协议》之后，巴以双方进入奥斯陆第二阶段的水谈判，水问题成为其中的重要内容。以色列与约旦和巴勒斯坦人的水谈判由强硬的国防部部长挪亚·吉纳提（Noah Kinarti）负责。他具有与阿拉伯人谈判的丰富经验，曾私下对人说，约旦人和巴勒斯坦人别想得到以色列的一滴水。他率领着一个由6位谈判者组成的核心小组，背后有指导委员会的强力支持，而且，只要需要，各水务部门的专家都会提供必要的建议。挪亚·吉纳提直接向总理拉宾负责，而后者为谈判划定了不可触动的红线。因此，以色列的水谈判不但反映了政府的不可改变的基本立场，也得到了以色列水务机构和一流水专家的技术支持。

与此形成鲜明对照的是，参与奥斯陆第二阶段水谈判的巴方代表既没有统一的立场，也没有专业的技术指导。可以说，对于谈判，巴解组织严重缺乏准备。[①] 巴方谈判小组有6个人：马尔万·哈达德（Marwan Haddad）是大学教授和名义上的谈判小组负责人；阿卜杜卡里姆·阿萨德（Abdelkarim Asad）是巴勒斯坦供水设施的管理者；塔希尔·纳斯尔丁（Taher Nassereddin）和穆斯塔法·努赛比（Mustapha Nuseibi）是西岸水务局的重要人物；纳比勒·谢里夫（Nabil Sharif）和法德勒·卡瓦福（Fadel Qawash）是阿拉法特的两个亲密支持者，他们不久前才从突尼斯来到被占领土，后来成为巴勒斯坦水务局的局长和副局长。此外，阿拉法特的亲信阿布·阿拉（Abu Ala）肩负着监督谈判小组及其立场的部分职责。[②] 然而，各个谈判者的权力和责任没有被明确划分，谈判小组总体上缺乏清晰而统一的目标。在某些问题上，他们的观点彼此相反。比如马尔万·哈达德支持建立联合管理系统，而其他人则主张制度上应该划分开来。而且，鉴于当时还没有全国性的巴勒斯坦水务机构，谈判小组没有可靠的数据和可行的方案。更加糟糕的是，谈判小组中的两个人（塔希尔·纳斯尔丁和穆斯塔法·努赛比）还在从以色列民政机构那里接受薪水，其他两人（纳比勒·谢里夫和法德勒·卡瓦福）参与谈判不是因为他们对被占领土的水

---

① Marwan Haddad, "Politics and Water Management: A Palestinian Perspective," in Hillel Shuval and Hassan Dweik (eds.), *Water Resources in the Middle East: Israel-Palestinian Water Issues*, p. 49.

② Uri Savir, *The Process: 1100 Days That Changed the Middle East*, p. 214.

资源状况有清晰的了解[①]，只是由于他们与阿拉法特有紧密关系。这就意味着，谈判还没有开始，巴以两个谈判小组已经形成了结构性差异，以方已经占决定性优势。

1994 年 10 月，由于一向以鸽派著称的外交部部长佩雷斯对水谈判的影响扩大，约旦和以色列签订了《约以和平条约》。合约结束了两国间将近半个世纪的敌对状态，并含有一个内容详细的水协议。它确定了约旦河和亚穆克河河水以及死海南部阿拉瓦谷地地下水的分配额，建立了未来就水管理、开发水资源、减少水损耗、控制水污染和交换水数据进行合作的框架。以色列同意把从亚穆克河的引水量从每年 0.7 亿~1 亿立方米，减少到固定的 0.25 亿立方米，假若发洪水，则可以得到更多的水。而且，以色列同意约旦可以从其他来源得到 0.5 亿立方米的饮用水。《约以和平条约》还建立了联合水委员会以监督协议的执行情况。[②] 该合约的签订说明，以色列对其与阿拉伯邻国水争端的态度发生了一定变化。历史上，以色列第一次愿意为了和平协议减少水分配额。虽然《约以和平条约》为未来的水协议提供了范例，但是，客观上为巴以水问题的解决制造了障碍。因为它在巴勒斯坦人不在场的情况下，分配了所有约旦河下游尚未利用的水资源，丝毫没有顾及巴勒斯坦人对这一水源的要求。[③]

虽然约以签订了协议，但巴以之间的谈判直到 1995 年夏天才启动。在几个月的时间里，巴以双方甚至无法达成一项条款。双方争论的焦点在于巴方坚持要以色列承认其水权利。由于挪亚·吉纳提拒绝承认这一点，谈判陷入僵局。直到阿布·阿拉和以色列农业部部长雅库夫·特舒尔（Ya'akov Tsur）进行高层会谈后，僵局才被打破。他们确定了以色列承认“西岸巴勒斯坦人水权利”的条款，并把其作为后来的《奥斯陆第二阶段

① 实际上，他们自 1982 年以来主要在突尼斯活动，对被占领土水状况严重缺乏了解。他们是谈判小组成员，反映了阿拉法特主导水谈判的意愿。

② Sharif Elmusa, “The Jordan-Israel Water Agreement: A Model or an Exception,” *Journal of Palestine Studies*, Vol. 24, No. 2, pp. 63-73.

③ 比较而言，由于侯赛因国王与以色列主要政治派别领导人之间有较高的信任度，约以条约容易达成，而巴以领导人之间严重缺乏信任，和解的难度要大得多。参见 Aaron Wolf, “Water for Peace in the Jordan River Watershed,” *Natural Resources Journal*, Vol. 33, No. 7, 1993, p. 809。

协议》的第一句。[①] 随后，开始进入技术性问题的谈判，但依然进展缓慢。由于水谈判会阻碍整个奥斯陆第二阶段的谈判，阿拉法特在压力之下做出让步。巴方谈判小组被迅速解散，只剩下一个人与以方继续谈判。但是，这个人不是名义上的谈判小组负责人马尔万·哈达德，而是既不熟悉于水问题、也不熟悉被占领土情况的纳比勒·谢里夫。他与阿拉法特关系非同一般，是阿拉法特最信赖的伙伴之一。[②] 以色列充分利用阿拉法特急于达成协议的愿望，以及纳比勒·谢里夫缺乏专业知识、没有技术支持的现实，使得水谈判完全朝有利于自己的方向发展。正如一个巴勒斯坦水专家所言："巴勒斯坦的谈判者在签订协议之前连条文都不看，否则的话，他们就不会签……它是由政治家完成的，这就是结果。"[③]

1995 年 8 月，巴以双方达成了一个水资源的过渡协议。9 月，巴以在埃及的塔巴达成了《关于扩大西岸自治范围的协议》（又称《奥斯陆第二阶段协议》），并由拉宾和阿拉法特月底于华盛顿正式签署。与前面的协议不同，《奥斯陆第二阶段协议》大量涉及水问题，成为日后巴以双方在水务方面合作的基础和依据。就实际影响而言，它是巴以双方至此达成的最重要的水协议。

---

① Graham Usher, "Squeezing out the Last Drop," *Middle East International*, 8 September 1995, p. 6.

② Jan Selby, *Water, Power and Politics in the Middle East: The Other Israeli-Palestinian Conflict*, p. 145.

③ Jan Selby, *Water, Power and Politics in the Middle East: The Other Israeli-Palestinian Conflict*, p. 145.

第五章　技术层的巴以水谈判

第一节　东区蓄水层个案分析

无论从哪个角度讲，巴方在谈判中都完全落于下风。由于信息的严重不对称，巴方在谈判中一再受到以色列的“欺骗和愚弄”。东区蓄水层就是一个典型的案例，它告诉人们，以色列是如何利用自身优势，延续早已存在的支配地位的。

一　东区蓄水层安全出水量

东区蓄水层在《奥斯陆第二阶段协议》里被认为是西岸三个蓄水层中唯一没有被完全开采的一个。东北区蓄水层和西区蓄水层已被完全开采，其年出水量分别是1.45亿立方米和3.62亿立方米，只有东区蓄水层还有开发潜力。按照《奥斯陆第二阶段协议》，东区蓄水层估计潜在水量为1.72亿立方米/年，巴勒斯坦人每年分配0.54亿立方米，以色列人每年分配0.4亿立方米，每年还有0.78亿立方米水等待开发（见表5-1-1）。

表5-1-1　《奥斯陆第二阶段协议》对西岸三个蓄水层水资源的分配情况

单位：亿立方米/年

蓄水层	估计的潜在产量	协议分配情况		
		巴勒斯坦人的分配量	以色列的分配量	合计
西区蓄水层	3.62	0.22	3.4	3.62
东北区蓄水层	1.45	0.42	1.03	1.45
东区蓄水层	1.72	0.54	0.4	0.94
合　计	6.79	1.18	4.83	6.01

资料来源：The World Bank, *West Bank and Gaza: Assessment of Restrictions on Palestinian Water Sector Development*, Report No. 47657-GZ, April 2009, p. 7。

这些数据对于未来的规划和政策的制定具有重要意义。《奥斯陆第二阶段协议》规定，所有巴勒斯坦人目前和未来的水需求（估计为7000万~8000万立方米）将通过开发“西岸的东区蓄水层和其他商定的水源”得到满足，这一规定依赖于上述数据。[①] 而且，《奥斯陆第二阶段协议》规定，这些数字将“为联合水委员会的活动和决策提供基础和指导。”[②] 然而问题是，一系列证据已经表明这些数据严重高估了东区蓄水层的潜在水量。

在《奥斯陆第二阶段协议》签订之前，对于东区蓄水层的安全出水量，各方存在很大分歧。《奥斯陆第二阶段协议》认为其年出水量为1.72亿立方米，时任以色列国有水务公司塔哈尔高级管理者的约舒尔·斯科瓦（Joshua Schwarz）几年前估计其年出水量为1亿立方米，《奥斯陆第二阶段协议》签订之前估计其年出水量为8500万到1.25亿立方米。[③] 在20世纪90年代前半期撰写论著的大部分专家，采用的是1亿立方米的低线和《奥斯陆第二阶段协议》确认的1.72亿立方米高线之间的某个数字，其中许多学者选用的数字大约是1.2亿立方米/年。[④] 这就意味着大部分学者都认为东区蓄水层的年出水量低于1.72亿立方米，那么为什么这个不合理的数字会被《奥斯陆第二阶段协议》接受作为巴以“合作”的重要基础呢？

原因很简单，因为这一数字是由塔哈尔的尧希·古特曼（Yossi Guttman）和泽伊夫·古拉尼（Ze'ev Golani）得出的，而以色列的这个水

---

① Israel and the PLO, “Interim Agreement,” Annex III, Appendix 1, Article 40 (7. b. vi).

② Israel and the PLO, “Interim Agreement,” Annex III, Appendix 1, Schedule 8 (1).

③ Joshua Schwarz, “Water Resources in Judaea and Samaria and the Gaza Strip,” in J. D. Elazer (ed.), *Judaea, Samaria and Gaza*, American Enterprise Institute, 1982, p. 90; Joshua Schwarz, “Israel Water Sector Study: Past Achievements, Current Problem and Future Options,” Report for the World Bank, 1990, p. 11.

④ 20世纪70年代，两个以色列水文学家估计东区蓄水层的出水量为1.23亿~1.74亿立方米/年，参见Yohanan Boneh and Uri Baida, “Water Sources in Judea and Samaria and Their Exploitation,” in A. Shmueli et al. (eds.), *Yehuda Veshcmron*, Jerusalem, 1977, p. 39。20世纪90年代初，以色列和巴勒斯坦人共同估计的结果是每年1.51亿立方米，其中有7000万立方米含有一定的盐分，参见Karen Assaf et al., *A Proposal for the Development of a Regional Water Master Plan*, Jerusalem, 1993, p. 30。学者罗耶和艾尔穆萨则估计年出水量为1.2亿立方米，参见Sharif Elmusa, *Negotiating Water: Israel and the Palestinians*, Institute for Palestine Studies, 1996; Alwyn Rouyer, “The Water Issue in the Israeli-Palestinian Peace Process,” *Survival*, Vol. 39, No. 2, 1997, p. 60。

务规划公司在几年前给出的数字却是1亿立方米，显然，这远低于《奥斯陆第二阶段协议》中的1.72亿立方米。尧希·古特曼和泽伊夫·古拉尼把他们的数字递交给以色列的谈判者，后者把其写入了《奥斯陆第二阶段协议》。这一数字“反映了一系列的科学、技术、社会和政治的选择和假设”[①]，这主要表现在以下六个方面。

第一，1.72亿立方米/年的数字是用特殊方法计算的结果。简单而言，有两种办法可以估计一个蓄水层的安全产量，即要么测算补给量，要么测算排出量。“补给量”就是降水渗入地下汇入蓄水层的量，蓄水层的“年补给量”就是每年它上面的降水量减去蒸发进入空气的水量和地表的流水量。与此不同，按照排出量的计算方法，蓄水层的安全出水量就是合计泉水的流出量和水井的抽取量。《奥斯陆第二阶段协议》里东区蓄水层的安全出水量是通过第二种方法算出的，即合计每年整个东区蓄水层上面的泉水的流出量和水井的抽取量。

第二，这种方法的一大问题是存在诸多实际困难和很多不确定性。比如泉水的流出量就难以测量，不仅测量泉水很费时间，很多小的泉眼未被测量，而且泉水的流出量也在变化之中。就东区蓄水层而言，《奥斯陆第二阶段协议》提到的有待开发的7800万立方米/年水大部分是从死海边上的清泉里流出的。这些死海边的清泉，尤其是其中最大的艾因法士哈（Ayn Fashkha）是由一大批小泉和溪水组成的，后者的位置常常随着泉水排出量的变化而变化，而泉水的排出量在不同年份差额也很大。因此，艾因法士哈的排水量几乎不可能精确测量，最近几年只有塔哈尔和以色列水文署曾经试图测量过。20世纪80年代后期，塔哈尔测量艾因法士哈时记录的数字是4000万立方米/年，而以色列水文署1992年测量时得出的结果是8000万立方米/年，恰好是前者的2倍。[②]《奥斯陆第二阶段协议》中所给出的东区蓄水层的水量是把所有死海清泉的排出量（8000万立方米/年）加在一起的结果[③]。这一数字和以色列水文署的数字更加接近，但两者并

① Jan Selby, *Water, Power and Politics in the Middle East: The Other Israeli-Palestinian Conflict*, p. 121.

② Jan Selby, *Water, Power and Politics in the Middle East: The Other Israeli-Palestinian Conflict*, p. 122.

③ 此外，还有水井的抽取量。

不相等。如果尧希·古特曼和泽伊夫·古拉尼采用的是以色列水文署的数字，那么他们将十分合理地得出东区蓄水层的安全出水量超过1.8亿立方米/年，但如果他们采用的是塔哈尔的数字，那么得出的安全出水量将低于1.4亿立方米/年。情况究竟如何，外界不得而知。然而，许多专家却认为，以色列水文署是在暴雨之后测量的，塔哈尔的数字更加准确地反映了死海清泉每年的平均排出量。

第三，以测量排出量计算安全产量的办法必须基于地下水水位稳定的假设，因为只有在水位稳定的情况下，安全产量才等于总的排出量。就东区蓄水层而言，安全产量只是简单地由泉水排出量和井水抽取量合计得来，并没有考虑地下水水位的变化。然而，如上文所言，已经有充分的证据表明，东区蓄水层的水位在近年来已经在迅速下降，自1981年以来，伯利恒以南希律三号（Herodian 3）水井的水位每年下降超过5米。[①] 这并不意味着整个东区蓄水层的水位都在下降，但它至少表明，蓄水层的出水量和补给量之间存在很大差额。

第四，1.72亿立方米/年的数字还基于这样的假设，即从经济和技术角度讲，从东区蓄水层开发新的其他的水源具有可行性。东区蓄水层大部分尚未得到开发的水源是从死海边上的泉流出的。问题是这些泉水盐度都很高。对此，《奥斯陆第二阶段协议》假设这些水是从岩石层流到死海表面的，它只是在流到约旦河谷底部时才变咸的，这样就可以在其变咸前截住它。但实际上，其中一些水来自更深的蓄水层，由25000年前的降水形成，并且在底层时它的盐度已经很高了。[②] 这就意味着东区蓄水层的相当一部分水根本无法直接使用，而泉水淡化势必产生额外的成本。但是，《奥斯陆第二阶段协议》确认的东区蓄水层的安全出水量却假定这些水能被轻而易举地开采，且能被直接使用。

第五，另一个相关的问题是没有考虑到开发潜在水源会对蓄水层本

---

① Amjad Aliewi and Ayaman Jarrar, "Technical Assessment of the Potentiality of the Herodian Wellfield against Additional Well Development Programmmes," Report for PWA, April 2000, p. 6.

② 详情参见 J. Kronfeld et al., "Nattural Isotopes and Water Stratification in the Judea Group Aquifer (Judean Desert)," *Israel Journal of Earth Sciences*, Vol. 39, 1992, pp. 71 - 76; Emanuel Mazor and Magda Molcho, "Geochemical Studies on the Feshcha Springs, Dead Sea Basin," *Journal of Hydrology*, Vol. 15, 1971, pp. 37-47。

身造成破坏。如果这些清泉得到充分开发，来自死海和约旦河谷底部的高盐度水很有可能会流入东区蓄水层较低的水层，进而会污染从这里抽水的水井，致使井水盐度过高而无法使用。鉴于此，尧希·古特曼认为，每年将至少有 2000 万立方米盐水会从死海边上的泉流入，这就意味着无法保证每年从东区蓄水层开发 7800 万立方米水。值得注意的是，这一结论是由一位以色列水文学家（尧希·古特曼）得出的，而正是他和另一位以色列水文学家向以方奥斯陆谈判者提供了 7800 万立方米/年这一数据。

第六，《奥斯陆第二阶段协议》中的数据暗含着一系列经济、社会和政治方面的先决条件，这在“安全产量”的含义中得到了集中体现。在有关中东水问题的绝大多数论著中，安全产量“通常被认为等同于每年的补给率”，然而事实上，这一概念富有争议，且带有相关假设。[①] 著名学者奥斯卡·麦因泽尔（Oscar Meinzer）认为安全产量是“从蓄水层中抽取的为人所用的水量，它不至于破坏系统从而使抽取量在经济上不具有可行性”[②]。大卫·托德（David Todd）的定义不再强调经济利益，他认为“地下蓄水层的安全出水量就是在不会导致不想要的结果的情况下每年可从中抽取的水量”。[③] 显然，安全出水量的概念牵涉到经济和社会方面的假设。鉴于此，特定的安全出水量必须基于各种假设。就东区蓄水层而言，其安全出水量基于对死海及其清泉环境的假设。所有估计东区蓄水层安全出水量的学者都潜在地认为死海水平面下降是无法避免的。实际上，死海水平面正以每年 0.8 米的速度下降，对死海清泉的开发势必加速其下降过程，而死海水位的下降又势必影响东区蓄水层的安全出水量。但是，《奥斯陆第二阶段协议》没有考虑到死海的这一情况。

综合以上六个方面可以看出，只有同时具备多种条件，《奥斯陆第二阶段协议》中 1.72 亿立方米/年的安全出水量才能成为现实，但是协议本身并没有考虑到“种种的假设”。

---

① Aaron Wolf, *Hydropolitics Along the Jordan River: Scare Water and Its Impact on the Arab-Israeli Conflict*, United Nations University Press, 1995, p. 9.

② Oscar Meinzer, “Outline of Groundwater Hydrology with Definications,” *Water Supply Paper* 494, 1923, p. 55.

③ David Todd, *Groundwater Hydrology*, New York, 1959, p. 20.

二 东区蓄水层界限划分

此外，蓄水层的界限划分也存在分歧。东区蓄水层通常被视为西岸的三个地下蓄水层之一，然而，不为外界许多人所知的是，正如东区蓄水层的安全出水量不确定一样，东区蓄水层的精确界限也存在很大的模糊性。其原因有以下几个方面。

首先，西岸三个蓄水层通常是按照地下水流动的方向进行划分的，但以这种方法划定东区蓄水层的界限存在几个问题。第一，由于喀斯特地貌与约旦河谷构造的影响，东区蓄水层地下水并没有整齐划一地向东方流，这无疑给划定蓄水层界限造成了困难。第二，地下水的总体流向随着深度而变化，在相邻两个蓄水层之间更是如此，这导致界限的划分无法以二维的形式进行。第三，水流的总体方向会随着降水量的变化而变化，也会由于人类活动而改变，在东区蓄水层大量抽水将会导致它与西区蓄水层的界限东移。就这三种情况中的每一种而言，东区蓄水层都没有绝对的或恒定的界限。

其次，由于水文地质学家无法确定水文地质结构，不能获得其详尽而准确的数据，因此就无法划定地下水的总体流向，即便在特定的时刻或者特定的含水层都是如此。由于存在这些困难，蓄水层的划分实际上常常不是依据地下水流的方向，而是按照地表水流的方向或者地质结构。西岸三个蓄水层划分最初是按照地区地质结构划分的，这是因为最早研究西岸地质的工程顾问当中恰好有一个结构地质学家。如果西岸的地下水系统由不同的人员划分，并且使用了不同的方法，那么结果可能是西岸不会划分为这三个蓄水层。那么，这必定会影响到现今巴以水资源的划分。

综合以上因素，可以肯定地说，《奥斯陆第二阶段协议》中 1.72 亿立方米/年的数据严重高估了东区蓄水层的安全出水量。依据上述的证据，在当前的技术水平下，东区蓄水层潜在的剩余水量必定会低于 7800 万立方米/年。如果按照尧希·古特曼的说法，为了避免东区蓄水层的盐化，必须允许至少 2000 万立方米/年的水继续从死海清泉流出，那么可供开发的水量就降低到了 6000 万立方米/年以下。如果对于死海清泉的排水量采取许多专家所建议的低位数，那么剩余的水量或许就会少于4000万立方米/年。如果再考虑到许多水在无法达到的含水层，或者考虑到许多水在被开采之前已经变咸，那么剩余水量就会进一步降低。如果知道东区蓄水层界限并不清晰，它或许包括许多相对独立的次蓄水层，那么就会明白，东区蓄水层的某些部分已经被过度开采。显然，在《奥斯陆第二阶段协议》里，承诺给巴勒斯坦人的新水源并非足额足量。

那么，这些有关东区蓄水层被夸大的数字是如何被写入《奥斯陆第二阶段协议》的呢？当然，信息的相对匮乏是一个不可忽视的因素[①]，毕竟，谈判双方包括以色列也不可能透彻地掌握有关东区蓄水层的所有数据。但是，关键还是在于以色列谈判者维护以方利益，在有意欺骗巴勒斯坦人。两位巴勒斯坦水专家就指出，“以色列人伪造了蓄水层安全出水量的数据……以服务于他们的谈判立场”[②]。非常巧合的是，当以色列国家为巴勒斯坦人寻找新的水源并竭力否认巴勒斯坦人开发西区蓄水层和东北区蓄水层的权利时，却突然间“想出”一个到那时还几乎没有受到“注意”的新水源（东区蓄水层）。[③]

1995年以来，在就巴以水问题评论、分析、规划和建议时，《奥斯陆第二阶段协议》的数据始终是参考的对象。[④] 由于被写入了一个正式而重要的政治文件，并被巴以谈判双方所认定，1.72亿立方米/年的数字成为官方确认的东区蓄水层的安全出水量。虽然许多巴勒斯坦水专家在不断质疑这一数字的合理性，但它已是无法更改的事实，并成为双方谈判的重要基础。自《奥斯陆第二阶段协议》签订以来，依据其中的数据，双方在东区蓄水层已经打凿了大量水井，除此以外，其他水井还在规划之中。水井的大规模打凿不仅导致东区蓄水层水位逐年下降，还对邻近的西区蓄水层

① Steve Longergan and David Brooks, *Watershed: The Role of Fresh Water in the Israeli-Palestinian Conflict*, Ottawa, 1994, p. 147.

② Amjad Aliewi and Anan Jayyousi, “The Palestinian Water Resources in the Final Status Negotiations: Tachnical Framework and Professional Perception,” Report for the PWA, 4 May 2000, 14.

③ 对这一问题的深入分析参见 Shalif Elmusa, *Water Conflict: Economics, Politics, Law and the Palestinian-Israeli Water Resources*, Institute for Palestine Studies, 1997, pp. 38-42。

④ 比如 MOPIC, “Regional Plan for West Bank Governorate: Water and Wastewater,” July 1998; CDM, “Comprehensive Planning Framework for Palestinian Water Resource Development,” Final Report, Vol. 2, Report for the PWA, 6 July 1997.

产生了不利影响。然而，按照《奥斯陆第二阶段协议》，西岸的巴勒斯坦人又不能开采其他的水源，他们因此处于两难的境地。

第二节　巴勒斯坦水务机构及水政策

一　巴勒斯坦水务机构概况

巴勒斯坦水务机构的建设和发展是巴以和谈后所取得的最重要的成果之一。在《奥斯陆第二阶段协议》之前，西岸水务局是巴勒斯坦人最重要的水务机构。依据协议，巴勒斯坦水务局于1995年4月建立，其职责是在外部资金的支持下，开发和管理巴勒斯坦的水资源以及执行水利项目。西岸水务局也被整合到了巴勒斯坦水务局，在《奥斯陆第二阶段协议》之前，它是以色列民政机构的下属机构，经济上与其存在联系。而现在，西岸水务局则归属于巴勒斯坦水务局，负责西岸巴自治区水资源的开发和供应，但其工作人员依然由以色列民政机构支付薪水。从许多角度而言，至少在西岸，西岸水务局依然是最重要的水务机构。巴勒斯坦水务局负责监管国际援助的项目，而西岸水务局则负责日常的管理工作。

西岸水务局供应巴勒斯坦城镇和乡村的大量水来自麦克洛特的管道。犹太人定居点的大部分用水来自西岸水务局。在加沙，水开发和供应由农业部的水文局负责。巴勒斯坦市政水利机构依然是独立的公共单位，但与巴勒斯坦水务局保持着非正式的联系。自1995年9月《奥斯陆第二阶段协议》签订以来，巴勒斯坦水务局官员和以色列水委员会及其他以色列水机构的成员，通过联合水委员会及其下属委员会保持联络，执行与水有关的条款（第40条）。除此而外，巴勒斯坦水务局还急需为未来的巴勒斯坦国家规划新的水政策，建设新的水利设施。

自1967年战争以来，许多水井和设施遭到破坏，没有得到修护。市政局管理的供水系统饱受渗漏之苦，却没有资金进行修理。50%以上的西岸村庄缺乏管道饮用水。以色列民政机构对用水强加配额制，并限制供水设施的建设。巴勒斯坦水务局迫切需要改变这一状况，而最紧迫的是尽快提高向巴勒斯坦人供水量并净化水质。自成立后，增加水供应便被巴水务局视为最优先的目标。大部分工作人员都在规划和执行新的水利项目，争取使其得到联合水委员会的批准，并争取水利建设的捐助资金。

1994 年，在巴解组织领导人的请求下，联合国开发计划署（简称“开发署”）启动了“水资源行动方案”（Water Resources Action Programme），旨在为建立巴勒斯坦水务机构奠定基础。在《奥斯陆协议》之前的十多年里，“开发署”已经在积极努力，争取国际力量改进巴勒斯坦的供水系统。水资源行动方案的主要活动内容为增强巴监管水供应、建立巴勒斯坦水数据库、规划水开发以及管理基础设施等的技术能力。其活动资金和工作人员的薪水由“开发署”、加拿大国家开发署、英国海外开发局支付。1995 年春季，在巴勒斯坦水务局的倡议下，“水资源行动方案”工作组被迅速整合到了巴勒斯坦水务局，专门负责水政策的规划。

巴勒斯坦水务局不属于任何政府部门，而是拥有独立预算的机构，其局长由巴民族权力机构主席阿拉法特任命，并向其直接负责。巴勒斯坦水务局由主席纳迪勒·谢里夫（Nadil Sharif）和副主席法迪勒·卡瓦什（Fadil Qawash）管理，他们的办公室分别在加沙和西岸。加沙和西岸地理上的距离不可避免地导致巴勒斯坦水务局内部管理和协调方面的问题，其结果是副主席法迪勒·卡瓦什实际上成为巴勒斯坦水务局在西岸的实际负责人。

巴勒斯坦水务局的职责非常广泛，主要包括：管理和维护巴民族权力机构控制下的所有水资源；通过颁发许可证规范水利用；参与地区水规划的准备工作和开发新水源的活动；准备水项目的报告，标明费用和其他事项；改善水文数据和其他水信息的发布情况。巴勒斯坦水务局还与规划和国际合作部等部门合作，一起参与双边和多边会谈中与以色列的谈判。最后，巴勒斯坦水务局还负责协调国际社会向巴被占领土所有水项目的经济援助。

巴勒斯坦水务局大部分活动和大部门雇员的薪水都依靠国际社会的资助。[①] 2002 年夏天，巴勒斯坦水务局在西岸和加沙的工作人员中，只有 5 人由巴勒斯坦民族权力机构支付薪水，其他人都是由国外资金援助下的特

---

① 1998 年夏天，在巴水务局的工作人员（包括局长和副局长）中，只有 6 位由巴民族权力机构支付薪水。

定工程雇用的。巴勒斯坦水务局在组织国际援助机构向巴勒斯坦水务部门捐款方面发挥了有效作用，而且，它是巴勒斯坦人与以色列政府的首要联系通道，通过频繁地与联合水委员会的以方专家以及以外交部接触，它为双方建立信任提供了可能的渠道。

巴勒斯坦水务局的职能很大程度上是通过协调巴勒斯坦地区各个办公室的活动而实现的。在西岸，每个办公室都有自己的负责人，都各自接受国际援助。作为一个执行和管理机构，巴勒斯坦水务局几乎没有决策权。以色列对西岸大片土地的继续占领，犹太人定居点的活动，以及巴勒斯坦人的水权利没有明确界定，都使得巴勒斯坦水务局无法承担起巴民族权力机构分配的法定角色。此外，巴勒斯坦水务局难以控制市属水务部门，后者往往不听前者号令，这使得巴勒斯坦水务局难以对整个水务进行统一规划。因此，巴勒斯坦水务局和巴勒斯坦民族权力机构无法驯服希伯伦市政部门，后者设法"保护"其所属的重要水资源，这给巴勒斯坦水务局和国际捐助者造成了多种困难。不过，有时巴勒斯坦水务局也能成功控制市属水务部门。1996 年，伯利恒的给水和排污部主任由于腐败指控遭到解职和逮捕，他被当地一个法塔赫成员替代，然而，后者不是水专家或者水务官员，而是一个学校教师。自此之后，巴勒斯坦水务局控制了伯利恒市的给水和排污部，市政受国际捐助者资助的工程再也不会因为巴勒斯坦水务局和市政部门的争议而难以进行。

巴勒斯坦水务局还深受水专家缺乏之苦。国际社会常常称赞巴勒斯坦水务领域的专业性堪比周边的阿拉伯国家，然而，大部分水专家不属于巴勒斯坦水务局，而是分属于不同的非政府组织。在 20 世纪 80 年代和 90 年代初，巴被占领土上曾经建立了几个与水有关的非政府组织和大学研究所，它们时常会进行小型水开发工程和水问题研究，这些组织和机构里面因此有许多一流的水专家。但是，在《奥斯陆第二阶段协议》签订后，这些专家为了保持政治独立和获得更多的经济利益，并没有进入巴勒斯坦水务局工作。①

巴勒斯坦水务机构的问题远远不止于此。总体来说，它还面临以下三个方面的挑战。

---

① Shalif Elmusa, *Water Conflict: Economics, Politics, Law and the Palestinian-Israeli Water Resources*, Institute for Palestine Studies, 1997, p. 273.

二　巴勒斯坦水务机构面临的挑战

1. 水资源的宏观规划

巴勒斯坦水务局下属四个部门，它们分别是：水资源规划部；负责颁发许可证、收税的监管部；负责调查和水务部门能力建设的技术部；负责巴勒斯坦水务局人员和财务管理的行政部。这一制度性框架受到挪威出资的制度建设项目的支持，并在1996年写入了巴勒斯坦水务局的内部规章当中。然而，这一结构和巴勒斯坦水务局的实际工作并不相符，水资源规划部与监管部就是如此。就水资源规划部而言，巴勒斯坦水务局应该负责“监测和管理所有的水资源和它们不同的用途”。但实际上，却是西岸水务局通过联合监督执行小组监测和管理着所有的水资源，以色列则控制着所有的水资源。自1996年，水资源规划部把西岸水务局递交的数据整理为数据库，但实际上在管理方面它对水资源几乎没有控制权。水资源规划部也确实在进行一些总体的规划工作，但其人员接受的是自己联系的国际援助者的资金。监管部虽然按照其职权开发了一套收取水费的系统，但其极少能够得到执行，因为以色列控制下的水资源的价格全部是由麦克洛特确定的。值得注意的是，巴勒斯坦水务局的大部分精力用来协调受援助的技术设施工程项目，然而，这项工作又不在上述四个部门的职责范围之内。这就意味着巴勒斯坦水务局的实际工作与内部的制度安排在很大程度上是分离的。

之所以会出现这种情况，是因为巴勒斯坦水务局的内部结构和水政策反映的是其希望实现的理想。巴方有些人认为，当未来巴以双方的协议授予巴勒斯坦民族权力机构在管理水资源、水系统和水供应方面更大的权力和独立性时，这一目标就会成为现实。但是，鉴于矛盾重重的巴以关系，将来是否能有这样的协议实在很成问题。长远而言，巴勒斯坦水务局希望自身成为类似于以色列水委员会的规划和监管机构，它既不涉入基础设施的管理，又不负责水供应的分配。然而，鉴于不存在其他全国性的水务机构，巴勒斯坦水务局目前不得不在协调依靠捐助开展的基础设施项目方面发挥主要作用，而这并不在其原本设想和规划的工作范围之内。

巴勒斯坦水务局明知许多制度和政策难以甚至无法实现，却依然投入精力，一个主要原因是捐助者的要求和压力。在世界银行的要求之下，巴勒斯坦水务局才着手制定水务政策，前者把这作为支持在加沙的供水和排水工程的先决条件。[①] 而巴勒斯坦水务局的整个框架本身也是作为挪威支持的一个项目的一部分而建立的。巴勒斯坦水专家和巴勒斯坦水务局官员经常抱怨，捐助者们由于太过“痴迷”于规划和制度，而相对忽视了更加迫切和实际的修建基础设施和开发新水源的工作。显然，在巴勒斯坦水务局面对重重困难和不确定性的情况下，相比制定制度，花费捐助者的资金和为巴勒斯坦人供水是更加重要的事情。

在规划方面也存在类似的问题。自1995年以来，巴勒斯坦水务局为水务部门制定了无数的规划。一些有关设施的规划详细建议如何在短期和长期内发展基础设施；一些地方规划详细列出了特定地方需要的供水项目；一些地区规划列出了巴勒斯坦两个“地区”（西岸和加沙）急需的水务项目；一些是为整个巴勒斯坦制定的战略性规划；一些是与以色列、约旦和其他国家有关的多边规划，为地区范围内的水供应和水管理提出建议。这些规划都得到了国际捐助者的资助，大多数是在和巴水务局合作的情况下，由国际顾问提出的。

但是，这些规划无一例外都面临着制度和政治方面的困难。比如，由于众多政治和技术问题，巴勒斯坦民族权力机构下属的规划与国际合作部（MOPIC）开展的“西岸积水和排污地区规划”，成为规划与国际合作部和巴勒斯坦水务局，以及它们和德国顾问激烈争吵的对象。巴勒斯坦水务局官员反对规划与国际合作部（MOPIC）执行这一规划，并断言后者缺乏必要的技术条件，而规划与国际合作部官员则指责巴勒斯坦水务局隐瞒相关的信息。由于国际顾问和巴勒斯坦水务局之间沟通不足，再加上顾问对巴水务部门不甚了解，这一规划缺乏实际内容，它的许多假设具有误导性。[②] 而且，德国顾问的许多想法由于政治原因而遭到了否决。规划与国际合作部和巴勒斯坦水务局的官员都不愿意认可可能会影响到巴方谈判立场的建

---

① Jan Selby, *Water, Power and Politics in the Middle East: The Other Israeli-Palestinian Conflict*, p. 158.

② 比如规划的制定者既不了解西岸已有的水井，也不知道西岸南部正在进行的美国国际开发署资助的基础设施工程。

议。由于这些原因，规划与国际合作部的这一规划就不可能被有效执行。

国际顾问为巴勒斯坦水务局制定的规划并没有引起不同机构间的争吵，然而，它们却由于巴勒斯坦水务局面临的巨大的制度性困难而难以执行。国际顾问通常对巴勒斯坦具体的水状况缺乏足够了解，巴勒斯坦官员因此不得不花费大量精力收集数据，而顾问们自己则做撰写规划定稿的技术性工作。这自然导致巴方官员的不满，而且，巴勒斯坦水务局的各种规划首先反映的是顾问们的判断和认识，巴水务官员常常不赞同规划的内容。此外，由于前后相继的许多规划是由不同的顾问团制定的，这些规划里有大量的重复，甚至充满彼此矛盾的信息。因此，大量水务规划的产生和众多国际顾问的存在，在很大程度上阻碍而不是促进了巴勒斯坦水务局的制度建设。这些问题的产生并不是由于信息的匮乏，而是因为协调不够和组织不力。

在巴勒斯坦当前局势下，中长期的规划是否适当也很成问题。对于中长期规划，巴勒斯坦民族权力机构假设，巴勒斯坦人对整个西岸和加沙都享有主权，巴勒斯坦人将控制领土上的所有水资源，也将控制所有的犹太人定居点。但是这些假设显然在短期内不可能实现，它们也就成为巴勒斯坦人进行水务制度建设和制定有效规划的不可逾越的障碍。鉴于过渡时期的终止遥遥无期，并且巴水务局还将长期仰赖国际捐助，巴勒斯坦人几乎不可能构建稳定的管理结构和制定合理的中长期规划和政策。

2. 水供应的管理

如上文所言，西岸水务局是西岸地区最重要的水务机构，但是，它不仅难以处理好与市政部门、乡村委员会和个人的关系，也在管理地方水务系统和水供应方面面临着巨大的困难。市政部门往往彼此争相控制水资源和水供应，与此同时，它们又无法控制消费者个人的行为。

与伯利恒水务部门处在巴勒斯坦水务局的严密控制之下不同，希伯伦市政部门享有极大的独立性，几乎不听从巴勒斯坦水务局的号令。曾与其共事的巴勒斯坦水务局官员和国际承包商都称其为“国中之国”。[①] 希伯伦与周边市政部门和村委会之间就控制地方水资源存在激烈的冲突。长期以来，希伯伦市政部门拥有和控制着该城以南的两个水井，它们除了供应希

① Julie Trottier, *Hydropolitics in the West Bank and Gaza Strip*, Jerusalem, 1999, p. 96.

伯伦外，还向以西 10 公里的杜拉（Dura）镇提供用水。杜拉镇的用水完全依赖这两口水井。然而，在没有全国统一的价格体系的情况下，伯利恒不仅自由地向杜拉镇收取很高的水费，而且会随意停止对杜拉镇的水供应。杜拉镇 2/3 的水供应来自私人的水罐车，他们的水价高达 2~4 美元/立方米。杜拉镇因此是西岸人均供水最少的地方之一。

在西岸南部，控制大部分水资源的不是巴勒斯坦人的市政部门，而是以色列的麦克洛特。西岸水务局从麦克洛特获得水，而后供应市政部门和村委会，后者再向西岸水务局缴纳水费。然而，市政部门和村委会却很不情愿缴纳水费，以至于 1995~1998 年西岸水务局欠收高达 800 万美元的水费。到 2002 年，西岸水务局背负的债务已达 2400 万美元。[①] 市政部门和村委会声称，它们无法向西岸水务局缴纳水费是由于拖欠水费的个人比例太高。西岸水务局和巴勒斯坦水务局官员则认为，原因根本不是个人不缴纳的问题，而是地方政府把这些资金转移到了道路、电力和其他工程，有些钱甚至进入了个人账户。鉴于一方面不愿意切断对市政部门的水供应，另一方面又没有全国性机构强行执行法律，西岸水务局根本无力阻止拖欠水费的事情发生。由此，希伯伦市政部门成了西岸水务局最大的债务人，到 1998 年 4 月，欠债总额达 350 万美元。

1998 年 7 月，杜瓦拉（Duwarra）村发生的事情清晰地反映了不同市政部门之间以及市政部门与巴勒斯坦水务局之间存在的紧张关系。这一村子幸运地处在从希律镇通向基亚特阿巴（Kiryat Arba）定居点和希伯伦城的 16 英寸输水管线的一侧，并不间断地从这一管线获得供水，即便在夏天用水高峰期也是如此。希伯伦在这一管线的末端，因此只有在沿线巴勒斯坦人和基亚特阿巴定居点没有用完的情况下，它才能得到这一管线的供水。每年夏天，希伯伦都长时间忍受着水短缺。与此相反，杜瓦拉村可以得到充足的水供应。但在 1998 年夏天，村子里的几个居民却偷取主管道里的水用来灌溉。这一做法违背了杜瓦拉村与西岸水务局 10 年前达成的一个长期协议。只要村民停止偷水的非法活动，杜瓦拉村就可以合法地使用主管道的水。由于协议被破坏，希伯伦市政部门和西岸水务局对杜瓦拉村非

---

① Jan Selby, *Water, Power and Politics in the Middle East: The Other Israeli-Palestinian Conflict*, p. 160.

常不满。1998 年 7 月 30 日，西岸水务局和希伯伦市政部门的官员前来关闭位于村子中心的供水总阀门，陪同的还有基亚特阿巴定居点的官员。[①]这些官员很快就被村民驱逐，但几小时后，他们在 16 人的以色列—巴勒斯坦巡逻队和 20 名巴勒斯坦警察的随同下返回。此时，杜瓦拉村 1500 名村民中有 1/3 的人在等待他们，试图保护供水阀门。双方爆发冲突，几名巴勒斯坦警察因伤住院。各方协商的结果是，阀门照旧开放，杜瓦拉村的村民继续获得水供应。

1998 年 7 月和 8 月，这样的事件在西岸南部地区频频发生。杜瓦拉村事件首先说明了地区水冲突的复杂性以及巴勒斯坦当局、警察力量、安全机构和犹太定居者之间的特殊关系。超越法律之上的安全机构常常是最后的裁决者，因此水冲突的结果往往决定于哪一方有能力让安全机构偏向自己。值得注意的是，杜瓦拉村的几个头面人物恰恰是地方安全机构的成员。此外，冲突的结果也受到各方实际力量的影响。就此而言，不仅杜瓦拉村村民地理上接近于主要供水管道，而且其水阀也在村中心，便于村民保护。在与村民的冲突中，西岸水务局常常显得无能为力。它没有能力强制执行规章和政策，时常不得不涉入地方政治。在巴勒斯坦的特殊环境下，它不可能是一个超越于社会之上的纯粹的管理机构，它只能在与各方包括消费者个人的矛盾冲突中部分地实现自身的功能。

实际上，在西岸南部，巴勒斯坦人和犹太定居者都一直在从主供水管道偷水。在杜瓦拉村及其周围地区，村民将通向主管道的水管要么埋在地下，要么藏在成堆的垃圾里面。有些人晚上偷水浇灌庄稼，早晨修复主管道。在德黑舍赫（Dheisheh）难民营，有数百个非法的连接处。1998 年之前，杜拉城的主要水商都是用偷自管道里的水灌满他们的水罐车，而希伯伦市政部门和以色列当局容忍他们的这一非法行为。[②] 然而，即便用水合法，且被水表测量，巴勒斯坦人也经常以没钱为由拒绝支付水费。多年以来，作为反对以色列占领的一种办法，巴解组织支持巴勒斯坦人不缴纳水费，而如今，他们根本不想改变以前的习惯。因此，巴勒斯坦水务局、西岸水务局和村委会都面临着如何控制和约束巴勒斯坦普通消费者

---

① 实际上，希伯伦市政部门与以色列当局存在比较稳定的合作。

② Julie Trottier, *Hydropolitics in the West Bank and Gaza Strip*, pp. 74-77.

的问题，这在伯利恒地区表现得最为明显。1998~1999年，伯利恒给水和排水局与其法国承包商计划开展“加大供水量”的工程，试图消除偷水行为，强制计收水费，提高输水网络的运行效率。这项工程的主要内容是安装1万个新的家用水表，替换已经使用30年的老化水表，以此把未测量的用水比率降到35%，但这一努力遭到了消费者的极力抵制。由于需要缴纳的水费大幅度攀升，他们更加不愿交费，甚至破坏了许多新水表。显然，仅仅就收缴水费而言，巴勒斯坦水务机构在管理方面就面临着巨大的困难。

3. 供水设施的修建

除了制度建设和规划外，大部分国际社会的援助资金用来建设基础设施和扩大水供应。比如，在1995~1998年，西岸和加沙有80项捐助的工程专门来改善当地的水供应。[①] 其中最大的是美国国际开发署在西岸的水资源方案（Water Resources Program），它的主要任务是贯彻《奥斯陆第二阶段协议》的相关条款，为西岸南部的巴勒斯坦居民，从东区蓄水层开发新水源。这一大型工程的第一阶段预计完成于1999年6月，届时每年将为希伯伦和伯利恒地区提供720万立方米水。鉴于这一地区1996年的总用水量只有1060万立方米，这一数字如果实现，无疑将大大提高这两个城市的水供应水平。然而，由于种种原因，直到2002年，这一目标也没有实现。

水资源方案的第一阶段主要包括：在东区蓄水层打凿4口深井；修建长度为32千米、从这4口深井通向希伯伦和伯利恒的运输管道；修建两个大型的蓄水池和一个增压站。在巴勒斯坦人看来，这是一个规模巨大的工程。输水管道的直径为36英寸，在此之前，西岸南部最大管道的直径为16英寸，供水对象是犹太人定居点，为巴勒斯坦人直接供水的管道最大直径仅仅为12英寸。其中一个蓄水池储水量多达2.5万立方米，在此之前最大的蓄水池只能蓄水3875立方米。[②] 整个工程的供水量将达到8100万立方米/年，而且，这一工程完成后将成为巴勒斯坦水务局的财产。它将成

① Amira Hass, “A Report on Palestinian Water Crisis,” *Al Quds*, 25 June 1999.

② USAID West Bank and Gaza Mission, “Water Produced from the First Palestinian Owed and Operated Well in Bethlehem-Hebron Water Supply System,” 26 July 1999.

为第一个“只服务巴勒斯坦人”的工程，并且按照《奥斯陆第二阶段协议》，将完全由巴民族权力机构控制。[①] 整个工程将耗资7200万美元，其资金由美国国际开发署以赠款的形式提供。[②]

1996年6月，工程在西岸开始，总体管理工程的合同给了名为CDM或摩尔甘地（Morganti）的主要由美国公司组成的财团。1996年完成了水井、管道和其他设施的详细设计，联合水委员会也在1997年9月颁发了相关工程的许可证，工程建设的分合同再一次给了美国公司。1998年1月，开始开凿水井，建设管道。由于以色列反对几个水井的位置，工程在开始阶段已经被拖延。工程之所以无法按时完成，是三方面原因导致的结果。

首先，巴勒斯坦水务局难以有效监管工程中国际和巴勒斯坦承包商的行动。如上所言，摩尔甘地财团获得了管理工程的总合同和分合同，但是，它又将其转包给美国公司ABB-SUSA，修建输水管道、水井和增压站，后者则又把大部分工程转包给了巴勒斯坦人，仅仅由3个ABB-SUSA的工程师监督。因此，工程建设缺乏足够的监管，ABB-SUSA、摩尔甘地财团和巴勒斯坦水务局都没有定期监督巴勒斯坦分承包商的工程进度和质量。这直接导致工程并没有按设计进行。由于在主管道没有安装足够的排气阀，管道内爆的可能性大大增加，而且，在修建过程中，也没有对管道进行充分的测试。工程施工不达标，导致主管道和一个蓄水池严重漏水。水井的水泵质量很差，运行大约一年后，4个水井中有3个水泵损坏。在2002年夏天，这3个水井已无法使用。这样，巴勒斯坦水务局的第一个独立的供水系统问题重重，根本无法有效运转。之所以导致这种后果，一方面是承包商和分承包商只顾追逐利益，工程项目一再转包；另一方面是巴勒斯坦水务局缺乏必要权威和制度性手段，无法约束和控制承包商的活动。

其次，工程遭遇了无数的“土地问题”。为了打凿水井以及修建管道、蓄水池等设施，巴勒斯坦水务局和承包商要么不得不购买土地，要么给土地所有者补偿损失。一般而言，土地所有者强烈反对收缴土地和摧毁树

---

① Israel and the PLO, "Interim Agreement," Annex Ⅲ, Appendix 1, Schedule 8 (2. a).

② USAID West Bank and Gaza Mission, "Water Produced From the First Palestinian Owed and Operated Well in Bethlehem-Hebron Water Supply System," 26 July 1999.

木。在整个西岸，树木具有重要的象征意义，摧毁它们会让人想起以色列的占领政策。[①] 而且，在西岸南部，树木具有重要的经济价值，果树和橄榄树是当地农业经济的支柱。在工程进行的过程中，巴勒斯坦农民们竭力保护他们的土地。此外，修建工程的地方大部分在C区，这使得问题大大复杂化。C区处于以色列的全面控制之下，在巴勒斯坦警察的职权范围之外。因此，建筑工人没有警察的护卫，巴勒斯坦警方几乎无法制止农民阻碍工程的行为。而承包商们对农民的阻碍行为又是“求之不得”，因为他们会因工程耽误获得额外的补偿。[②] 总之，由于农业土地和树木在巴勒斯坦人的想象和经济中具有重要意义，又由于巴勒斯坦水务局相对私人承包商和在以色列控制下的C区十分软弱，巴勒斯坦水务局在控制土地所有者方面面临着巨大的困难。

最后，希伯伦和赛伊尔（Sayyir）的市政部门之间以及它们和巴民族权力机构之间在地方上存在政治冲突。[③] 在1995年《奥斯陆第二阶段协议》签订之前，在以色列民政机关许可的情况下，希伯伦市政部门已经和德国复兴信贷银行（KFW）签订协议，投资1100万马克，打凿两口水井，并修建一条从这两口水井通向希伯伦城的16英寸的输水管道。这两口水井都位于希律地区，离计划中的美国国际开发署资助的水井不远。这条管道将经由赛伊尔镇通向希伯伦，这与美国国际开发署资助的管道线路一样。然而，与美国国际开发署资助的供水系统不同，德国复兴信贷银行资助的设施将由希伯伦市政部门拥有和控制。德国复兴信贷银行的两口井分别打凿于1995年和1996年，这比美国国际开发署资助的水井早两年。巴勒斯坦水务局想对这两个工程进行协调，主张只修建一条从希律到希伯伦的管道，它运输的水既来自希伯伦市政部门的两个水井，也来自美国国际开发署为巴勒斯坦水务局打凿的水井。这一主张不仅有利于统一管理，也节省成本。但是，希伯伦市政部门和德国复兴信贷银行对此予以拒绝，其原因

① 自1967年占领西岸和加沙以来，以色列有意摧毁了大量巴勒斯坦人的树木。

② 一次，巴水务局官员亲眼见到承包商试图说服一个没有得到土地补偿款的土地所有者去阻挠建筑工程。巴水务局相信，这样的事情绝非个案。

③ Julie Trottier, *Hydropolitics in the West Bank and Gaza Strip*, pp. 94-97; Julie Trottier, “Water and the Challenge of Palestinian Institution Building,” *Journal of Palestine Studies*, Vol. 29, No. 2, 2000, pp. 46-47.

不仅是由于它们的工程早于后者，更重要的是出于政治的考虑。德国复兴信贷银行想通过这一工程扩大自身的声誉，希伯伦市政部门则试图单独占有和控制这一新的基础设施，因为这不仅将使其确保自身的水供应，也将使其具有相对于其他市政部门和巴勒斯坦民族权力机构更加有利的政治地位。然而，建筑工程却遭到萨伊尔镇居民的抵制，他们反对只有希伯伦的居民使用这一工程的供水，城镇里仅有的几条道路遭到挖掘。工程在整个 1997 年停滞不前，到 1998 年情况更加糟糕。当美国国际开发署资助的 36 英寸的管道在顺路铺设的时候，德国复兴信贷银行依然在计划铺设 16 英寸的管道。萨伊尔镇的道路将被挖两遍，两条管道分别铺设在道路的两边，居民们以石头抗议。希伯伦和萨伊尔的市政部门、巴勒斯坦水务局、美国国际开发署、德国复兴信贷银行以及各自的承包商进行了长时间的艰苦谈判，问题以两条管道埋入同一条沟渠的方式得以解决。1999 年夏天，德国复兴信贷银行的一口井开始向希伯伦供水，但美国国际开发署和德国复兴信贷银行的工程因为两个市政部门的矛盾而大大拖延了。最终，希伯伦市政部门维护了对供水设施的拥有权和控制权，这不仅清楚地表明巴勒斯坦民族权力机构和巴勒斯坦水务局相对市政部门的弱势地位，也说明国际捐助者和承包商的众口难调，使得巴勒斯坦供水设施和国家的建设过程大大复杂化了。

1999 年夏天，美国国际开发署资助工程的第一阶段依然没有开始供水。此时，巴勒斯坦人自 1995 年《奥斯陆第二阶段协议》签订以来每年仅额外得到以色列按照协议供应的 100 万立方米水。到 2000 年，由于上述工程的实施，伯利恒的水状况明显改善。然而，在周围乡村，水供应依然匮乏，希伯伦及其周围地区用水依然紧张。在上述德国复兴信贷银行为希伯伦打凿的两口井中，一口干涸了，另一口安装的水泵不合适，不久就发生了故障。希伯伦和其他地方市政部门之间依旧存在冲突。

可见，巴勒斯坦水务局之所以无法实现自身功能，远非其经验不足所能解释。正如巴民族权力机构无法有效行使权力一样，巴勒斯坦水务局也不可能树立应有的权威。巴勒斯坦水务局对外遭受着以色列的各种限制，对内面对着高度碎裂化的社会和政治体系；经济上它几乎完全依赖国外捐助，政治上又极大地受制于巴以和平进程。因此，巴勒斯坦水务局对于改善水状况的作用是十分有限的。

三　巴勒斯坦水政策的形成

在巴勒斯坦水务局成立后，巴勒斯坦的水政策也开始形成。由于被占领多年之后缺乏自己的水务规则，巴勒斯坦水务局不得不依赖已有的规章和政策，这包括约旦和埃及占领时期实行的政策，有些还追溯至土耳其人统治时期的政策，当然最多的还是1967年之后以色列强加的军事法令。直到1998年，巴勒斯坦水务局收取的水价还是与被占领时期以色列民政机构的一样。巴勒斯坦控制区水价的公平化受到多种因素的影响和制约。以色列的麦克洛特依然是西岸巴勒斯坦城镇和乡村用水的主要供应者。1967年之前由约旦打凿的13口水井继续处在以色列的控制之下，它们向巴勒斯坦人和犹太定居者供水。依据《奥斯陆第二阶段协议》，麦克洛特也向加沙每年供应500万立方米的水，但巴勒斯坦人同样认为其价格太高。联合水委员会之下专门建立了费率委员会，但其成员一直无法就麦克洛特的水价和如何处理饱受争议的西岸13口水井的归属问题达成一致意见。此外，由于多种原因，限制水开发的政策也迟迟无法出炉。虽然巴水务局强烈支持安装水表和实行水配额制，以防止水资源遭到过度开采，但巴勒斯坦民族权力机构并没有制定相关法律。

2002年《第3号水法》的通过是巴勒斯坦水务管理走向制度化和正规化的一个重要标志。其目的在于“开发和管理水资源，扩大供应能力，提高水质量，保护其免于污染和枯竭”。[①] 它明确规定，水是公共财产，每个人都有权获得足够的饮用水和生活用水，影响水资源数量或质量的利用和开采等活动都必须获得许可证。而且，该法律还明确了巴勒斯坦水务局等相关机构的职责。依据该法，国家水委员会（National Water Council）得以建立，负责批准与水资源相关的政策、规划和方案。巴勒斯坦民族权力机构总统是其主席，巴勒斯坦水务局局长是其秘书长，此外成员还包括5位部长以及6位代表政府和非政府组织的人员。[②]

---

① Fadia Diabes, *Water in Palestine. Problems, Politics, Prospects*, PASSIA Publications, 2003.

② Simone Klawitter, “Water as a Human Right: The Understanding of Water Rights in Palestine,” in Asit K. Biswas, Eglal Rached and Cecilia Tortajada (eds.), *Water as a Human Right for the Middle East and North Africa*, Taylor & Francis Group, 2008, pp. 110-111.

这样，自1996年巴水务局建立以来，巴勒斯坦民族权力机构逐步形成了自己的水政策。它有两大原则，一是所有水资源都是国家的财产，这一规定与以色列没有差别。在水资源稀缺的情况下，只有国家才能保证水资源的公平和公正的分配。二是家庭、工业和农业用水的开发和投资必须与水资源的数量相适应。这意味着经济发展必须考虑水资源的可持续利用，避免对环境造成不可逆转的破坏。根据学者阿布杜拉·阿布-埃德（Abdallah Abu-Eid）的总结，这一原则主要包括以下方面。①

1. 水是一种商品，因此，造成破坏（比如污染）的人必须对此做出赔偿。

2. 水的供应必须建立在所有水资源可持续开发的基础之上。

3. 巴被占领土水资源的开发必须在地方上以合理的方式进行，并在全国进行协调。

4. 全国水务部门的管理应由具有独立政策制度和管理功能的机构负责。

5. 为了有效协调各部门的利益，政府内部应以最高层次处理水务问题。巴勒斯坦水务局在开展工作时应和相关部门密切合作。

6. 应确保公众参与水务部门的管理。这意味着地方部门应该参与水务的规划、运转和管理，而且，公众应该知晓水在公共和私人领域的作用及其社会、环境和经济价值，这对于决策的信息透明是十分重要的。

7. 各个层次的水管理应该同等重视水质和水量。

8. 水的供应和污水的处理在各级部门应该协调一致。

9. 应该保护水资源，控制水污染。应该采取一切措施预防水污染，应该以法律手段处理违反者。

10. 应鼓励保护水资源并促进水资源有效利用。

11. 政府应该和各国各方合作，有效利用水源，开发新水资源，以及收集重要信息和数据。

---

① Abdallah Abu-Eid, "Water as a Human Right: The Palestinian Occupied Territories as an Example," in Asit K. Biswas, Eglal Rached and Cecilia Tortajada (eds.), *Water as a Human Right for the Middle East and North Africa*, pp. 91-92.

可见，可持续地管理和开发水资源是巴勒斯坦民族权力机构水政策的主要目标。但是，一个无法回避的矛盾是，被占领土大部分水资源的控制、水井的打凿和管理、发放许可证等一系列权力依然在以色列占领当局手中。因此，巴勒斯坦民族权力机构的水政策很大程度上是空中楼阁，缺乏实践的条件和基础。

第三节　进展与僵局

不能否认，巴以水谈判确实给巴勒斯坦人的水状况带来了一些积极的变化。除了上述巴勒斯坦水务局等水务机构的建立外，巴以双方还以联合水委员会为平台进行合作，但由于种种原因，巴勒斯坦人一方受到太多的约束和限制，致使合作的成果十分有限。由于巴勒斯坦人极度缺乏资金，众多国际援助者给巴勒斯坦水务部门投入了大量资金，但其效果远没有达到各方的预期。2000 年 9 月以来，由于巴以政治关系急剧恶化，巴以水谈判完全终止，西岸和加沙陷入了前所未有的危机当中。

一　《奥斯陆第二阶段协议》中水条款的执行

《奥斯陆第二阶段协议》第 40 条专门用来解决巴以之间的水问题。在巴勒斯坦独立的水务部门建立和发展之时，巴以之间也在进行必要的协调和合作。按照协议，双方建立了联合水委员会，以此作为联合管理西岸水资源的主要机构，以色列和巴民族权力机构在其中具有同等的代表权。它的主席一职由以色列水委员会专员梅尔·本-梅尔和巴勒斯坦水务局局长纳比勒·谢里夫共同担任。委员会负责审查所有建议修建的水利工程，并给出同意或否决的意见，获赞同的工程被给予许可进行修建。由于所有的工程都必须得到双方一致同意，以色列实际上享有了对巴勒斯坦人在西岸开发水资源的否决权。当然理论上，这也给予巴民族权力机构对以色列在西岸修建新的水利工程的否决权，但是由于犹太人定居点的供水系统早已建好，几乎所有新的工程建议都来自巴勒斯坦人，因此巴方在联合委员会中的权力实际上受到了极大的限制。[①]

联合水委员会被分为技术、价格、法律以及给水和排水四个分委员会。技术分委员会专门审查打凿新井和建设管道等新工程的技术可行性；价格分委员会为以色列和巴控制区之间输送的水确定价格；法律分委员会负责处理巴以合作过程中出现的法律问题；给水和排水分委员会主要研究改善污水回收和处理的方法和途径。在这四个分委员会里，技术分委员会最为重要，也最为活跃。它的两个共同主席定期会面，有时一周一次，其他分委员会只是不定期开会。截至 1998 年夏天，技术分委员会与给水和排水分委员会开会的次数不超过 6 次，法律分委员会只是开了 1 次短会。

由于种种阻碍，水利工程的建议要获得通过，需要经历一个十分漫长的过程，其复杂程度甚至超过以色列占领时期。巴勒斯坦水务局先提出一个工程建议，比如凿井，而后提交给联合水委员会，由其下的技术分委员会审查，通过后转给以色列水文署，由其决定水是否可用、水井是否会对以色列水资源造成损害。以色列水文署通过后，工程建议就会返回联合水委员会。如果水井在巴完全控制区（A 区）或巴民事控制区（B 区），联合水委员会通常会颁发许可证。

但是，获得许可证的过程实际上要困难得多。首先，许可证只颁发给特定的工程，而且一个工程的每个阶段都需要许可证。例如，一旦打井的许可证颁发后，修建设备运输到打井地点所需的道路和打井工人的住所都需要许可证。每一项都必须各自经过上述的整个程序。水井打好后，每一个抽水站、向居住区输送水的每一部分管道以及沿途的其他所有相关设施都必须各自获得许可证。因此，任何一个完整的工程都需要无数的许可证，整个过程耗费的时间都会超过 3 个月，大多数情况下会更长。即便不存在政治争议，工程都需要漫长的过程。

其次，按照《奥斯陆第二阶段协议》，除了杰宁地区的一个新井外，巴勒斯坦人新的水资源开发工程只能利用山地蓄水层东区的水。这一要求

---

① 好几次，西岸的犹太人定居点违背《奥斯陆第二阶段协议》，在未事先取得联合水委员会许可的情况下，安装或加大管道。一次，什罗（Shilo）定居点未经许可，铺设了一个穿越拉马拉—纳布鲁斯主干公路的管道。巴方对此提出正式抗议，联合委员会的以方主席给巴方主席写信，称以方“对此行动感到遗憾，什罗定居点的工程应告知巴方”。1998 年 6 月，即 3 个月后，以方依然没有采取任何行动移除管道。

对巴勒斯坦水务局向远离东区蓄水层水井的城镇和乡村供水造成了极大的困难。为了克服这一困难，巴勒斯坦民族权力机构和美国国际开发署请求联合水委员会允许在山地蓄水层的东北区和西区另外再打凿一些水井。它们的研究表明，这些水井不会对以色列的供水量和水质造成威胁。但是，联合水委员会中的以色列一方始终拒绝这一请求。

再次，如果建议中的巴方水利工程在以色列军事和民事双重控制下的西岸 C 区，整个申请过程将最为艰难和耗时。这一地区占西岸面积的 73%，包含西岸所有的犹太人定居点。很不巧的是，山地蓄水层东区之上的土地大部分在 C 区，而巴勒斯坦人的水利工程又被限制在这一地区。即使一个工程被技术分委员会和以色列水文署以技术角度鉴定通过，但哪怕只有一小部分要通过 C 区，它也必须在联合水委员会最后许可之前，获得以色列民政机构的同意。但恰恰就在这一步，每一项工程可能会面临无法克服的障碍，获得许可证变得遥不可及。C 区内的任何工程若要获得通过，都要经过民政机构 14 个部门的逐一审查，一项工程往往会以种种理由遭到拒绝。例如，一口水井或一条管道可能会因为离犹太人定居点或军事基地太近，而被认为存在安全问题；林业局可能会认为它将导致太多的树遭到砍伐；考古局可能会认为它将对尚未发现的古代遗迹造成破坏；或者干脆以色列根本不愿归还某块土地，不想让任何巴勒斯坦人的设施在此区域内出现。为了协调各个部门的审查工作，以色列专门设立了地区民事联络员（District Civilian Liaison），由以色列国防军上校担任。但即便如此，要得到所有部门的意见往往要耗费几个月。当无法通过时，就得与一个或多个部门的主管官员进行协商，或把工程地点转移。有时候，妥协也无法获得通过，工程便不被通过。在任何情况下，民政机关下属的任何部门的主管官员，都能以他认为重要的理由，否决或拖延巴勒斯坦的水利工程。只有在所有部门都通过后，民政机构才会颁发许可证，而整个过程需要一年甚至更长时间。

按照《奥斯陆第二阶段协议》，联合水委员会的执行机构是联合监管和执行小组。这样的小组有 5 个，都由巴以双方成员构成，其工作包括测量水井水位，检测水质，以及监管整个西岸泉水的水流和流量。[①]

---

① 在《奥斯陆第二阶段协议》签订之前，查抄水表和监管清泉先后完全由以色列国防军和以色列民政机构负责。

每周除周五和周六（分别是穆斯林和犹太人宗教休息日）外，这些小组按双方议定的日程在西岸某个地方进行检查。西岸和加沙犹太人定居点以及以色列军事基地的用水量一直是巴方水专家关心的一大问题，《奥斯陆第二阶段协议》理论上给予了巴勒斯坦人监测西岸以色列用水情况的权利。起初，联合监管和执行小组只针对巴勒斯坦人，并没有查抄以色列人的水表或者监管以色列的水利设施。自 1997 年 1 月，联合监管和执行小组也开始监管西岸的以色列水井。巴勒斯坦检查员由小组内的以色列成员陪同，进入犹太人定居点查抄水表。巴勒斯坦人依然无法进入以色列的军事区域，小组内的以色列成员读过水表后与他们分享信息。由此，巴勒斯坦水务局开始编制西岸犹太人定居点准确的水消费数据表，但这些信息并没有被公开。[1]

如何尽快满足水需求既是巴勒斯坦人最关心的问题，也是《奥斯陆第二阶段协议》执行过程中最容易引发巴以双方矛盾的问题。在《奥斯陆第二阶段协议》签署后，西岸的杰宁城依然处于严重的缺水状态，以色列承认这一事实，同意在这一地区打凿一口年产 140 万立方米的水井。[2] 但在 1995 年夏，以色列把这一城市移交巴勒斯坦人之后，马上出现了不可遏制的打井浪潮。在缺乏有效权威的情况下，杰宁城及其周围地区渴求水的居民便立刻开始自己打井。在巴勒斯坦民族权力机构实现对这座城市的控制之前，当地居民已经打凿了 45 口水井。通过直升机，以色列很快就知道了这些水井的存在。在联合水委员会第一次开会时，以方要求毁掉这些水井。为了不违反协议，巴勒斯坦民族权力机构不得不在 1995 年 12 月毁坏了未经授权而打凿的水井，这使得杰宁城的 3.8 万居民无法满足最基本的生活用水。这一做法引发了众多巴勒斯坦人对以色列和巴勒斯坦民族权力机构的不满和愤怒。

1996 年，以色列在杰宁城打凿了承诺的水井，但到 1998 年夏天，依然没有水从中流向巴勒斯坦家庭。以色列虽然支付了打井的费用，但

---

① 巴勒斯坦水务局之所以不公布这些数据，是因为这样将进一步激起普通巴勒斯坦人的怒火。按照这些数据，西岸犹太定居者的人均水消费量比巴勒斯坦人多出 5~6 倍。参见 Alwyn R. Rouyer, *Turning Water into Politics*: *The Water Issue in the Palestinian-Israeli Conflict*, p. 248。

② 这是唯一一口以色列允许巴勒斯坦人在东区蓄水层之外打凿的水井。

水泵和管道则要靠巴勒斯坦水务局和国际援助机构购买。更麻烦的是水井只能供应杰宁城及其附近 11 个村庄需求量的大约一半，尤其是后者没有供水设施，生活用水不得不依靠收集雨水的蓄水槽和运水车。1996 年，美国国际开发署开始负责修建通向这些村庄的主干管道，其他国际捐助机构则修建连接水井和杰宁城的管道。为了满足上述城市和村庄的水需求，美国国际开发署建议由它再打凿一口出水量相当的水井，它和巴勒斯坦水务局的研究表明，第二口水井不会减少以色列境内东北蓄水层的水量。联合水委员会中的以方代表则拒绝了这一请求，声称他们的研究表明，东北蓄水层已被最大限度地开发，但他们又不把研究结果交给美国国际开发署。与此相反，以色列要求把麦克洛特的管道与这些村庄相连，而后以商业价格出售水。为此，麦克洛特计划在绿线以色列一侧打凿一口新井，并向巴勒斯坦人收取额外的费用。巴勒斯坦水务局和美国国际开发署拒绝这一建议，并把这一问题提交给了巴以美三方委员会。按照《奥斯陆第二阶段协议》，三方委员会作为巴勒斯坦、以色列和美国之间的联合机构，负责调解巴勒斯坦人水资源开发时出现的争端，但它毫无约束力。1997 年夏，三方委员会开会讨论杰宁城的水问题，但以色列毫不让步，美国国际开发署和巴水务局也毫无办法。

另一方面，协议相关条款的执行进展缓慢，以至于许多巴勒斯坦人在迫切需要的水资源开发方面几乎看不到进步。到 1998 年底，西岸和加沙的普通巴勒斯坦人家庭用水或农业用水的量和质都几乎没有得到提高。《奥斯陆第二阶段协议》承认，巴勒斯坦人过渡时期的家庭用水量每年另外还需要 2860 万立方米，其中 950 万立方米由以色列提供，其余由巴勒斯坦人从山地蓄水层的东区开发。以色列确实向巴勒斯坦人供应了其承诺的大部分水，但完全以商业价格收费，水价是附近犹太人定居点的 2 倍。同时，极少有巴勒斯坦民族权力机构自己开采的水流向巴普通家庭。联合水委员会迟迟不颁发凿井的许可证，与以色列民政机构就水井的位置争论不休，以及捐赠者热衷于可行性研究，都使得许多项目在规划阶段便夭折了。

协议执行情况不佳导致了严重的后果。自 1995 年以来，西岸和加沙的水状况一直在恶化。在干旱的夏季，西岸和加沙的城镇和乡村几周内都无法从井中打到水，被迫以市政供水价格的15倍向售水车买水。希伯伦、伯利恒和杰宁及其周围的乡村和难民营缺水情况尤为严重，这些地区原本等待着《奥斯陆第二阶段协议》所许诺的水井和供水系统。例如，1998年夏天，德黑舍（Deheishe）难民营和希伯伦的部分地区竟然每隔20~30天才从水龙头得到一次水！[①] 1999年干旱的春季和夏季加剧了这一状况。但与此同时，附近的犹太人定居点却得到了麦克洛特充足的水供应。

加沙的水状况最为严峻，对健康的威胁也最大。1994年春，巴勒斯坦民族权力机构接管了加沙70%的土地，急需水的巴勒斯坦农民在短短4年内打凿了1500多口井。虽然这种做法使加沙的水状况更加恶化，但巴勒斯坦民族权力机构无法阻止也不愿阻止。从沿海蓄水层部分地点抽出的水对健康造成了危害。

事实也证明，《奥斯陆第二阶段协议》并没有大幅度改善巴勒斯坦人的水状况和改变巴以水消费的不平等。从表5-3-1和表5-3-2可知，从20世纪80年代中期到《奥斯陆第二阶段协议》签订3年后的1998年，巴勒斯坦的工业用水总量没有变化，农业用水总量有所减少，家庭用水总量虽然从4700万立方米/年增至8700万立方米/年，增加了85%，但与此同时，巴勒斯坦人口总量却从147万人增至300万人，增加了104%，这使得同期的人均家庭用水量从32立方米/年降到了29立方米/年。与此形成鲜明对照的是，同期以色列的家庭、工业和农业用水总量都有增长，家庭用水总量从3.25亿立方米/年，大幅度增至6.71亿立方米/年，增加了106%，与此同时，以色列人口总量从430万增至600万，只增加了40%，这使得同期以色列人均家庭用水量从76立方米/年增加到了112立方米/年。巴以之间的水消费差距进一步扩大。如表5-3-2，20世纪80年代中期，以色列的人均家庭用水量（76立方米/年）是巴勒斯坦人（32立方米/年）的2.38倍，到1998年这一数字进而增长到3.86倍；20世纪80年代中期，以色列的水消费总量（17.7亿立方米/年）大约是巴勒斯坦人水消费总量（2.27亿立方米/年）的7.8倍，到1998年这一数字进而增长到8.42倍。

---

① Amira Hass, "Dire Water Shortages in West Bank," *Ha'aretz*, 27 July, 1998, p. 2.

表 5-3-1　20 世纪 80 年代中期和 1998 年巴勒斯坦人和以色列人的水消费总量

单位：万立方米/年

用水类型	巴勒斯坦人		以色列人		总　计	
	20 世纪 80 年代中期	1998 年	20 世纪 80 年代中期	1998 年	20 世纪 80 年代中期	1998 年
家庭用水	4700	8700	32500	67100	37200	75800
工业用水	500	500	12500	12900	13000	13400
农业用水	17500	16500	132000	136400	149500	152900
总　计	22700	25700	177000	216400	199700	242100

资料来源：David J. H. Phillips et al.，"Factors Relating to the Equitable Distribution of Water in Israel and Palestine," in Hillel Shuval and Hassan Dweik （eds.），*Water Resources in the Middle East*：*Israel-Palestinian Water Issues*，p. 251。

表 5-3-2　20 世纪 80 年代中期和 1998 年巴勒斯坦人和以色列人人均水消费量

单位：百万人，立方米/年

人口/用水类型	巴勒斯坦人		以色列人	
	20 世纪 80 年代中期	1998 年	20 世纪 80 年代中期	1998 年
人　口	1.47	3.0	4.3	6.0
家庭用水	32	29	76	112
工业用水	3.4	1.7	29	21
农业用水	119	55	307	227
总　计	156	86	412	360

资料来源：David J. H. Phillips，et al.，"Factors Relating to the Equitable Distribution of Water in Israel and Palestine," in Hillel Shuval and Hassan Dweik （eds.），*Water Resources in the Middle East*：*Israel-Palestinian Water Issues*，p. 251。

二　国际力量的介入

巴勒斯坦人要开发水资源，若没有大量资金的支持，便寸步难行。但巴勒斯坦经济落后，根本无力筹措足够资金。因此，国际社会的捐助便成为巴勒斯坦水资源开发最重要的资金来源，而这也是国际力量介入巴以水争端的最重要的形式。

截至 1997 年底，一些国家和世界银行、联合国开发署等国际组织已至少向水利和环卫项目捐献或许诺了 3.65 亿美元。同年，约 1.92 亿美元已被支出。[①] 超过 75 个项目已处于规划或执行阶段，其中至少 1/3 已获得了捐助国和援助机构的完全承诺。

1995 年 10 月，就在《奥斯陆第二阶段协议》签订后不久，巴民族权力机构、以色列、世界银行、29 个捐助国和 10 个国际援助组织的代表在巴黎开会，以商讨和制定一个新的西岸和加沙开发援助方案。早在 1993 年《奥斯陆协议》之后，相关各方已经承诺捐助 21 亿美元（后增加至 25 亿美元），在 5 年内支持西岸和加沙巴勒斯坦经济和社会的发展，重建基础设施，增强巴勒斯坦人的管理能力。各方希望，实现这些目标不仅会赢取巴勒斯坦人内部对和平进程的支持，还能为经济的持续发展提供制度保障。

为了协调和指导捐款活动，大会成立了两个专门机构：咨询小组（Consultative Group）和特别联络委员会（Ad-Hoc Liaison Committee）。前者专注于协调各捐赠计划，后者以政治指导委员会身份与中东多边和谈保持密切联系。[②] 在每个机构中，美国、欧盟和世界银行都发挥着主要作用。包括开发计划署在内的众多联合国下属组织也在捐助者向某个特定工程捐款时扮演着中间人的角色。在巴勒斯坦一方，1994 年建立了巴勒斯坦经济开发和重建委员会（Palestinian Economic Council for Development and Recostruction），以引导对特定工程进行援助。巴勒斯坦民族权力机构抱怨承诺的捐款移交的速度太慢，而国际捐助者则批评巴方许多机构的腐败。尽管如此，到 1998 年初，巴勒斯坦民族权力机构已经支出了至少 18 亿美元捐款。

---

① Palestinian National Authority, Ministry of Planning and Internaltional Cooperation, *Palestinian Development Plan* 1998–2000, December 1997, p. 37.

② 对于西岸和加沙国际援助总体评估，参见 Rex Brynen, "International Aid to the West Bank and Gaza: A Primer," *Journal of Palestine Studies*, Vol. 25, No. 1, 1996, pp. 46–63; Rex Brynen, "Buying Peace? A Critical Assessment of International Aid to the West Bank and Gaza," *Journal of Palestine Studies*, Vol. 25, No. 2, 1996, pp. 79–92。

在这些资金中，10%多一点被投向了供水和环卫工程。这方面捐助资金最多的国家或组织依次是美国、欧盟、德国、挪威、法国、意大利和世界银行。除了美国国际开发署，国际性捐助者都不和联合水委员会直接发生关系，把自身的作用限定于帮助那些它们认可的工程。它们避免涉入政治，在《奥斯陆第二阶段协议》许可的范围内活动，并只给那些获得许可证的工程提供资金。它们也会偶尔给没有获得许可证的工程试探性地提供部分资金，但这样的工程必须在经济和政治上可行。通常情况下，巴勒斯坦水务局或者规划与国际合作部先向国际捐助者提交工程目录，后者检查哪些工程最需要资金，最有可能完工，最符合它们自己特定的要求。而后，国际捐助者自己就工程进行可行性研究。通常，联合国开发计划署充当与巴勒斯坦水务局联络的中间人和各国家捐助机构的执行者。由于美国具有和平进程中间人和水问题三方委员会成员的特殊地位，美国国际开发署在国际援助机构中角色非同一般。

20 世纪 90 年代以来，有多个国际组织和西方国家涉入了巴勒斯坦的水务部门。总体而言，外来援助者可以分为以下几类：（1）基于政治现实而不考虑水权利问题的国际捐助者，比如美国国际开发署和世界银行等；（2）关注紧急情况和迫切需要而非水资源开发的人道主义救援组织，比如国际红十字会、牛津饥荒救济委员会和联合国相关机构等；（3）旨在“建立和平”的捐助者，比如瑞士、欧盟、捷克等；（4）从技术角度促进巴勒斯坦“国家建构”的捐助者，比如法国、德国和挪威等。[①]

国际援助对巴勒斯坦水利设施的发展产生了重大影响。如表 5-3-3 所示，仅仅在 1996~2002 年，国际援助在巴勒斯坦水务部门的投资就高达 5 亿美元。巴勒斯坦水务局的报告认为，国际援助的成就包括：（1）巴勒斯坦水务局的组建与发展；（2）供水量增加了 30%；（3）供水网络的损耗减少了 5%~20%；（4）供水网络的覆盖面大幅扩展。[②]

---

① Fadia Daibes-Murad, "A Palestinian Socio-legal Perspective on Water Management in the Jordan River-Dead Sea Basin," in Clive Lipchin, Deborah Sandler and Emily Cushman (eds.), *The Jordan River and Dead Sea Basin: Cooperation amid Conflict*, Springer, 2007, p. 81.

② Mark Zeitoun, *Power and Water in the Middle East: The Hidden Politics of the Palestinian-Israeli Water Conflict*, p. 72.

表 5-3-3　1996～2002 年巴勒斯坦水务部门接受国际援助情况

单位：亿美元

援助项目	金额
水井、蓄水池，输水管道和线路	2
线路维护	0.8
污水处理系统	1.3
制度建设与人员培训	0.3
雨水导流	0.6
合计	5

资料来源：The State of Israel, "Water Issue between Israel and the Palestinians," March 2009, http://www.mfa.gov.il/NR/rdonlyres/71BC5337-F7C7-47B7-A8C7-98F971CCA463/0/IsraelPalestiniansWaterIssues.pdf。

西岸和加沙受资助工程的类型和目的有很大差别。在加沙，受资助工程主要关注的是通过重构给排水网络和修建污水处理设施，以提高水的质量。此外，工程还包括一些小型的盐水淡化厂，以改善或者至少延缓水供应状况日益恶化的状况。加沙的水利工程会受到来自以色列的部分影响，但不需要得到联合水委员会的同意，西岸则不同。① 在西岸，工程的目的通常是通过在东区蓄水层打井、给没有输水管道的乡村建设输水系统以及开发准确的水资源数据库，增加水的供应量。比较美国国际开发署和联合国开发计划署在西岸和加沙的活动，便能充分说明国际援助机构在此产生的功用。

长期以来，美国是巴勒斯坦发展资金最大的来源国，1993 年 9 月《奥斯陆协议》的签订极大地改变了美国在西岸和加沙援助的方式。② 尽管美国政府向被占领土的巴勒斯坦人提供捐助已经有 20 多年，但在《奥斯陆协议》之前，表现低调，数额较小。援助计划的执行者主要是美国近东难民援助处（American Near East Refugee Aid）等私人性质的志愿组织，其中的许多活动涉及整修巴勒斯坦人的农村供水系统。在 1975 年，美国在巴被

① 一次，日本资助了一项在加沙一个地区修建污水处理厂的可行性研究。然而，当工程规划完成之际，日本援助机构通告巴勒斯坦规划和国际合作部，要求其做出承诺，将来的污水处理厂不得建在离以色列边境 1 公里的范围以内。以色列向日本官员表达了其对污水渗透的担忧，后者不想涉入政治争端，所以做出让步。

② Sara Roy, "U.S. Economic Aid to the West Bank and Gaza Strip: The Politics of Peace," *Middle East Policy*, Vol. 4, No. 10, 1996, pp. 50-76.

占领土的资金援助只有100万美元。但自《奥斯陆协议》后，美国对巴勒斯坦的外国援助变得十分高调，数额也大量增加，而且主要由国务院通过美国国际开发署对在以色列的活动进行管理。在1993年10月的第一次捐助会议上，美国承诺在未来5年内向巴勒斯坦捐助5亿美元（占总捐助额的将近1/4）。美国的经济援助由此开始流向巴勒斯坦民族权力机构，在其帮助下，许多项目得到实施。到2009年，美国国际开发署改善了1.95万户巴勒斯坦家庭的水供应状况和约3万户家庭的污水处理设施。[①]

水务项目是美国对西岸和加沙大规模援助方案的一个中心内容。1994~1997年，美国国际开发署调拨的7500万美元的一半以上，被用来改善水设施。1998年，7500万美元中的5800万美元专用于水利工程。1995~2004年，美国向巴勒斯坦供水设施共投资3亿美元，巴勒斯坦水务局是接受美国国际开发署资助最多的一个巴勒斯坦机构，美国也是巴水务方面最大的捐助者。就绝对数字而言，美国国际开发署在西岸水务方面的捐助是第二大捐助者世界银行的两倍以及挪威、法国和德国等较大捐助国的3倍。在加沙，美国的捐助同样遥遥领先。[②] 美国国际开发署的工程通常规模很大，目的在于满足某些地区最迫切的水需求。尽管巴勒斯坦官员批评其活动不仅太过强调可行性研究，而且签订建筑合同时服务于美国利益，但毕竟这些工程让巴勒斯坦人获益很多。其中最重要的工程有整修加沙的雨水和污水收集系统以及在西岸希伯伦-伯利恒地区打凿水井和修建供水系统。

在加沙，美国国际开发署于1995年开始提供资助，大规模清理和更换长约50公里的雨水暗渠和污水管道，翻修谢赫·拉德万（Sheik Radwan）蓄水池和抽水站，改善排水系统。这一工程耗资4000万美元，实际上是《奥斯陆协议》前美国政府修缮破损和渗漏管道的工作的继续。1998年美国国际开发署又开始更新整个污水管道系统，并把其扩展到加沙城以前没有排污设施的地方。这一工程的重要内容是把污水排放系统和雨水排放系统相分离。以前，两个系统混合在一起，当下雨时，污水排放系统遭到堵塞，致使污水漫流加沙城，渗入地下蓄水层。现在两个系统彼此分离，谢

① United States Agency for International Development (USAID), "Water Resources and Infrastructure," http://www.usaid.gov/wbg/wri.html.

② Mark Zeitoun, *Power and Water in the Middle East: The Hidden Politics of the Palestinian-Israeli Water Conflict*, p. 183.

赫·拉德万蓄水池只接纳雨水，而不是以前的雨水和污水的混合物。随着破损和渗漏管道的更换，污水的排放效率大大增加，使得原先的污水处理厂不堪重负。因此，美国国际开发署又扩大工程，追加捐款 500 万美元，新建了一个污水处理厂，使得污水处理能力增强了 2~3 倍。

在西岸，美国国际开发署优先考虑的是增加希伯伦和伯利恒两座城市的水供应。它们和杰宁城一样，是西岸水供应问题最严重的城市。在干旱的夏季，这些城市的供水系统只有涓涓细流，伯利恒的居民一周只能得到一次水泵抽来的水，希伯伦的情况更糟。美国国际开发署和巴勒斯坦水务局从联合水委员会那里得到许可，为两座城市打凿 4 口井，建设输水管道、抽水站和蓄水池。工程的总预算大约是 3500 万美元，一家美国公司成为承包商。1999 年 6 月，工程按计划完工，它每年额外供应 600 万~800 万立方米水，几乎使两个城市的可用水量增加了一倍。与杰宁城的水供应工程一样，美国国际开发署同样面临着获得许可证的问题。以色列民政机构以该工程距犹太人定居点过近为由，否决了伯利恒地区一口水井的位置。美国国际开发署向三方委员会申诉，以色列拒不让步，即便美国驻以色列大使和以色列基础设施部部长和国防部部长交涉，也毫无作用。美国国际开发署不得不改变水井的位置，并增加水井的数量，因为出水量无法与最初的位置相比，只能多打水井，而此举也增加了整个工程的费用。由于以色列的有意阻挠，截至 1998 年，整个工程只打凿了希伯伦和伯利恒的 4 口水井和杰宁城的 1 口水井。

自从 1980 年联合国大会决议要求改善被占领土巴勒斯坦人的经济和社会状况后，联合国开发计划署（简称“计划署”）便开始在西岸和加沙活动。由于没有相应的巴勒斯坦机构的协助，开发署只能小规模地提供技术和资金援助。1987 年，计划署开始涉入巴被占领土的水业，但活动规模很小。与美国国际开发署一样，《奥斯陆协议》也极大地改变了“计划署”在西岸和加沙活动的规模和方法。最大的变化之一是巴勒斯坦人有了自己的政治代表——巴勒斯坦民族权力机构，“计划署”可以与其一起规划和执行被占领土的发展方案。同样，“计划署”的工程花费也成倍增加，从 1992 年的约 1500 万美元增至 1996 年的 5000 万美元，由于其资金来源除了自筹外，还包括接受的捐款，因而每年的资金投入量会随着捐款的多少而变化。水利工程是“计划署”关注的重要领域，1998 年其花费占其总预算的 19%。“计划署”已成为在西岸和加沙农村地区建设供水网络的最活跃、最庞大的国际性援助机构。[1]

就西岸和加沙的供水和其他开发活动而言，“计划署”采取的方法与美国国际开发署大不相同。首先，与美国国际开发署和以色列保持密切关系不同，“计划署”和在被占领土活动的其他联合国机构一样，在以色列敌视和以色列与联合国互不信任的阴霾下工作。“计划署”严格要求在《奥斯陆第二阶段协议》的框架下开展活动。与美国国际开发署不同，“计划署”不介入申请许可证的过程，只有在联合水委员会和以色列民政机构颁发了所有必要的许可证后，才会在西岸承担水项目。“计划署”首先是一个执行机构，它从捐助国获得捐款，而后与巴方对应机构一起执行。“计划署”从许多参与巴勒斯坦发展的国家获得捐款，其中包括美国，日本却是其最主要的捐款来源国，自1994年以来，它提供了至少一半“计划署”在西岸和加沙所需要的资金。“计划署”是巴领土上一个独特的国际性援助机构，因为它不仅是执行机构，本身还是捐助者。1998年，在其3000万美元预算中，大约7%是自己筹集的。

由于资金相对较少，“计划署”的水利工程的规模比美国国际开发署的要小得多。它的大部分供水和环卫工程的花费都在100万~500万美元。这些工程大部分关注的是给没有供水系统的乡村修建供水系统，或者更新和整修水状况恶化最严重的城区的供水系统。比如在加沙汗尤尼斯（Khan Unis）地区，借助日本500万美元的捐款，“计划署”与巴勒斯坦水务局合作，大幅度改善了供水系统和污水处理系统。这一工程还包括把供水网络延伸到汗尤尼斯地区东南的4个村庄。

“计划署”最重要的目标之一是在西岸和加沙培养当地巴勒斯坦人的技术和组织能力，这一点也和美国国际开发署形成了区别。在所有的开发项目中，“计划署”都力图增强巴勒斯坦各个部门、市政局、村委员会和非政府组织的组织和管理能力，而不是取而代之进行操作。只要有可能，“计划署”都使用巴勒斯坦专家和当地资源。“计划署”发起的巴勒斯坦水资源行动方案，旨在让巴勒斯坦民族权力机构永久拥有自己的水利专家。由于此，尽管这些专家完全处于巴勒斯坦水务局的领导之下，但“计划署”

---

① Alwyn R. Rouyer, *Turning Water into Politics: The Water Issue in the Palestinian-Israeli Conflict*, p. 233.

依然继续给他们支付薪水。只有在当地无专家可用的情况下，才会雇用外来的专家，但他们也被要求对当地工作人员进行培训。而且，所有的基础设施重建工程都是由巴勒斯坦的承包商和非政府组织承建的，所有的物品都采购自巴勒斯坦供应商。“计划署”这样做是为了确保工程不仅促进发展，提高技术，而且还创造就业，增加投资。其目的是让巴勒斯坦人即便在捐助资金断流或和平进程中断的情况下，也具备经济和社会持续发展的能力。

三　《奥斯陆第二阶段协议》中水条款执行情况的评价

20 世纪 90 年代中期以来，巴以之间的政治谈判屡屡陷入僵局。塔巴水协议的执行虽然面临重重困难，但也取得了一定的成绩。巴勒斯坦人的水利设施获得较大发展，管理机构也逐步形成。为了执行水协议，巴方和以方人员每天接触，双方的中下层官员建立了工作关系。国际援助机构为改善巴勒斯坦人的供水和排污设施做出了重大贡献。不过，即便如此，在执行水协议的过程中，巴以双方批评之声依然不绝于耳。

无论是巴民族权力机构内部的，还是为非政府组织和国际援助机构工作的巴勒斯坦水专家，都普遍谴责水协议所规定的申请许可证的过程太过漫长。他们指出，很少有巴勒斯坦人因为水协议的执行而得到实际的好处。无论是因为捐助者坚持可行性研究，还是由于申请过程太过复杂，许可证的拖延只会让巴勒斯坦人的水问题更加严重。巴勒斯坦人不仅反对联合水委员会授权以色列否决他们开发自己水资源的工程，而且认为以色列是为了破坏协议的执行才故意延缓颁发许可证的过程。他们认为，以色列政府在通过这些行动来破坏他们的和平进程。一位巴勒斯坦市政水务管理者在谈到联合水委员会的标准时称：“它是以色列玩政治游戏的工具。相比《奥斯陆第二阶段协议》签署之前，以色列领导人更像种族主义者。”[①] 巴方水专家认为，联合水委员会的做法不是如协议所计划的那样在建立信任，而是在制造紧张和仇恨。有些巴方水专家虽然没有这样激烈批评以色

① 在与巴勒斯坦水务局没有关联的水专家中，这种观点尤其普遍存在。正如《奥斯陆第二阶段协议》的一位坚决批评者所言：“协议不是解决办法，而是让巴勒斯坦人高兴但同时使以色列继续拥有水的心理疗法。”参见 Alwyn R. Rouyer，*Turning Water into Politics*：*The Water Issue in the Palestinian-Israeli Conflict*，pp. 236，249。

列的动机，但大多数人认为水开发的速度缓慢。

巴方水专家还就其他方面提出批评。其中最主要的是麦克洛特的水价依然太高。巴勒斯坦人向麦克洛特支付的水价是商业价格，而犹太定居者由于得到补贴，他们的水价要低得多。一些巴方水专家还指出，以色列成功“把水源与供应相分离”，因为协议只涉及供应而没有提及水源。虽然以色列会向缺水的巴勒斯坦城镇供水，但水源依然在以色列掌握之中。此外，协议没有涉及农业用水，而农业却消耗了巴勒斯坦人约 75% 的可用水。最后，巴勒斯坦人抗议以色列经常不遵守协议，以色列当局对犹太定居者违反许可证制度的行为几乎没有采取任何措施，也没有按协议的承诺向巴勒斯坦人大量递交水资源数据。以色列水委员会不是把整个数据库给巴勒斯坦水务局，而是按每一个请求给出特定工程的相关数据。

以色列的水机构否认了巴方的所有指控，批评巴勒斯坦水务局和巴勒斯坦人不遵守《奥斯陆第二阶段协议》。以色列官方认为，联合水委员会的工作和协议的执行在以很高的效率进行。但以色列的几位部长及其发言人则指责巴勒斯坦民族权力机构和巴各市政当局，称其故意把污水引向瓦迪，而后流向以色列居住区，污染蓄水层。1997 年 5 月，以色列基础设施部部长沙龙把这种行为称作“污水因提法达”，指责巴勒斯坦人故意以此违反《奥斯陆第二阶段协议》。基础设施部的发言人称，希伯伦市虽然有污水净化设施，但巴勒斯坦人却故意不使用，放任污水穿过绿线，流向以色列。巴勒斯坦水务局官员虽然不否认巴城镇未处理的污水污染环境，但不承认这在有意针对以色列。他们指出，西岸和东耶路撒冷的犹太人定居点也同样在污染双方共享的水资源。

西岸污水问题是有效执行《奥斯陆第二阶段协议》的一大障碍。没有人否认巴勒斯坦人和犹太人定居点的大量污水在污染山地蓄水层，分歧在于双方应该联合还是分别应对这一问题。在以色列环境专家看来，最有效和最廉价的方式莫过于与巴方合作，以此获取国际资金援助，修建共同的污水处理设施。他们认为，蓄水层污染是最大的危险，合作是应对的最快速和最保险的途径。大部分国际援助机构都支持以色列的这一立场，它们认为，“污水就是污水”，没有必要在距离很近的情况下为巴以双方分别修建污水处理厂。与此不同，巴勒斯坦人从政治角度看待这一问题，巴方官员愿意与绿线内的以色列社区就环境问题展开合作，但拒绝与犹太人定居点合作。他们认为，同意与犹太人定居点共建污水处理设施，无异于承认定居点在西岸和加沙存在的权利，而这是他们坚决否认的。在他们看来，援助资金是专门用来促进巴勒斯坦发展的，合作建议不过是以色列想从巴勒斯坦人那里谋取利益的花招而已，只有在最终地位谈判和定居点问题解决之后，修建联合污水处理厂才会毫无争议。对他们而言，“污水就是政治”。

四　巴以水谈判的停滞及后果

巴以水谈判始终受到巴以政治关系的巨大制约。1993 年以来，正是在双方政治关系取得巨大突破的情况下，巴以水谈判作为双方谈判的关键内容之一，取得了重要的进展。但是，随着谈判的深入，双方的分歧日益显露，由于以色列不愿让渡更多的利益，彼此的矛盾逐渐激化，谈判之路遭遇巨大的挫折，最终停滞不前。

1998 年 10 月 23 日，以色列总理内塔尼亚胡和巴勒斯坦总统阿拉法特在美国总统克林顿主持下签署《怀伊协议》，规定以方在 3 个月内从约旦河西岸 13.1%的领土撤军，并将巴以共管的西岸 14.2%的土地交由巴方管辖。1999 年 9 月 5 日，以色列巴拉克政府同巴方在美国、埃及、约旦等国推动下，就启动巴最终地位谈判签署了《沙姆沙伊赫备忘录》。2000 年 7 月，以总理巴拉克和总统阿拉法特应克林顿邀请在美国戴维营就最终地位进行谈判，但双方分歧严重，谈判陷入僵局。2000 年 9 月，以总理沙龙强行访问穆斯林著名的阿克萨清真寺，直接引发了巴勒斯坦人的第二次因提法达。巴以双方爆发暴力冲突，造成数千人丧生。奥斯陆谈判受阻，中东和平进程全面停滞。2003 年 4 月 30 日，美国公布了中东和平“路线图”，决心分 3 个阶段实现巴勒斯坦建国。2003 年 6 月 4 日，美国总统布什、以色列总理沙龙和巴勒斯坦总理阿巴斯在约旦港口城市亚喀巴举行三方会晤，标志着中东和平进程重新启动。但是，由于以色列的强硬态度，和谈屡屡停止，毫无成果。2008 年底以色列发动的加沙战争，使得巴以政治关系严重倒退。至今，巴以之间所有的重大问题都是久拖不决。

在《奥斯陆第二阶段协议》后，由于政治关系的恶化，巴以水谈判再也没有取得任何重要的进展。受此影响，巴以水务部门遭遇重大挫折，巴以联合水委员会中的双方代表很少会面协商问题，其下属的技术分委员会开会的次数锐减。如表 5-3-4，技术分委员会召开会议的次数在 2000 年达到顶峰，自此随着当年巴勒斯坦人第二次因提法达的发生，会议次数总体上呈下降趋势。在此情况下，许多巴勒斯坦人水务项目的申请也就无法获得通过。虽然《奥斯陆第二阶段协议》中与水有关的条款依然在发挥一定的作用，但巴勒斯坦人的水状况没有出现根本变化。

表 5-3-4　1996~2008 年巴以联合水委员会技术分委员会召开会议的次数

单位：次

年份	会议次数	年份	会议次数
1996	5	2003	2
1997	6	2004	2
1998	5	2005	4
1999	5	2006	7
2000	10	2007	3
2001	8	2008	1
2002	2	合计	60

资料来源：The World Bank, *West Bank and Gaza*: *Assessment of Restrictions on Palestinian Water Sector Development*, Report No. 47657-GZ, April 2009, p. 10。

随着政治局势的恶化，巴勒斯坦人和市政部门不缴纳水费的情况更加严重，巴勒斯坦水务局由此面临着更加严重的财政危机。国际捐助者支持的给水工程项目由于承包商害怕危险而无法进行。红十字会等国际援助机构为了尽快缓解人道主义危机，有意绕过巴勒斯坦水务局，直接与市政部门和村委会沟通，投入大量资金购买拉水车供应的水。这样，巴被占领土上的供水设施不仅无法改善，还面临着老化、失修和丧失功能的问题，而巴勒斯坦水务局的功能也进一步遭到削弱。

20 世纪 90 年代中后期以来，在国际社会的援助和巴勒斯坦水务局的努力下，巴勒斯坦人的水利设施取得了一定的改善。据调查，在巴勒斯坦领土，与供水网络相连接的家庭 1999 年占 85%，2008 年增加到了 88%。在西岸这一数字是 84%，在面积狭小的加沙，这一数字是 97%。[①] 但是，

① Palestinian Central Bureau of Statistics (PCBS), "Household Environmental Survey 2008," http://www.pcbs.gov.ps/DesktopDefault.aspx?tabID=1&lang=en.

巴勒斯坦人的水问题依然十分严重。

2005 年，依据世界银行的统计，在西岸，巴勒斯坦人每天的人均水供应量为 97 升，其中人均家庭用水量约为 50 升，在加沙，巴勒斯坦人每天的人均水供应量为 152 升，其中人均家庭用水量约为 76 升。[①] 相比巴以和谈之前，人均水消费量并没有明显提高。实际上，西岸巴勒斯坦人每天的家庭用水量差别很大，如表 5-3-5 所示，西岸许多社区人均家庭用水量每天竟然不到 10 升，这与世界卫生组织规定的每天至少 100 升的标准相差甚远。同年，西岸的 257 个社区（其中 82 个社区人口多于 500 人）没有统一的供水网络，依赖于雨水收集和运水车等传统的方式获得用水。在拉马拉，运水车供应的水每立方米费用高达 3~4 美元。[②]

表 5-3-5　2003 年西岸人均家庭用水量每天少于 20 升的社区

城市	社区	人口（人）	每天供水量（立方米）	每人每天平均用水量（升）
杰宁	比尔金	5595	14032	7
杰宁	乌木阿土特	951	3632	10
杰宁	阿式舒哈达	1649	9520	16
杰宁	加勒卡姆斯	1771	5532	9
杰宁	艾尔姆哈衣	2124	5424	7
杰宁	法赫迈	2313	11798	14
图巴斯	阿卡巴	5723	5328	3
伯利恒	艾尔马萨拉	746	4642	17
拉马拉	加马拉	1355	3760	8
拉马拉	萨法	3769	7812	6
拉马拉	贝特乌阿特替塔	4116	8222	5
希伯伦	贝特卡西勒	5481	5032	3

① The World Bank, "West Bank and Gaza. Assessment of Restrictions on Palestinian Water Sector Development," http: //web. worldbank. org/WBSITE/EXTERNAL/COUNTRIES/MENAEXT/WESTBANKGAZAEXTN/0contentMDK: 22174947 ~ pagePK: 141137 ~ piPK: 141127 ~ theSitePK: 294365, 00. html.

② Simone Klawitter, "Water as a Human Right: The Understanding of Water Rights in Palestine," in Asit K. Biswas, Eglal Rached and Cecilia Tortajada (eds.), *Water as a Human Right for the Middle East and North Africa*, Taylor & Francis Group, 2008, pp. 105, 110.

续表

城市	社区	人口（人）	每天供水量（立方米）	每人每天平均用水量（升）
希伯伦	依德纳	17613	107000	17
希伯伦	塔富赫	9175	6841	2
希伯伦	杜拉	20165	100000	14
希伯伦	塔瓦斯	137	818	16
希伯伦	埃尔比拉赫	291	1580	15
希伯伦	阿德达西利亚	26726	156000	16

资料来源：The World Bank，*West Bank and Gaza Public Expenditure Review：From Crisis to Greater Fiscal Independence*，March 2007，p. 48。

依据表 5-3-6，2005 年以色列人的人均家庭用水量是 104.7 立方米，2006 年巴勒斯坦人的人均家庭用水量是 40 立方米，前者大约是后者的 2.6 倍；2005 年以色列人的人均水消费总量是 277.3 立方米，2006 年巴勒斯坦人的人均水消费总量是 83 立方米，前者大约是后者的 3.3 倍，以色列人和巴勒斯坦人之间的水消费差距依然十分明显。

表 5-3-6　当前巴勒斯坦人和以色列人水消费情况比较

		巴勒斯坦人	以色列人
	人口总数	3888292	6991000
年消费总量（亿立方米）	农业	1.478	1.1605
	家庭	1.555	7.319
	工业	0.194	1.16
	总计	3.227	20.084
人均年消费量（立方米）	农业	38	166
	家庭	40	104.7
	工业	5	16.6
	总计	83	277.3

注：以方数据来自 2005 年以色列水委员会公布的结果，巴方数据来自 2006 年巴勒斯坦中央统计局公布的结果。

资料来源：Hilmi S. Salem and Jad Isaac，*Water Agreements between Israel and Palestine and the Region's Water Argumentations between Policies，Anxieties and Unsustainable Development*，Beirut，2007，p. 10。

2008 年的调查表明，只有 46% 的巴勒斯坦家庭认为水质是好的（1999 年为 67.5%），在西岸这一比例是 64%，在加沙这一比例只有 14%。[①] 在 2008 年，巴勒斯坦领土 54% 的家庭直接把污水排放到污水池，与排污网络连接的家庭比例由 39%增加至 46%。据联合国估计，自 2008 年 1 月以来，每天大约有 5 万～8 万立方米未经处理或者部分处理的污水被排进了地中海。[②] 在加沙，无节制的开采导致海水大量渗入蓄水层。2003 年，按照世界卫生组织的标准，加沙只有 10% 的水井的水适合饮用。[③]

2006 年以来，以色列军队对加沙的多次军事行动，对当地的供水设施造成了极大的破坏。哈马斯上台后，美国国际开发署抽身于巴勒斯坦人的水利部门之外，抛弃了正在进行的工程，关闭了承包商的办公室，对其从经济上进行抵制，这使得加沙糟糕的水状况雪上加霜。2008 年底开始的加沙战争和以色列的严密封锁，导致加沙巴勒斯坦人因严重缺少水和其他生活物资，陷入了极其严重的人道主义灾难。战争破坏了电厂，许多水井因缺少电力无法运转。由于封锁，零部件难以运入，被破坏的或者老化的设施根本无法维修。许多规划的项目由于局势恶化而无法完成。据统计，自 2004 年以来，耗资 100 万美元以上的、由外部援助的 13 个水务项目，最终只有 3 个完成。依据联合国的调查，2009 年加沙约 60% 的人口无法得到持续的水供应。[④] 巴以水谈判开启 18 年后，巴勒斯坦人依然处于严重缺水的状态。而且，由于以色列控制着大部分水资源，巴勒斯坦人消费的水中半数以上不得不向以色列高价购买（如表 5-3-7）。在巴被占领土上，没有一个地区的供水实现了完全的自给。伯利恒等重要城市的用水在很大程度上仰赖于以色列，这一形势使得后者可以轻而易举地中断供水，对巴勒斯坦人进行“集体惩罚”。

---

① Palestinian Central Bureau of Statistics（PCBS），“Household Environmental Survey 2008,” http://www.pcbs.gov.ps/DesktopDefault.aspx?tabID=1&lang=en.

② United Nations，“Gaza Water Crisis Prompts UN Call for Immediate Opening of Crossings,” http://www.un.org/apps/news/story.asp?NewsID=31927/.

③ Alice Gray，“The Water Crisis in Gaza,” http://www.internationalviewpoint.org/spip.php?article121.

④ United Nations，“Gaza Water Crisis Prompts UN Call for Immediate Opening of Crossings,” http://www.un.org/apps/news/story.asp?NewsID=31927/.

表 5-3-7　2007 年各地区巴勒斯坦人的水消费和购水情况

单位：万立方米，%

地区	巴勒斯坦人控制的水量	占总消费量百分比	购买的水量	占总消费量百分比	消费总量
杰宁	393.27	74	137.8	26	531.07
图巴斯	62.3	76	19.7	24	82
图勒卡里姆	794.29	96	32.5	4	826.76
那布鲁斯	787.03	71	314.9	29	1101.9
卡及利亚	583.6	93	46.6	7	630.2
萨勒菲特	12.1	6	187.9	94	200
杰里科	266.6	59	185	41	451.6
拉马拉	282	21	1087.5	79	1369.5
耶路撒冷	59.1	7	746	93	805.1
伯利恒	156.1	18	710.3	82	866.4
希伯伦	669.7	40	1016.6	60	1686.3
总计	4066.1	48	4382	52	8448.1

资料来源：Karen Assaf, "Managing Palestine's Water Budget: Providing for Present and Future Needs," in Clive Lipchin, Deborah Sandler and Emily Cushman (eds.), *The Jordan River and Dead Sea Basin: Cooperation amid Conflict*, p. 97。

第六章　多维权力理论下的巴以水问题

在国际政治中，实力或力量是决定冲突结果的最重要的因素，没有充足的力量做后盾，冲突的参与者不可避免地会走向失败的命运。巴勒斯坦人之所以在水争端中处处被动，受人宰割，根本原因在于其相比以色列太过弱小。

力量具有一定的结构，呈现出不同的层次。20世纪80年代末，美国著名学者约瑟夫·奈提出了硬实力（Hard Power）和软实力（Soft Power）两个相区别的概念。英国学者史蒂文·卢克斯在其名著《权力——一种激进的观点》[①] 中进一步区分了实力的三个维度。第一个维度是人们最为熟知的硬实力，包括经济和军事等物质性力量。它是“老虎的牙齿”，是一方凭借其强制性、支配性能力而强迫另一方服从自己的力量、权力。第二个维度是谈判的力量（Bargaining Power），或者说是讨价还价的力量。与更加具有实质性内容的硬力量不同，这一种力量建立在合法性之上，而获得合法性的途径包括有效的谈判策略、国际性条约的承认、道义制高点的确立、掌控谈判时间等。谈判力量的大小具体表现在一方的选择会多大程度地对另一方产生影响。比如，一方更加善于利用国际性条约，给自身增添合法性，而把对方置于无法选择的境地。第三个维度是观念的力量（Ideational Power）。在三个维度中，它最为抽象，却在实践中最为有效。简单而言，它就是强者一方让弱者心甘情愿地服从的力量。“强者在弱者的意识中灌输他们的观念，甚至是为己谋利的思想，乃至于弱者由衷

① 〔英〕史蒂文·卢克斯：《权力——一种激进的观点》，彭斌译，江苏人民出版社，2008。

地相信，强者的价值判断确实是普遍真理。”[①] 第二种力量和第三种力量合起来可以称为软实力。

在巴以之间，上述三种力量的对比都处于极端失衡的状态。以方宛若大象，极度强大；巴方犹如蚊子，极端弱小。一方面，巴以之间水分配的“不合理、不公平”，正是双方力量失衡的直接体现；另一方面，巴以强弱分明的态势决定了水争端从来就不是平等的博弈。在绵延数十年的水冲突中，以色列正是充分利用自身优势和三种力量，把巴勒斯坦人彻底置于不利的境地。分析这三种力量在水争端中的作用，将大大加深对这一矛盾的认识。

第一节 硬实力

军事、经济和政治力量是衡量一国硬实力的主要指标。如表 6-1-1 所示，以色列与巴勒斯坦在各个方面都存在巨大的差距。就经济实力而言，2009 年以色列的 GDP 大约是巴勒斯坦的 43 倍，人均 GDP 大约是后者的 22 倍，对外贸易总额大约是后者的 37 倍，以色列的外汇储备是 616 亿美元，而巴勒斯坦则是零。就军事实力而言，以色列拥有世界上一流的军事技术和军事装备，常备军达 18.7 万人，其中空军 3.65 万人，海军 0.95 万人，而巴勒斯坦没有空军和海军，除拥有约 6 万人的负责内部安全和秩序的警察部队外，还有不属于巴勒斯坦民族权力机构管辖的各游击队组织。他们装备落后，训练不足，战斗力十分有限，而以军拥有 4300 多辆坦克、474 架军用飞机和 51 艘军舰，士兵训练有素，具有很强的战斗力。20 世纪 90 年代以来，历次军事冲突的结果说明巴以之间军事力量差距巨大。[②] 依靠

① Mark Zeitoun, *Power and Water in the Middle East: The Hidden Politics of the Palestinian-Israeli Water Conflict*, p. 29.

② 2008 年 12 月 27 日至 2009 年 1 月 18 日的以色列和哈马斯之间的加沙战争便是典型。依据巴勒斯坦人权中心的报道，冲突造成巴方死亡 1417 人（其中平民 926 人），以方死亡 13 人（其中平民 3 人），前者是后者的 109 倍。有关这次战争的详细情况参见 http://en.wikipedia.org/wiki/Gaza_War。

强大的军队，以色列侵占了大片巴勒斯坦人的土地。1947 年联合国 181 号决议分配给以色列的土地为 1.52 万平方公里，通过 1967 年战争，以色列占领了整个巴勒斯坦地区。20 世纪 90 年代，随着巴以谈判的进行，以色列军队部分撤离了巴勒斯坦领土，但至今以色列实际控制的面积仍高达 2.5 万平方公里（包括原属叙利亚 1150 平方公里的戈兰高地），这是巴勒斯坦实际控制面积的 10 倍。此外，就外交而言，以色列获得世界超级大国美国的强大支持，而巴勒斯坦的支持则主要来自一些相对弱小的阿拉伯国家。

表 6-1-1　2009 年以色列和巴勒斯坦主要数据比较

	以色列	巴勒斯坦
领土人口（万人）	747	410
实际控制土地面积（万平方公里）	2.5	约 0.25
GDP（亿美元）	1945	44.96
人均 GDP（美元）	26142	1214
外汇储备（亿美元）	616	0
对外贸易总额（亿美元）	1153	31.36
军队或警察部队规模（万人）	18.7	约 6

注：以色列的外汇储备为 2010 年 1 月数据，对外贸易总额为 2008 年数据。

资料来源：根据外交部网站“以色列国家概况”和“巴勒斯坦国家概况”的数据整理而成。

硬实力尤其是军事力量的优势，使得以色列在水争端中处于极为有利的地位。正是借助于军事力量，以色列自第三次中东战争以来控制了巴勒斯坦的主要水源。20 世纪 90 年代以来，巴以水谈判的艰难推进使得巴勒斯坦人的水消费量逐步增加，但同时，以色列又通过各种方式恶意破坏巴勒斯坦人的水设施，阻碍他们获取水资源。2002 年以色列军队入侵杰宁城和同年修建隔离墙，是以色列直接利用硬实力剥夺巴勒斯坦人水权利的两个典型事件。以色列军队破坏杰宁城水设施的事件直观地反映了硬实力的不对称对巴勒斯坦百姓的用水造成灾难性影响；隔离墙的修建则说明了以色列如何使用硬实力使“非法剥夺”变成不可更改的事实。两个案例同时说明，巴以联合水委员会 2000 年发布的“保护宣言”并没有发挥应有的作用。

就在巴勒斯坦游击队与以色列军队发生军事冲突 14 个月之前，经过美国国际开发署的耐心协调，联合水委员会中的巴以水务官员共同发布了《保护水利设施免受无休止暴力的联合宣言》，宣布："我们呼吁公众不要以任何方式破坏水利设施，包括管道、抽水站、钻井设备、电力系统以及其他相关设施。双方也呼吁所有当前危机的参与者不要以任何方式危害定期维护供水和排水设施或者维修其破损和故障的专业队伍。"[①] 许多分析家对这一宣言大加赞扬，认为它表明，无论巴以双方政治家和武装人员如何彼此敌视，至少水务官员还在进行必要的合作。然而，事实证明，这一宣言丝毫没有保证巴勒斯坦人的水利设施免遭破坏。数月之后，以色列军队在与巴方武装人员的冲突中，不仅大肆破坏巴勒斯坦人的饮水设施，还不断阻挠巴方人员进行维修。

2001~2003 年，以色列军队与巴武装派别在加沙和西岸先后多次发生军事冲突，巴勒斯坦的所有城镇和许多乡村遭受了巨大破坏，其中尤其以水利设施的破坏最为严重，巴无数普通民众的生活因此陷入了困境。2002 年 4 月的杰宁事件是其典型的例子。

杰宁城靠近以色列边界，位于西岸东北部的丘陵区，居民约有 4.3 万人。他们的用水主要有四个来源。其一是巴勒斯坦水务局的水井，供应 55%的用水，位于市核心区；其二是私有水井，供应 20%的用水，大多数在市郊，其中许多是"非法水井"，即没有按照《奥斯陆第二阶段协议》获得联合水委员会的许可；其三是市属水井，供应 10%的用水，位于市中心，水层很浅；其四是以色列麦克洛特的管道，供应 8%的用水，这部分水由 3 个水井提供，它们都位于冲突密集区之外，这些水首先供应附近的 3 个犹太人定居点和一些以色列军事营地，剩余的才提供给巴勒斯坦人。

2002 年 4 月 2 日至 19 日，以色列军队侵入和占领杰宁城，给当地造成了巨大的破坏，140 栋住房被拆除和推平，难民营里的 200 多栋住房被部分破坏，4000 人因此无家可归。数十台坦克和推土机在难民营和城市里的狭窄的街道上穿行，尤其是后者有意在主要道路上挖出道道沟渠，严重

① Mark Zeitoun, *Power and Water in the Middle East: The Hidden Politics of the Palestinian-Israeli Water Conflict*, pp. 87-88.

破坏了供水和排水网络，使数千人在两周的时间内无法获得新鲜的水。依据巴勒斯坦水务局紧急维修小组的统计，遭到破坏的供水设施主要有：60多米的14英寸输水线路；60多米的10英寸输水线路；60多米的6英寸输水线路；180多米的4英寸输水线路；10.4公里的2英寸输水线路；11.6公里的0.75英寸和0.5英寸输水线路。依据世界银行的估计，仅仅水利设施的损失就高达210万美元。[①]

不仅如此，以色列军队还设法阻挠杰宁水务局维修损坏的设施。巴勒斯坦水务局的水井维修员被以军驱赶，水井所在的位置被作为军队的补给站。当冲突结束以军撤退后，杰宁水务局发现，除了卫生间以外，所有的房间内都有粪便。由于以军实行宵禁，维修工作只有在与以军指挥官协调之后才能进行。有时，维修工作在以军小分队队长在场的情况下进行，但在夜间，维修好的设施又被以军士兵破坏。虽然巴勒斯坦人的输水设施多遭毁坏，但形成鲜明对比的是，麦克洛特的却完好无损。尽管杰宁水务局要求补偿因管道破坏而损失的水，但麦克洛特并没有增加向巴勒斯坦人供水的量。麦克洛特对数千巴勒斯坦人无任何水源的状况视而不见，依然优先向附近的犹太人定居点和以军军事营地供水。

以军对巴水利设施的破坏大多是有意的行为。杰宁城里的许多管道裸露于地面，而埋于地下的多数管道只能承受普通的交通工具。因此，以军装甲推土机和重达70顿的重型坦克行进出狭窄的街道时，必然对两边的管道造成巨大破坏。对于以军这样公然违反国际法和联合水委员会《联合宣言》的做法，巴勒斯坦除了苍白无力的抗议，毫无办法。虽有国际社会的指责，但作为直接受害者的巴勒斯坦终究无法抵制以军战斗机、坦克和推土机的力量。

杰宁城的命运正是巴以之间硬实力极端不对称的直接结果。以色列军队对巴勒斯坦城市的频频入侵，首先是其无可比拟的军事优势的反映。巴以之间虽然多次发生军事冲突，但水利设施的破坏仅仅发生在巴勒斯坦人居住区，以色列境内的从来都是安然无恙。巴以联合水委员会虽有合作的良好愿望，但这丝毫无助于根本阻止以军的破坏。在这里，硬实力决定了

① World Bank, *Physical and Institutional Damage Assessment*, *West Bank Governorates*, International Bank for Reconstruction and Development, 23 May 2002.

巴以水争端的基本态势，军事目标优先于水问题。

除了杰宁事件，隔离墙也是巴以水争端中硬实力失衡的一大表现。自 2002 年 6 月起，以色列开始沿以巴边界线约旦河西岸一侧修建高 8 米、长约 700 公里的混凝土隔离墙，其目的是将西岸巴勒斯坦地区与以色列彻底隔离开来，阻止巴激进组织成员进入以境内实施袭击。隔离墙由钢筋混凝土墙体、铁丝网、高压电网、电子监控系统组成，并由以色列巡逻队和哨兵进行警戒。许多巴勒斯坦人指出，以色列修建隔离墙实际上是攫取土地的行为，一些西岸最肥沃的土地被划到了以色列一侧。而且，隔离墙影响到 87.5 万巴勒斯坦人的生活，来自 400 个家庭的 2300 多人流离失所。

隔离墙也对巴勒斯坦人获取水资源形成了直接影响。许多属于巴勒斯坦人的水井被分割到了以色列一侧。2003 年，在隔离墙修建的第一阶段结束之后，巴勒斯坦人的 25~50 口水井无法使用。这些水井的总出水量大约每年为 670 万立方米，出水量最大时可达 1500 万立方米。2003 年，巴勒斯坦人的水消费总量是 3.31 亿立方米，上述“丧失”的水量相当于消费总量的 2%，甚至 4.5%。这对于原本水资源不足的巴勒斯坦人来说是不小的损失。隔离墙对农民的影响最大。虽然以色列的民政机关做出临时安排，允许巴农民接近隔离墙另一侧的田地和水井，但把守隔离墙的士兵却拒绝许多拥有许可证的人经过通道。由于缺少维护，这些水井常常陷入失修状态，进而对农民的生活形成了灾难性的影响。[①]

显然，隔离墙的修建对巴勒斯坦人的用水构成了威胁，但巴勒斯坦水务局甚至都没有就此提出正式的官方抗议。以色列修建隔离墙的重要意图就是要把攫取的巴勒斯坦人土地和水资源事实化、永久化，对此巴勒斯坦人根本无力阻止。虽然国际社会进行了激烈谴责，巴勒斯坦民族权力机构也表示抗议，但以色列政府依然我行我素。依靠强大的硬实力，以色列单方面行动，造成既成事实，根本不给巴勒斯坦人谈判的机会和时间。隔离墙的修建再次表明了《联合宣言》的苍白无力。在巴以水争端中，硬实力直接决定着结果。

---

① Alice Gray, “The Water Crisis in Gaza,” http://www.internationalviewpoint.org/spip.php?article121.

第二节　谈判的力量

以色列依靠硬实力的绝对优势占据和消费了巴勒斯坦地区绝大部分的水资源。随着20世纪90年代巴以和谈的启动，水争端也开始被纳入和平谈判解决的轨道。依据1995年《奥斯陆第二阶段协议》第40条，组建的联合水委员会成为双方在水问题方面合作的主要平台，而巴以谈判力量的巨大差异在联合水委员会的活动中显露无遗，这也充分说明了在谈判力量不对称的情况下，不可能依靠联合水委员会改变巴以水消费不均衡的状况。

联合水委员会由以色列水委员会和巴勒斯坦水务局组成，目的是就巴勒斯坦政治边境内的水资源进行一定程度的合作。即便是在巴以暴力冲突最激烈的时候，联合水委员会的巴以水务官员也可以会面商讨问题，因此联合水委员会被许多非政府组织视为值得模仿的跨界水资源合作的榜样。但是，许多学者指出，其实际作用十分有限。正如约亨·里基尔（Jochen Renger）所言："尽管以色列政府和巴勒斯坦民族权力机构在水管理的某些领域共同工作，但这并不意味着它们在进行合作。"① 他严格区分了"共同工作"和"合作"两个词，并指出巴以水争端中对"合作"的"无处不在"的滥用。确实，联合水委员会中巴以水务官员的"合作"，更多的是一种象征，而缺乏实际的意义。由于巴以硬实力和谈判力量的差距，联合水委员会实际上延续了巴以水消费的不平等状态。

按协议，联合水委员会要对西岸的水资源进行联合管理，其范围不包括位于以色列政治边境内的跨界水资源，加沙则不在考虑的范围之内。联合水委员会的最重要的职能是颁发许可证，但由于双方谈判力量的失衡，相关的规定使得巴方处于极为不利的处境。比如，依据许可证的申请和颁发程序，以色列的民政机构对于位于西岸城市中心之外的C区内所有申请具有最后的决定权。按《奥斯陆第二阶段协议》规定，C区在过渡时期继

① Jochen Renger, "The Middle East Peace Process: Obstacles to Cooperation over Shared Resources," in Scheumann and Schiffler (eds.), *Water in the Middle East: Potential for Conflicts and Prospects for Cooperation*, Springer, 1998, p. 49.

续处于以色列的全面控制之下，面积大约占西岸的 72%。被犹太人定居点所占据的 6.8%的土地同样处于联合水委员会的权限之外。这就意味着联合水委员会管辖的范围只占大约 21%的西岸巴勒斯坦领土。在超过西岸 2/3 的土地上，以色列的军事利益凌驾于巴勒斯坦人的发展需要和巴以水合作的利益之上。而由于以色列水利机构和军事部门的利益又服从于更高的以色列国家政治利益，申请许可证的整个过程便处于双方力量不均衡这一事实的支配之下。

显然，决定联合水委员会运转情况和申请结果的不仅是技术因素，而且是军事和政治因素。以巴双方在以联合水委员会为平台的接触中，以色列通过三种途径使得巴勒斯坦人事实上服从于自己的意愿，即强制性服从（coerced compliance）、功利性服从（utilitarian compliance）和规范性服从（normative compliance）。①

第一，强制性服从就是以色列通过强制性手段迫使巴方遵从自己的意见。在联合水委员会中，以色列压制巴勒斯坦人是常规做法。自 1967 年以来，以色列的强迫性事件不胜枚举，尤其在以色列控制西岸水务局时期更是如此。虽然管理西岸水务局的巴勒斯坦人曾与以色列同事在麦克洛特共事数十年，但在 1995 年以后他们依然对后者几乎没有影响力。2000 年，西岸水务局的局长通过联合水委员会，请求以色列向纳布鲁斯西北部的布尔卡村（Burqa）供水。巴方的要求是每天 5 立方米，按照每人每天 130 升的标准，这些水大约够 40 人使用。巴方建议的水源是麦克洛特控制的连接两个犹太人定居点的输水管道。但是，联合水委员会的以色列官员以“没有充足水源”为由拒绝了这一请求。巴方官员毫无办法，只得接受联合水委员会以色列一方直接否决的结果。布尔卡村的村民则眼睁睁地看着以色列的输水管道穿过村庄。

以色列一方还通过经济和管理优势促成有利于自己的结果，这在麦克洛特收取水费的过程中表现得十分明显。麦克洛特控制着西岸供应巴勒斯坦村庄和犹太人定居点的输水管道，在收取水费时，管道沿途损失的水被计算到了巴勒斯坦人的账单上。渗漏严重的管道导致水损失率高达 30%，

---

① Mark Zeitoun, *Power and Water in the Middle East: The Hidden Politics of the Palestinian-Israeli Water Conflict*, pp. 102-107.

原本经济困难的巴勒斯坦人因此承受了更加沉重的负担。

作为优势的一方，联合水委员会中的以方官员还以退出合作威胁巴方官员。2001 年，巴勒斯坦水务局副局长在巴媒体中批评以方在联合水委员中态度严苛，以方官员后来当面予以反驳，并讽刺道："如果你认为媒体会给你更多的水，那么就从那里去获得吧。"[①] 在强势的以方官员面前，巴方水务官员不敢表达更多的不满，以免"危害"双方已经不多的合作。虽然此后双方的合作日益减少，但在巴勒斯坦媒体中极少出现相关的评论。

第二，功利性服从就是一方使用诱饵（incentives）诱使另一方服从于自己。在联合水委员中，以色列多次使用这种方式达到自己的目的。当巴勒斯坦人提出某项工程建议时，以色列官员会有三种选择：（1）表示接受，但在申请许可证的阶段由他们民政机构的同事否决它，或者在执行阶段由以色列国防军终止它；（2）动用否决权直接拒绝它；（3）与其讨价还价。在第三种情况下，以色列一方需要巴勒斯坦人付出某种"代价"，比如要求他们同意原本并不接受的以色列工程项目。"在以色列当局无法通过联合水委员会的法律-制度机制修建工程的时候，它会经常诉诸其明显居于优势的强制性力量，确保自己的管道在需要的时候得到铺设。"[②] 这就是说，以色列一方以自己的各种优势为后盾，以放行巴方某一项目申请为"诱饵"，促使其在其他方面让步作为交换。

以方促使巴方同意筹建的污水处理厂也为以色列人提供服务，便是这方面的典型事例。一位曾在巴勒斯坦地区工作十几年的德国水文地质学家证实，巴方为满足巴勒斯坦人需求，申请修建一座污水处理厂，但为了获得以方官员的同意，就不得不也向附近的犹太人定居点提供服务。以方给巴方的选择是：要么拒绝这项工程，进而冒着继续污染蓄水层的风险和故意污染的指责；要么同意这项工程，与以色列"合力"[③] 把定居点合法化。

在 2002 年的"杰里科 7 号"水井事件中，以方采取了相似的手段，不过结果不同。联合水委员会中的巴方官员否决了以色列修建打凿这一水

---

① Mark Zeitoun, *Power and Water in the Middle East*: *The Hidden Politics of the Palestinian-Israeli Water Conflict*, p. 103.

② Jan Selby, "Dressng up Domination as 'Cooperation': The Case of Israeli-Palestinian Water Relation," *Review of International Studies*, Vol. 29, No. 1, 2003, p. 135.

③ 巴勒斯坦人认为，向犹太人定居点服务等于承认其合法性，而这是他们难以接受的。

井的要求，理由是它位于东区蓄水层。虽然以色列长期在其边境之内大量抽取这一蓄水层的水，但《奥斯陆第二阶段协议》规定东区蓄水层未来只准巴勒斯坦人开采。以色列民政机构随后拒绝允许巴勒斯坦承包商转运钻探设备到卢杰布（Rujeib）附近打井，并公开声称这是对上述巴勒斯坦人行为的报复和惩罚。[①] 由于以方的反对，卢杰布的水井项目从美国国际开发署资助的名单上被撤除了，至今这一工程还未完成。初看之下，双方较量和讨价还价的结果就负面影响是一样的，两者都丧失了打凿一口新井的机会。但是，鉴于双方水资源控制的差异和巴勒斯坦人对水的更大的需求，所以相对而言，这一结果对巴勒斯坦人生活和发展的影响要大得多。从上述事件可以看出，当面对以色列的硬实力时，巴勒斯坦人的谈判力量是如此有限。

与以方官员一样，联合水委员会中的巴方官员也会在讨价还价时使用各种“诱饵”。其中一个“胡萝卜”是巴勒斯坦水务局可以选择是否提出巴勒斯坦人水权利和需要更多水井的问题。为了避免让自己的政治领导人面对这种敏感的问题，联合水委员的以色列官员也曾“请求”巴方官员不要这样做。理论上，巴勒斯坦水务局有机会通过这种方式追求自己的利益，比如要求向争议水井颁发许可证作为交换。但实际上，由于自身硬实力太过弱小，巴勒斯坦人一般做不到让以方“功利性服从”。

第三，规范性服从就是一方让另一方认为，服从他者就如同公民缴税一样是义务和正确的事情，这一认识建立在承认对方合法性的基础之上。一个国家或者机构如果被认为是非法的，或者合法性不足，那么它就不具备规范性服从的力量。巴勒斯坦水务局是按照《奥斯陆第二阶段协议》建立的，这一始终没有得到完全执行的协议决定了它在以方官员眼中不具备足够的合法性。《奥斯陆第二阶段协议》虽然看似是巴以双方协商的结果，但其实很大程度上反映了以色列的意志，对巴勒斯坦人极为不利。然而，由于协议被普遍视为走向建国的必经的步骤，巴勒斯坦的水谈判官员认为，不阻碍所谓的奥斯陆和平进程是他们的义务。在此情况下，任何要求把联合水委员会的管辖范围扩大到以色列境内水资源的主张都将被认为是走向和平的障碍。显然，从一开始，就注定了巴勒斯坦人在联合水委员会

---

① Mark Zeitoun, *Power and Water in the Middle East: The Hidden Politics of the Palestinian-Israeli Water Conflict*, p. 104.

不得不部分服从于以色列人。巴勒斯坦水务官员常常遵从于协议所确定的合作规则，而以色列一方仅仅强调那些会满足他们利益的规则。在实践中，双方达成的协议很多时候成为以色列束缚巴勒斯坦的工具。

通过以上三种方式，以色列展现了强大的谈判力量。在联合水委员会的活动中，双方讨价还价能力的差距具体体现在议程的安排上。通过把某些问题排除在议程之外、打破程序、拖延举行会谈、控制参会人员、破坏讨论和控制会谈备忘录的内容等多种方式，以色列掌控着联合水委员会的运转，很大程度上决定着议程的安排。

第一，以色列厌恶、拒绝或转移巴勒斯坦提出的对打凿新井和水权利的任何讨论。由于以方官员施以压力，这些问题极少被摆上谈判桌。

第二，以方多次打破既定的程序，不把自己在西岸修建水利工程的建议提上谈判桌供双方讨论，以征得联合水委员会的同意。2001 年，在没有事先提交联合水委员会审查的情况下，以色列在西岸为犹太人定居点修建了容量为 1000 立方米的蓄水池和沿纳布鲁斯—拉马拉公路铺设了供应定居点的管道。对这样破坏程序的行为，巴方进行了抗议，以方则以多种理由搪塞，要么称以后不再违反，要么指责巴勒斯坦也同样曾违背程序。但无论怎样，巴方对以方逃避程序的做法都无可奈何。

第三，即便在巴以双方冲突较少的时期，巴方要求开会讨论修建供水设施的提议通常都被以方故意否决或拖延。与此相反，以方要求召开的会议常常要在一周内举行，巴方几乎没有时间做准备。

第四，以方为了控制联合水委员会会谈的结果，设法确定究竟谁才可以参加会议。比如，巴方提出让负责相关工程项目的美国和挪威雇员参会谈论技术性问题，但遭到以方的断然拒绝。相应地，以色列排除其他任何组织参加美-以-巴三方水委员会的会议。

第五，以方在联合水委员会提出的问题有时并没有被公开讨论。2005 年 9 月，在以色列从加沙和西岸的 4 个定居点“脱离接触”之后，联合水委员会在特拉维夫召开会议，以方撰写了备忘录的两个附件。第一个附件详细规定了如何移交麦克洛特在加沙为犹太人定居点运转的数十个水井的所有权以及相关设施和信息。第二个附件同样是有关西岸为定居点供水的 3 个水井的技术性文件。两者的不同之处在于第二个附件并没有规定把水井的所有权转交巴勒斯坦水务局。巴方就签署附件提出了保留意见，以方则威胁收回相关数据和这些水井。巴方不得不妥协，这一问题由此按以方希望的结果得到了“解决”。

由此可见，硬实力和谈判力量的差距常常导致联合水委员会内的合作产生不利于巴勒斯坦人的结果。虽然巴以之间确实在就水问题进行合作，但其“质量”却大打折扣。一系列事实表明，联合水委员会实际上在“把支配装扮成合作”。“说巴以在水领域进行‘合作’属于用词不当。不过，这并非由于大象和苍蝇合作的结果不难预料……而是因为在奥斯陆协议下，‘合作’常常与在此之前的占领和支配相比只有极小的差别。”① 尽管巴以之间谈判力量的差距并没有硬实力那样大，但巴勒斯坦人使用此种力量的能力相当有限。事实证明，以色列通过联合水委员会对谈判力量的使用要有效得多。以色列不仅能够确定联合水委员会的议程，有时甚至能提前决定会谈的结果。

第三节　观念的力量

相比硬实力和谈判的力量，观念的力量虽然无形，却在现实中最为有效。在正常状态下，敌对或者竞争的双方都必定会明确表达自己的话语和思想，并设法扩大其影响。相比对手，强大的一方会在论辩水平和媒体的获得等方面占据优势，它会在以自己的思想塑造人们的观念方面取得更大的成功。弱小的一方即使表达了自己的话语，也只会在社会的边缘传播。在力量极端不对称的情况下，强大的一方甚至会使竞争对象的话语无处传播。当一方在所有领域居于支配地位的情况下，它可能会试图决定其竞争者的话语，甚至潜移默化地塑造另一方对所处局势和自身利益的认识。

巴以双方就跨境水资源的话语竞争便属于这种情况。通过适时构建“雄辩”的话语，以色列可以预见和防止任何未来的对其水利益的威胁。这说明，以色列对巴领土内的水管理已由消极反应向预先行动转变，这

---

① Jan Selby, “Dressng up Domination as ‘Cooperation’: The Case of Israeli-Palestinian Water Relation,” *Review of International Studies*, Vol. 29, No. 1, 2003, p. 118.

就像国家的卫生部门由事后治疗向预先防治转变一样。在以色列的精心设计下，巴勒斯坦人不得不在服从以色列和彻底拒绝之间做出选择。这一非此即彼的模式有效地分化了巴勒斯坦人，使其在水问题上无法形成共同的立场。由于巴水务机构的合法性很大一部分来自遵从以色列所确定的规则，彻底拒绝以方创造的话语难以成为巴方官员的选择，而这又会使其受到那些不太受协议约束的巴非政府组织的批评。

在巴以水冲突中，双方竞相创造自己的政治话语，试图影响对方的观点。目前，相关话语主要有两种：一种是以色列的“需求而非权利”（Needs, not Rights）话语，另一种是巴勒斯坦人的“权利优先”（Rights First）话语。

所谓的“需求而非权利”话语就是以色列一方面承认巴勒斯坦人拥有合法的生活用水需求，但另一方面又拒绝支持巴勒斯坦人的水权利。其逻辑是，“既然我们大家都没有充足的水，那就让我们别讨论水权利了。让我们合作尽力应对这一形势吧”。在1967年以色列控制地区水资源之前，以色列也频频提出水权利的概念，以给自己争取更多的水资源。但在1967年战争之后，以色列开始不愿谈论“水权利”。作为约旦和以色列妥协的结果，1994年的《约以和平条约》提到的是“合理的分配”，而不是“权利”。1995年的《奥斯陆第二阶段协议》明确写道：“以色列承认巴勒斯坦人在西岸的水权利。”但这是以色列面对各方压力下的权宜之计，它从未真正承认过这些权利，而且，时至今日，所谓的水权利依然模糊不清，没有实现，实际上遭到了以色列的否认。虽然以色列国内也有其他意见，但“需求而非权利”无疑是有关水问题的主导性话语，并成为以色列水委员会的官方政策。

正如以色列人在1967年之后避免谈论水权利一样，水权利遭到剥夺的巴勒斯坦人正是在这次战争后强调自身的这一权利。强烈要求巴勒斯坦人水权利的是一些巴非政府组织，比如巴勒斯坦水文小组、耶路撒冷应用研究所、水文与环境组织、巴勒斯坦国际事务学会等。此外，巴规划部、巴建设与发展委员会和巴水务局等政府机构的一系列水利发展计划也以实现巴勒斯坦人的水权利为基础，它们的共同点是主张开发新水源应该伴随或者在获得水权利之后。巴非政府组织不断向国际社会宣扬“权利优先”的立场。

显然，上述两种话语之间存在直接的冲突。在控制地区水资源的前提下，以色列仅仅想满足巴勒斯坦人的家庭用水需求，而巴方则想首先明确自身的水权利。双方斗争的结果是，以自身的实力为后盾，以色列的话语占据了主导权，它不仅被国际社会普遍接受，也极大地影响了巴勒斯坦的认识和立场。在以色列的游说下，美国理所当然地接受了“需求而非权利”的话语，而世界银行等众多国际组织也在以色列的大力宣扬下，站在了以色列的一边。换言之，“需求而非权利”成为国际社会有关巴以水争端的流行话语，巴勒斯坦“权利优先”的话语缺乏宣传的渠道，没有多少听众和支持者。

巴勒斯坦官方原本主张先解决水权利问题，但在强大的舆论和压力面前，转而提出了“合作”的话语。在以色列的对外宣传中，那些坚持“权利优先”的巴勒斯坦人被描述为破坏合作、不通事理的人，而倾向于以色列“需求而非权利”话语的巴勒斯坦人则被视为合作的榜样。另一方面，巴勒斯坦水资源开发严重依赖外来援助，而美国是其中最大的援助国，巴勒斯坦水务部门不能不考虑美国的立场。巴官方把合作摆在优先地位，意味着抛弃了原先坚持先解决水资源主权问题的主张，而更加接近于以色列的立场。实际上，由于受到以色列话语的影响，连巴方部分官员都认为，提出水权利，不利于双方合作的推进。

“需求而非权利”的话语是以色列维护自己水争端立场的最常用和最有效的话语，以色列正是在这一话语下为巴勒斯坦寻求“解决办法”。通过把这些观念嵌入国际捐助者和巴水务官员的意识，以色列——用一个巴勒斯坦非政府组织领导人的话说——“已经把自己指定为地区水务专员”。[①]“额外的0.78亿”和以方建议海水淡化的两个事例说明了以色列的话语是如何影响巴方的政策和态度的。

东区蓄水层是巴以之间水量最小、最难开发的跨界水资源，对于它的实际安全常量，各方没有一致的看法。在极端不对称的权力关系下，以色列就是利用了这一数据缺乏导致的模糊性，在谈判中损害了巴方的利益。《奥斯陆第二阶段协议》称这一蓄水层“估计的潜在出水量”是每年1.72亿立方米，除了以色列和巴勒斯坦人分别每年已经开采的0.4亿立方米和

---

① Mark Zeitoun, *Power and Water in the Middle East: The Hidden Politics of the Palestinian-Israeli Water Conflict*, p. 115.

0.54亿立方米，东区蓄水层每年还有0.78亿立方米可供开发。按规定，这些水将用来满足巴勒斯坦人的需求。经过巴勒斯坦水务局和美国国际开发署在东区蓄水层10年的大规模开采，各方普遍承认，所谓的“额外的0.78亿”立方米水实际上并不存在。美国国际开发署的一位领导人基于多年勘探的结果，估计其出水量为每年0.45亿立方米。而一位水文地质学家则估计其大约为0.65亿立方米，而且他还指出，其中许多水由于喀斯特地貌，开发成本过高，难以开发。许多人因此对得出0.78亿数字的意图产生了怀疑。学者简·塞勒比指出，“当以色列国家在为巴勒斯坦人寻找新的水源并否决他们开发西部和东北部蓄水层时，它突然设法让人们想起一个直到那时几乎未被注意的新水源（指东区蓄水层），这是一个奇怪的巧合”①。而且，“《协议》让巴勒斯坦人承受了过多的经济和管理负担”②，因为东区蓄水层水位较深，水井需要打得更深。从中可见，以色列为巴勒斯坦人设置了陷阱，而巴方还一度满意于被给予的“额外的0.78亿”立方米水。

以色列所提议的海德拉-图卡勒姆（Hadera-Tulkarem）工程是其为巴勒斯坦进行总体规划的另一典型案例。以色列提出，在其海岸的海德拉修建一个海水淡化厂，为以色列人和巴勒斯坦人一起供水。淡化得来的水将由长达几百公里的管道从海岸输送到西岸。这一工程揭示了“需求而非权利”的话语如何发挥作用，在满足巴勒斯坦人家庭用水的同时，却又忽视了巴勒斯坦人的水权利。

这一工程最早由以色列水委员会专员挪亚·吉纳提于2002年8月公开提出，他宣称：“我已建议国际社会在海德拉修建一个海水淡化厂，并铺设到西岸北部的输送管道。美国将修建淡化厂，其他的捐助国或许会为巴勒斯坦人铺设分配管道。”③ 他的言辞充满了自信，项目具体内容却在愚弄巴勒斯坦。比如，他建议巴勒斯坦巴塔尔（Barta’a）的居民为淡化的海

---

① Jan Selby, *Water, Power and Politics in the Middle East: The Other Israeli-Palestinian Conflict*, p. 127.

② Ines Dombrowski, “The Jordan River Basin: Prospects for Cooperation Winthin the Middle East Peace Process,” in W. Scheumaan and M. Schiffler (eds.), *Water in the Middle East: Potential for Conflict and Prospects for Cooperation*, Springer, 1998, p. 100.

③ Noah Kinnarty, “An Israeli View-If only there were Quiet, the Palestinians have Numerous Opportunities,” *Bitter Lemons On-line Journal*, Vol. 29, No. 9, 2002.

水付费，但在他们脚下容易开采的地下水却被以色列的水泵抽取来供应东边的以色列人。如果工程实施的话，他们支付的水价将是西岸其他居民的3倍和犹太定居者的5倍。以色列工程前期的可行性报告估计，仅仅输送的成本每立方米就高达1.15美元，如果包括生产和投资成本，水价将会接近1.85美元/立方米。[①] 与此形成鲜明对照的是，西岸巴勒斯坦居民当前支付的水价大约是0.5美元/立方米，而如果从西部蓄水层抽水的话成本只有0.35美元/立方米，但《奥斯陆第二阶段协议》却不允许这样做。

在2003年，以色列水委员会雇用以色列水务公司塔哈尔撰写运输的可行性报告。2004年1月，报告完成，以色列水委员会把其转给巴勒斯坦水务局。5月，以方又把其呈送给美国众议院。与此同时，以色列水委员会规划部主任至少两次在国际性会议上公开这一设想，宣称供应巴勒斯坦人的水的价格将是0.5美元/立方米，至少也会比麦克洛特向巴勒斯坦人收取的价格要低（大约为0.4~0.7美元/立方米）。虽然巴勒斯坦官方和民间对工程的安全、主权和成本等担忧，但起初巴勒斯坦水务局打算接受这一项目，前提是以色列人不掌握控制权和它不会损害巴勒斯坦人的水权利。经过以色列的公关，美国国际开发署公开支持这一项目，它的一名高管在接受采访时称："巴勒斯坦水务局害怕对海德拉-图卡勒姆工程公开表示支持，但是，我们认为它是一个很好的想法，因为（1）捐助者们会提供资金；（2）它很容易修建（因为它大部分在以色列境内）；（3）土地不是问题（我们可以把穿过以色列领土的部分工程视为美国的财产）。但就政治而言，我们知道巴勒斯坦人无法支持它。但他们说了，他们会支持的，只要它不会损害他们的水权利。因此美国国际开发署和以色列人会说，'好的，它不会损害你们的水权利'，而后我们就可修建它了。"[②]

就巴以权力关系而言，上述案例有几个方面值得关注。首先，工程的设想来自以色列而非巴勒斯坦。实际上，以色列曾多次提出事关巴以双方利益的水利项目，以此对巴勒斯坦的水资源开发进行事实上的"总体规划"。其次，巴勒斯坦最初接受这一项目表明了他们的从属地位和

---

① Israel Water Commission, *Supply of Water to the Palestinian Authority from the Desalination Plant at Hadera*, Tel Aviv, January 2004.

② Mark Zeitoun, *Power and Water in the Middle East: The Hidden Politics of the Palestinian-Israeli Water Conflict*, p. 121.

维护自我利益能力的缺乏。最后，也是最重要的，以色列设法获得了美国国务院、国际开发署和驻以色列使馆等美国政府部门或组织对项目的支持。通过使巴勒斯坦水务政策制定者和巴勒斯坦最重要的捐助者美国相信工程值得进行，以色列成功地展现了某种观念的力量。以色列之所以能够做到这一点，部分是由于以色列水委员会有意公开捏造这一工程的水的实际生产成本。工程最后被终止，不是由于巴勒斯坦拒绝，而是因为2006年哈马斯选举上台后美国国务院对巴勒斯坦的援助政策发生了重大变化。就成本而言，以色列使用观念的力量比强制性力量或谈判力量更加有效地确保了巴勒斯坦的“顺从”。以色列以这种方法，在世人面前呈现出“合作和善意的形象”，进一步回避了水资源分配不平等的问题。

总之，以色列通过运用上述三种力量，确立了在水问题上的“霸权地位”，达到了“控制”巴勒斯坦的目的。因此，巴以的水争端不是一种平等或对称的博弈，而是以方对巴方的“宰割”，巴方不可能改变在水问题上的弱势地位。可以说，巴以水争端是巴以力量严重失衡的直接结果，而力量的失衡又使得水争端的化解面临巨大的困难。

第七章　巴以水争端的出路和展望

水争端是巴以冲突的关键内容之一，达不成水协议，巴以之间就不可能有持久的和平。水是稀缺的资源，在具体分配上，巴以之间又呈现严重的不平等。尽管犹太人和巴勒斯坦人的未来都笼罩着水危机的阴影，但目前的水短缺很大程度上是人为造成的，是以色列把地区的大部分水资源分配到农业部门的结果。之所以如此，并非基于理性的经济计算，而是由于意识形态的推动和以色列出于自身安全的考虑。战争和军事占领使得以色列实际上享有了对地区河水和大部分地下水的控制权，以色列人和巴勒斯坦人在获得与消费共享的水资源时出现了严重的不平等。由于政治是地区水短缺和巴以水消费不平等的基本原因，政治和解将是巴以水争端长远解决的关键和前提。学者米利亚姆·罗维（Miriam Lowi）就认为，水问题的低级政治（low-politics）有赖于战争和外交的高级政治（high-politics）的解决。[①] 没有互相的信任，便不可能达成全面的政治协议。但是，恰恰就是这一关键要素在巴以之间几乎不存在。不过，《奥斯陆第二阶段协议》的执行情况也证明，水问题的解决可能会超越整个和平谈判而取得一定的进展。随着地区水短缺的加剧，公平分享地区水资源和合作开发新水源将越来越成为巴以双方的共同利益。

---

① Miriam Lowi, *Water and Peace: The Politics of Scarce Resources in the Jordan River Basin*, Cambridge University Press, 1993, p. 196.

第一节　水资源的合作与共享

巴以之间未来的水协议必须建立在国际法的相关原则之上。为了让双方都觉得公平和合理，水谈判需要兼顾政治和法律，在以国际法为准则的基础上，还不得不考虑协议在政治上的可行性。在巴以水争端中，最需要确定的两个核心原则是：公平合理地分享共有的水资源，在平等基础上进行合作。没有公平合理的分配，巴以之间的水争端就不可能化解；没有合作，水资源短缺、水污染等问题就不可能得到解决。

由于巴以双方都声称对共享的水资源享有独占权，因此如何确定“公平和合理”成为谈判面临的严重挑战。尽管以色列在《奥斯陆第二阶段协议》中承认了巴勒斯坦人的水权利，但这些权利的具体含义还没有协商确定。为了找到以色列和巴民族权力机构都认可的政治和法律交叉点，学者们提出了许多方案，这些方案大多围绕以下两种思路展开。

第一种思路是关注制定客观的标准，以公平分配双方共享的水资源。其目的是回避彼此的猜疑，化解谈判的僵局。[①] 但是，客观确定每一方对多少水资源享有主权，是一个难以实现的政治目标。

第二种思路是试图消除确定水资源所有权的障碍，主张整个地区的水资源应该被当作“公共水池”，每个人都有权从中获得平等的份额，以满足饮用和其他的家庭用水需求。在这些需求得到满足后，如果还剩余清洁水，那么就按经济标准进行分配。

一　公平共享方案

关注制定客观标准的水专家认为，20 世纪 50 年代约翰斯顿方案的水分配份额可以作为在包括巴勒斯坦民族权力机构在内的地区各个国家进行分配的基准。约翰斯顿计划明确规定了约旦河流域国家的水分配份额。每

---

① James Moore, “Parting and Waters: Calculating Israel and Palestinian Entitlements to the West Bank Aquifers and Jordan River Basin,” *Middle East Policy*, Vol. 3, No. 2, 1994, p. 92.

一个国家都可以自己确定水价和以任何自己乐意的方式使用所分配的水资源。尽管每一方对约翰斯顿方案都不是很满意，但它一度被以色列和阿拉伯国家联盟的技术委员会所接受。不过，由于不愿与以色列进行正式合作，阿拉伯国家联盟的外交部长政治委员会拒绝了这一方案。尽管如此，在1967年战争之前，以色列和约旦都在遵守水分配方案。美国也把遵守水分配方案作为向两个国家与水相关的工程提供资金支持的前提条件。[①] 有学者也建议约翰斯顿方案应该作为约旦河流域地表水的习惯性制度发挥作用。

在相关各方中，巴勒斯坦人最为积极地支持恢复约翰斯顿方案，来指导地区水资源的分配，因为按此方案，他们将获得最大限度的份额。[②] 在约翰斯顿修改后的统一方案中，约旦从约旦河流域获得的水份额为每年7.2亿立方米，这大约占整个水资源的56%。其中每年有2.09亿立方米要归于西岸。比较而言，以色列只获得了4亿~4.5亿立方米，约占整个水量的33%。90年代中期，以色列每年实际使用水量为6.2亿~6.7亿立方米，约占约旦河流域地表水总量的2/3，而西岸巴勒斯坦人的使用水量为零。[③]

与巴勒斯坦人不同，以色列坚决反对恢复约翰斯顿方案，而这也是学者们不主张把此方案作为当前水谈判蓝图的最主要原因。依据约翰斯顿方案，以色列将丧失它现在所享有的大部分水资源，这当然是它无法接受的。反对向巴勒斯坦人让步的以色列地理学家阿农·索夫（Arnon Sofer）指出，1967年战争已经彻底改变了约旦河流域的水利政治（hydropolitics），使得以色列享有了更多的水资源。在他看来，自约翰斯顿方案以来，以色列和约旦在水资源开发方面的巨额投资绝不应该被忽视。[④]

除了以色列的反对，其他因素也导致约翰斯顿方案无法施行。叙利亚和黎巴嫩都是约翰斯顿谈判的参与者，都按修改后的统一方案分得了一定

---

① Sharif Elmusa, *Nogotiating Water: Israel and the Palestinians*, Washington, D.C., 1996, p. 33.

② Jad Isaac and Jan Selby, "The Palestinian Water Crisis: Status, Projections, Potential for Revolution," *Natural Resources Journal*, Vol. 20, No. 1, 1996, p. 24.

③ Alwyn R. Rouyer, *Turning Water into Politics: The Water Issue in the Palestinian-Israeli Conflict*, p. 254.

④ Arnon Sofer, "The Relevance of Johnston Plan to the Reality of 1993 and Beyond," Paper Prensented at The First Israeli-Palestinian International Academic Conference on Water, Zurich, December 1992, p. 2.

的水量。目前，叙利亚从亚穆克河引用的水量至少与方案规定的数量相当。但是，叙利亚和黎巴嫩都既没有参与多边水工作小组会谈，也没有与以色列进行双边和谈。如果谈判要按约翰斯顿建议的原则取得任何成效，那么叙利亚和黎巴嫩就必须包括在内。而且，约翰斯顿方案没有涉及山地蓄水层的地下水，而它恰是以色列和巴勒斯坦人之间存在争议的主要水源。因此，实行约翰斯顿方案只能部分解决水问题。鉴于约翰斯顿方案的种种缺陷，一些学者试图提出其他更加全面的方案。

加拿大学者詹姆斯·摩尔（James Moore）尝试为以色列和巴勒斯坦人分配西岸和加沙的地下水以及约旦河流域的地表水提出两者都可接受的方案。[①] 他列出了影响分配的三个因素：各自领土内的水文特征；2000年的家庭用水、农业用水和工业用水需求；目前的水利用情况。经他估算，以色列应该获得79%~86%的份额，巴勒斯坦人的份额则是14%~21%。[②] 尽管摩尔声称，他的目的仅仅在于展示谈判应遵循的思路，但这一建议显然偏向以色列。即便是摩尔计算出的最大额，也没有明显提高巴勒斯坦人的份额。[③]

两位巴勒斯坦水专家则提出了思路迥然不同的建议。[④] 他们认为，现有的或者潜在的用水量都不应该是决定水资源分配的因素，所谓的平等应该依据对蓄水层补给贡献的大小确定。而且，他们指出，蓄水层上游的使用者相对下游的使用者拥有优先权。尽管他们没有提出具体的分配数额，但建议的实行显然将会让西岸巴勒斯坦人主导山地蓄水层。

上述方案说明，要提出一个不偏不倚的建议，做到真正“公平而合理”分配水资源是何等的困难。大部分所谓的“客观”标准都使得计算的结果具有了这样或那样的倾向性，情况往往是，对一方“公平”的却对另一方“不公平”。鉴于政治局势动荡不安和巴以之间互不信任，这些方案只会加剧彼此的不合。

---

① James Moore, *Water Sharing Regimes in Israel and the Occupied Territories*, Ottawa, 1992.

② James Moore, "Parting and Waters: Calculating Israel and Palestinian Entitlements to the West Bank Aquifers and Jordan River Basin," *Middle East Policy*, Vol. 3, No. 2, 1994, pp. 98-102.

③ 巴勒斯坦人实际消费的水量约占山地蓄水层地下水的17%。

④ Alwyn R. Rouyer, *Turning Water into Politics: The Water Issue in the Palestinian-Israeli Conflict*, p. 256.

二 满足最低水需求方案

在无法确定客观标准的情况下，一些学者采取了第二种方法。在此方面，一个由两名以色列水专家和两名巴勒斯坦水专家组成的小组向以色列/巴勒斯坦研究与信息中心（Israel/Palestine Centre for Research and Information）提出的建议最为重要。[①] 他们按照平等分配共有水资源的国际水法原则，提出向每人分配“最低水需求量”（minimum water requirement），以满足家庭用水和工业用水需求以及在菜园种植新鲜蔬菜的需求。他们建议，每人的家庭用水和工业用水量为100立方米/年，这已足够生活水平较高的半干旱地区使用，此外，每年还分配25立方米水用以种植蔬菜供家庭消费。如果有剩余的水，可以发展商业性农业，具体分配办法由双方确定。

在确定如何分配水资源后，接下来的问题就是为以色列和巴勒斯坦民族权力机构就水问题进行合作确立相应的规则和机制。按照《奥斯陆第二阶段协议》，在巴自治区内的水资源受到双方的联合管理。为了有效利用水资源，最终地位谈判时联合管理的范围需要扩大到整个巴勒斯坦地区。未来的巴以联合水管理机构的职责范围应该包括：按双方认可的统一方案分配水资源；监管凿井和抽水配额的遵从情况；制定和执行各种规则，确保地下水和地表水免受各种污染；谈判和监管开发新水源的合同。以色列水委员会和巴水务局的许多功能和职权都将让渡给联合管理机构。但是，只有如此，水污染、水短缺等诸多问题才可能得到有效解决，地区有限的水资源才会得到最佳的利用，巴以双方的水安全才能得到真正的保障。

问题的关键在于如何构筑足以实现这些目标的联合管理制度。20世纪50年代的约翰斯顿方案就提出建立一个代表各方的中立机构，它将按照商定的条款监管水的利用和补给。然而，这一方案由于各方互相猜疑和敌视而无法执行。联合管理共享的水资源并不是罕见的现象，在几乎各个大洲，都存在联合管理共享水道的事例，这其中就包括尼罗河。许

---

① Hishram Zarour et. al., *A Proposal for the Development of a Regional Water Master Plan*, Jerusalem, 1993, pp. 18-23.

多以色列和巴勒斯坦水问题专家已就这样一个机构的结构和职能进行了探讨。[1]

三　联合管理方案

一个巴以联合研究小组进行了至今最重要的尝试，其发起者是希伯伦大学的哈利·S. 杜鲁门促进和平研究所（Harry S. Truman Institute for the Advancement of Peace）和巴勒斯坦咨询集团（Palestine Consultancy Group）。联合研究小组首先认为，巴以水问题具有特殊性和无与伦比的复杂性，其他的跨界水协议都不适合于这一问题。有鉴于此，他们建议分四个阶段逐步确立联合管理制度，包括水资源保护、危机管理、经济管理和综合管理四个部分。小组的报告强调，联合管理制度确立的过程必须循序渐进，要先从最基本、最需要的部分开始，只有在最后的阶段才能建立全面一体化的制度和执行机构。在第一阶段，要建立联合监管和数据搜集小组，其田野工作由两方的人员承担。1995 年的塔巴水协议也要求联合监管，但范围仅在西岸地区。在第二阶段，先要确立机制，化解不和，管理危机。专家们建议，建立蓄水层管理委员会，成员由以色列水委员会和巴勒斯坦水务局的高级代表组成，此外，建立仲裁机构以化解争议。此外，还要确立定价和贸易机制。在第三阶段，要达到协调的较高水平，要在每一个领域确立公认的标准。要制定政策应对干旱，并取得双方认可。这时双方还要就水污染、污水处理和其他水资源保护问题一起确定方案。在第四个阶段，报告建议组建一个具有全面规范能力的小组，它有权就标准和规则提出建议，一旦通过，便予以执行。此外，为最大限度地有效利用山地蓄水层，需要建立水交易公司和制定水交易规则的委员会。前面建立的各机构要日益整合，在监督委员会（Oversight Commission）之下如同一个单位一样发挥作用。小组的报告并不想以监督委员会替代既存的以色列水委员会和巴勒斯坦水务局。这两个机构将继续存在，决定联合管理系统的范

---

① Eyal Benevenisti and Haim Gvirtzman, “Harnessing International Law to Determine Israeli-Palestinian Water Rights: The Mountain Aquifer,” *Natural Rescources Journal*, Vol. 33, No. 7, 1993, pp. 565-566.

围，指定监督委员会的代表。联合管理机构的活动和各阶段的合作只有在这两个机构同意后才能进行。在大量的合作后，如果条件许可，监督委员会就可以肩负管理的职责。

这一巴以两方合作的报告是到目前为止出现的最详细的建议，可以为最终地位谈判提供有用的蓝图。它的目的就是要以渐进的方式分阶段逐步建立信任，实现合作。它充分认识到，巴以水问题的解决不可能一蹴而就。但是，报告并没有明确界定每一机构的具体职权，也没有具体说明如何从一个层次的合作向更高的层次过渡。不过，鉴于巴以双方的不信任，这一报告提出的走向合作的途径或许是最佳的一种方式。

四　经济手段调节方案

在就经济手段解决巴以水争端的建议中，以哈佛中东水项目（Harvard Middle East Water Project）的美国、以色列、巴勒斯坦和约旦专家小组提出的最为著名。[①] 这些专家认为，通过在以色列、巴勒斯坦民族权力机构和约旦政府之间买卖用水许可证，就能以最佳方式分配地区稀缺的水资源。依据他们的计算，1995 年争议水源的价值不超过 1.1 亿美元，到 2020 年将升值到约 5 亿美元，和与水有关的经济总量相比，这是一个较小的数目。水的价值随着地点的不同而不同，这取决于替代它的成本。水价将由联合的水机构按位置的不同分别计算。许可证可以按确定的水价进行交易。这一建议回避了谁拥有权利的问题，而关注谁使用的问题。水交易并不涉及所有权的买卖，而仅仅关系到使用权的转让。许可证的出售仅仅让购买方在一定时期内使用水资源。随着人口的增长和经济的发展，交易的方向或许会发生变化，原先的出售者可能会变为购买者。由于不涉及所有权的问题，专家们相信，这一建议可以马上付诸实施。在冲突永久化解之前的过渡时期，双方可以建立一个交由第三方保管的基金，在某一方使用争议水源的时候，向其支付款项。基金将用来改善基础设施，以把水从一个地方输送到另一个地方。专家们认为，他们的方法把争议的对象从水资

---

① Franklin Fisher, "Water and Peace in the Middle East," *Middle East International*, 17 November 1995, p. 17.

源所有权转向了水的货币价值，由此使得零和状态转变为非零和状态。买卖临时许可证的制度将有助于最有效地利用地区稀缺的水资源。

哈佛中东水项目工程聚集了以色列、约旦和巴勒斯坦的一流的水利经济学家，代表了这些专家的一致建议。这些建议明显地考虑到了争议的政治现实。通过回避民族权利等容易情绪化的问题，而只关注经济的效益，冲突各方找到了相对容易合作的基础。鉴于阿拉伯人和以色列人之间高度的不信任，他们提出的这一模式或许是最有希望实现的。

水经济市场化必定会遭到各方面的反对，以色列的农业利益获得者必然会反对。但是，与政府的干预相比，自由的市场无疑是有效利用水资源的最有效的方式。重构整个地区，尤其是以色列的经济，取消高额的农业补贴，降低农业的水分配量，才会最大限度地发挥水的效用，也才能延缓整个地区水危机的到来。把市场引入水分配也定会导致巴以经济结构的变化，农业用水会向效益更高的其他部门或行业转移。自由市场和联合管理也会让巴勒斯坦人更加平等地分享与以色列共有的水资源。当然，GDP 更高的以色列会在获取水资源方面享有优势和便利，但巴勒斯坦人的人均家庭用水量会大幅度增加。

未来约旦河流域的水合作不仅要包括以色列、巴勒斯坦，还要把约旦、叙利亚和黎巴嫩等相关国家囊括进来。虽然巴以之间政治冲突不断，和平协议遥遥无期，但水协议的达成却势在必行。水关系到每个人的日常生活，水危机不会等到政治家认为可以达成和平协议的时候才会到来。在人口日益增长的情况下，巴以之间必须就水资源进行合作。

第二节　巴以经济的重构

要延缓巴勒斯坦地区的水危机，除了达成水分享和共管的协议外，还必须对巴以的经济进行重构，以大幅度减少对水的需求。要减少水分配中的政治因素，凸显经济杠杆的调节作用。

所谓的经济措施，就是要降低农业的重要性，减少农业的水分配量。对于巴勒斯坦人而言，降低农业的重要性，减少农业用水是缓解水危机的一个可行的方式。虽然与以色列相比，农业在巴勒斯坦人经济中的地位更加重要，农业产出占 GDP 比例和农业就业人口占全体劳动力的比例都更高，但是对整个巴勒斯坦人来说，服务业对整个经济的意义更大，而且不用像农业那样耗费水。依据表 7-2-1，2002 年农业用水量占巴勒斯坦人总用水量的 61%，人均农业用水量高达 54.38 立方米，是人均家庭用水量（30 立方米）的近两倍。只要农业用水稍稍下降，即可缓解家庭用水的短缺。

表 7-2-1　2002 年巴勒斯坦人水消费情况

情况	数量
人口	320 万人
总用水量	2.86 亿立方米
农业用水总量	1.74 亿立方米
人均农业用水量	54.38 立方米
家庭用水总量	0.96 亿立方米
人均家庭用水量	30 立方米

资料来源：Ismail Al Baz，“Capacity Building in Water Management in Palestine：Experience of Palestinian Water Sector Training Programme，” in Fathi Zereini and Wolfgang Jaeschke（eds.），*Water in the Middle East and in North Africa：Resources，Protection，and Management*，Springer，2004，p. 289。

如前文所言，犹太复国主义民族重生的观念和以色列政府对食品安全的担忧都增强了农业在以色列国家中的地位。保护和获得水资源的政策服从于旨在自给自足的农业政策。此外，以保护水资源为理由，以色列限制巴被占领土巴勒斯坦人打凿新井。虽然以色列是世界上灌溉技术最发达、农业用水最高效的国家之一，但气候条件和人口的增长并不允许以色列人继续大量种植橘子、香蕉、棉花等耗水量巨大的作物。如表 7-2-2 所示，多年以来，农业消耗了以色列大部分水，1993~2004 年，虽然农业用水的比例总体上呈逐年下降的趋势，但依然远远超过最重要的家庭用水。如果以色列减少农业用水量，那么巴勒斯坦民族权力机构和未来的巴勒斯坦国家也必须这样去做。

第一，对以色列而言，废除水价格补贴政策，按实际成本支付，是减少农业用水量的最有效做法。按照经济学原理，任何资源，如果价格低于成本，那么就会被低效利用，也就是说，必定会遭到浪费。尽管以色列灌溉技术很发达，但价格补贴导致的人为的低水价不可避免地导致其农业部门大量浪费水资源。许多以色列人已经在不断呼吁停止农业用水补贴。20世纪70年代，以色列70%～75%的清洁水流向了农业。由于20世纪80年代后期和90年代的干旱，这一比例曾降至60%～65%。财政部也曾提高农业用水价格，从1986年的水平升高了大约25%。但是，这些努力都遭到了农业游说集团以及农业部和水委员会办公室中农业支持者的强烈反对。

第二，除了取消农业用水补贴，还要引入市场的力量，让其在水价格确定的过程中发挥应有的作用。没有或者减少了国家的垄断和强力干预，水在市场上会最大限度地反映出自身生产和输送的实际成本。假若在整个巴勒斯坦地区水价随着实际供应成本的高低而变化，那么不仅农业用水量会大大减少，农业用水会转向其他价值更高的非农用途，而且农业用水会按效率差别重新分配。首先，农业用水会流向供应成本最低的地区。在水量充足、输送便捷的北部和西岸，水价会低得多，而在需要长距离输送的南部地区，水价相对会高得多。其次，种植棉花和柑橘等耗水量大的作物将不会有利润。商业性农业会主要种植花卉和某些蔬菜（尤其是在温室中的）等专业性作物，即便水价更高，这些农产品出口的话依然可以赚钱。在某些地方，灌溉农业可能会返回到雨水种植。此外，饮用水的高价格不仅会进一步促使巴以回收污水，供农业使用，而且会促使巴以都尽量开发新的水资源。①

第三，需要大幅度改组和重构水资源和农业管理机构。由于取消水价格补贴会大大改变以色列农业的特征，因此就不再需要确定农产品批发价格的市场规范委员会。如果市场决定水价，那么农产品也应该进行自由的市场竞争。1991年以色列解散柑橘市场委员会便是朝此方向努力的一个重要步骤。结果，当地的橘子价格下降了30%。② 以色列的水管理机构需要改革，麦克洛特的垄断地位应当改变，分配和销售水的业务要转给私有公司。在将来的联合管理体制下，巴勒斯坦的水机构也应该进行私有化改革。

---

① David Wishart, "An Economic Approach to Understanding Jordan Valley Water Diputes," *Middle East Review*, Vol. 21, No. 3, 1989, pp. 49-51.

② Peter Berck and Jonathan Lipow, "Water and an Israeli-Palestinian Peace Settlement," in Steven Spiegel and David Pervin (eds.), *Practical Peacemaking in the Middle East*, Vol. II, Garland Publishing, 1995, pp. 152-153.

表 7-2-2　1993～2004 年以色列水消费情况

单位：亿立方米，%

年份	农业用水	占总用水量的比例	家庭用水	工业用水	合计
1993	11. 25	63. 7	5. 31	1. 1	17. 66
1994	11. 44	62. 8	5. 63	1. 14	18. 21
1995	12. 74	63. 3	6. 19	1. 19	20. 12
1996	12. 84	61. 9	6. 67	1. 24	20. 75
1997	12. 64	60. 4	7. 05	1. 23	20. 92
1998	13. 65	60. 3	7. 68	1. 29	22. 62
1999	12. 65	58. 6	7. 66	1. 27	21. 58
2000	11. 38	56. 4	7. 56	1. 24	20. 18
2001	10. 22	54. 2	7. 44	1. 2	18. 86
2002	10. 21	53. 0	7. 82	1. 22	19. 25
2003	10. 45	53. 4	7. 94	1. 17	19. 56
2004	10. 73	51. 9	8. 07	1. 19	19. 99

资料来源：Yossi Yakhin，*Water in the Israel-Palestinian Conflict*，The James A. Baker III Institute for Public Policy，July 2006，p. 12。

第三节　新水源的开辟

鉴于巴勒斯坦地区水资源短缺，按目前的水消费情况，即便上述的政治和经济措施付诸实施，到 2020 年，所有的水资源几乎都必须供家庭消费。[①] 除了少数对盐敏感的高附加值温室作物会得到一部分饮用水之外，农业的灌溉用水都不得不依赖处理过的污水。为了保证一定的生活水平，家庭用水不可能减少，相反，随着人口的不断增长和巴勒斯坦人水需求的满足，整个地区家庭用水量还会不断增加。总之，水资源需求和供给之间的矛盾会日益尖锐，在此情况下，通过大型的工程开发新的水源显

① Alwyn R. Rouyer，*Turning Water into Politics*：*The Water Issue in the Palestinian-Israeli Conflict*，p. 265.

得越来越必要。虽然这些工程都需要巨额的资金，但在传统来源的清洁水无法满足基本需求的情况下，非传统来源的高成本水也会成为政府和个人愿意承受的负担。

就目前而言，在巴勒斯坦地区能够获得大量新鲜水的工程主要有三类：①借助管道和其他途径的跨区域转运；②盐水或海水的淡化；③借助运河和隧道把海水从地中海或红海运输到死海，并进行淡化。据估计，上述任何一项工程都至少需要投资20亿~40亿美元。显然，没有国际社会的资金援助，工程根本无法进行。而要获得资助，工程的获益者就不应该是一个国家。工程不仅需要相关国家间的高度合作，也需要长期的规划和建设。

一　跨区域转运

在中东，水资源跨区域转运已经被讨论了大约一个世纪。由于巴勒斯坦地区水短缺的情况日益严重，许多人提出建议，从中东其他水过剩的地区进口。当前，跨流域间转运研讨最多的路线主要有：从尼罗河到加沙地带和内格夫沙漠；从土耳其到巴勒斯坦；从利塔尼河到哈斯巴尼河，再到加利利湖。在近二三十年中，作为增加地区水供应的有效方式，每一项工程都被认真讨论过。但是，它们无一例外都有政治的缺陷。出于安全的考虑，假若没有整个中东的和平，任何一项工程都不可能进行。此外，又因为高额的成本，以色列政府长期拒绝把进口水作为水稀缺问题的解决办法。

1979年，在《戴维营协议》签订以后，埃及总统萨达特（Mohamed Anwar el-Sadat）最早建议用管道把尼罗河的水输送到加沙地带和内格夫沙漠。但是，许多埃及人并不想把“神圣的尼罗河水”输送给外国人，因而对此强烈反对。尽管如此，这一建议被以色列水专家采纳，并被具体化，其中最重要的是艾丽莎·凯利（Elisha Kally），她曾任以色列塔哈尔长期规划部主任。当时，埃及正在修建从尼罗河横跨西奈半岛北部到阿里什（El Arish）镇的管道和隧道，阿里什镇离加沙地带边界仅仅只有40千米。凯利以及其他专家建议把这一路线延长至巴勒斯坦南部地区。按计划，自阿里什镇的管道将每年为加沙供应1亿立方米水，其最大供水量将达到每年4亿立方米，这些水大部分将供应以色列内格夫沙漠农业生产。凯利估计，即便是最大供水量，对埃及而言也可以忽略不计，因为其数量不会超过埃及每年用水量（600 亿立方米）的 1%。[①]

在以色列人看来，这一工程的优点在于其经济上具有可行性。依据凯利的估算，水从埃及进口到内格夫的成本大约是 0.22 美元/立方米，这比以色列国家输水工程运送的成本要低得多。再加上管理和维护等支出，水输送到以埃边境的总成本是 0.4 美元/立方米，这与国家输水工程的水的成本相当。按以色列的想法，以色列从埃及获得了多少水，就从加利利湖向西岸和约旦引多少水。这样就等于埃及在向阿拉伯兄弟供水，因此后者应该支付埃及收取的成本，而以色列的分配额实际保持不变。另一种方案则提出，以色列向埃及始自苏伊士运河的输水系统提供节水设备以及维护和运转的资金，作为回报，以色列将免费获得埃及节省下的 50%的水。这些水中，60%归以色列，其余 40%流向巴勒斯坦领土。[②]

尽管这一建议颇受部分以色列水专家的欢迎，但埃及和巴勒斯坦水专家则认为它是一个误入歧途的工程。一方面，他们认为埃及本身已经开始面临灌溉和其他方面用水不足的问题。每一滴可用的尼罗河的水现在都在被利用。在今后几十年，随着人口的增长，越来越多的沙漠地带将被开发用来建筑房屋和发展农业，这种水短缺的情况会进一步加剧。上游国家，尤其是埃塞俄比亚，也希望在将来得到更多的尼罗河水，以满足日益增长的人口的发展需求。鉴于迫在眉睫的环境危机，他们指出没有剩余的水提供给巴勒斯坦地区。[③] 另一方面，巴勒斯坦人和埃及人担心这样的工程会带来安全问题。它可能会让以色列永久占有部分尼罗河水。加沙地带将会日益依赖从埃及输入的水，而其输送系统却部分由以色列拥有和控制。按照交换的设想，西岸也将依赖于以色列的水。巴勒斯坦人认为，虽然埃及不会随便关闭流向阿拉伯兄弟的水，但这实际上会让他们成为以色列的

---

① Elisha Kally and Gidion Fishelson, *Water and Peace: Water Resources and the Arab-Israeli Peace Process*, Praeger, 1993, pp. 64-71.

② Gidion Fishelson, "The Water Market in Israel: An Example for Increasing the Supply," *Resources and Energy Economics*, Vol. 16, Issue 4, 1994, pp. 330-331.

③ Ronald Bleier, "Will Nile Water Go to Israel? North Sinai Pipelines and the Politics of Scarcity," *Middle East Policy*, Vol. 5, No. 9, 1997, pp. 113-124.

“人质”。虽然这一工程并非没有丝毫可行性，但只有在中东实现全面和平和尼罗河流域节水技术大幅度提高后，它才会被认真考虑。

土耳其水资源十分丰富，是东地中海唯一有剩余的国家。1987 年 2 月，土耳其时任总理图尔古特·奥扎尔（Turgut Ozal）在访问美国时，提出了一个向中东邻国供应水的大胆设想——“和平管道”（Peace Pipeline）。水来自塞伊汗（Seyhan）河和杰伊汉（Ceyhan）河，当时这两条河的水未得到开发而是流入地中海。按土耳其官员最初的设想，河水（每年 21 亿立方米）将由两条管道输送到南部。东边的管道长约 3900 千米，通向海湾阿拉伯国家，抵达阿曼。西边的管道长度为 2650 千米，将穿过叙利亚和约旦，最后抵达沙特的吉达和麦加。西部路线的水也可以用来供应以色列和巴勒斯坦领土。两条管道的铺设需花费 210 亿美元，这一工程的造价远远超过了其他建议的工程。[①]

土耳其对“和平管道”寄予很大希望，认为自己在为缓解中东地区的水问题贡献力量。土耳其领导人也希望从中得到经济利益，以便利用幼发拉底河和底格里斯河的水，启动自己的东南安纳托利亚工程（South East Anatolia Project）。然而，让土耳其失望的是，“和平管道”工程并没有获得中东相关国家的热情支持。首先，210 亿美元的工程造价十分高昂，由谁出资便是一个大问题。土耳其设想由世界银行和包括阿拉伯国家在内的国际投资集团提供资金。然而，许多国家已经向自己的海水淡化厂投入了大量资金，不愿也无力向这一工程投资。此外，政治因素也使得工程难以启动。自奥斯曼帝国统治中东以来，阿拉伯人和土耳其人之间就已矛盾重重。而且，阿拉伯人和以色列人都担心这一工程将使土耳其控制他们的水资源。1990 年，为填充阿塔图克水库（Ataturk Dam），土耳其截流幼发拉底河长达一个月，严重影响下游的叙利亚和伊拉克的用水。这一事件进一步加剧了以色列和阿拉伯国家的担忧。而且，以色列也不想依赖于穿越叙利亚的水源，因为后者可以随时切断管道。

受“和平管道”想法的激发，以色列水专家提出了几个规模较小、花费较少的建议。他们设想以色列、约旦和巴勒斯坦民族权力机构联合出资

---

① Cem Duna, “Turkey's Peace Pipeline,” in Joyce Starr and Daniel Stoll (eds.), *The Politics of Scarcity: Water in the Middle East*, Westview Press, 1988, pp. 119-124.

向土耳其买水。其中一个建议是修建一个“微型管道”，耗资50亿美元，每年供水6亿~7亿立方米。但与“和平管道”一样，它同样面临着难以跨越的政治困境。随后，以色列人波阿斯·瓦奇泰尔（Boaz Wachtel）提出了所谓“和平水渠”（Peace Canal）的建议。他的想法是每年从阿塔图克·巴拉基湖（Ataturk Baraji Lake）输送11亿立方米水到约550千米之外的戈兰高地。这些水在以色列、约旦、叙利亚和巴勒斯坦人之间平均分配，即各自每年获得2.75亿立方米。从阿塔图克·巴拉基湖而不是塞伊汗河和杰伊汉河取水，就可以依靠重力把水运送到戈兰高地。尽管这一工程的成本估计为20亿~30亿美元，低于其他许多建议，但它依然有不少缺陷，其中之一便是露天的沟渠由于蒸发会造成大量的水消耗。此外，叙利亚和土耳其也必定会反对从阿塔图克·巴拉基湖取水，因为这是它们的重要水源。

为了解决水问题，不断有奇思妙想出现。为了把土耳其的水转运到巴勒斯坦地区，以色列学者提出可以用船通过地中海运送。塔哈尔估计，每年的运送量可以达到4亿立方米，初期投资约为5亿美元，这将大大低于其他的大型工程。虽然每立方米水的预计成本（0.25~0.35美元）当中并不包括支付给土耳其的费用，但以色列认为这要比用管道或水渠输送以及海水淡化的费用低得多。[①] 这一项目仅仅牵涉到以色列和土耳其，不会掺杂太多的政治因素，相对而言，比较具有现实可能性。

提出时间最久、政治上最敏感的跨流域方案是把黎巴嫩境内利塔尼河的水转引到约旦河流域。犹太复国主义者曾向1919年的巴黎和会提交建议，要求把利塔尼河流域的一部分土地包括在未来的巴勒斯坦委任统治区内。虽然英法当时没有满足这一要求，但犹太复国主义者以及后来的以色列一直在觊觎利塔尼河的水。现在，在中东政治边界已经普遍划定的情况下，若没有黎巴嫩政府的明确许可，以色列便不可能从利塔尼河引水。不过，在水资源日益短缺的情况下，以色列一方也同样提出了相关的建议。以色列学者设想，可以用水渠从利塔尼河转弯处引水到约旦河的支流，其间的距离不超过10千米。[②] 引来的水可以储存于加利利

---

① Steven Lonergan and David Brooks, *The Economic, Ecological and Geopolitical Dimensions of Water in Israel*, Victoria, 1992, p. 100.

② Elisha Kally and Gidion Fishelson, *Water and Peace: Water Resources and the Arab-Israeli Peace Process*, pp. 94–98.

湖，由以色列、约旦和巴勒斯坦人分享，价格按商业成本计算。这一工程的另一优越之处是可以利用从利塔尼河到加利利湖超过 400 米的落差发电。

但是，黎巴嫩基于多种理由，强烈反对任何转引利塔尼河河水的方案。政治方面，鉴于以色列曾要求拥有利塔尼河的水，并长期占领黎巴嫩南部，黎巴嫩人认为，假若以色列获得了利塔尼河的水，它就再也不会放弃对它的要求。将来任何有关分配的争议都有可能被以色列作为军事干预，甚至部分吞并黎巴嫩的借口。经济方面，黎巴嫩人指出，利塔尼河河水对发展国家南部地区至关重要。黎巴嫩南部是国家最落后的地区，主要由最贫穷的什叶派居住，长期遭受以色列的轰炸。20 世纪 90 年代，在总量 9.2 亿立方米水中，只有 35%的河水流入了地中海，其余都被用作贝卡谷地灌溉和其他用途。没有利用的水将供给南部地区未来的发展。南部黎巴嫩只有 11%的可耕地被灌溉。[①] 考虑到上述情况，用利塔尼河的水增加巴勒斯坦地区水供应的可能性不大。

二　海水和咸水的淡化

在中东，海水淡化已经是沙特等海湾产油国获取淡水的最重要途径，这些国家自然水资源非常匮乏，但丰富的石油资源却为淡化厂的运转提供了相对廉价的能量供应。早在 20 世纪 60 年代，以色列尝试把大规模海水淡化作为解决当时已经出现的水短缺的方法。然而，由于成本太过高昂，以色列不得不放弃这一努力。自此以后，以色列尝试了小规模海水淡化。到 1994 年，以色列有大约 35 个小型淡化厂开始供水。[②] 自 20 世纪 80 年代以来，许多以色列水专家再次提出，应该增大海水和咸水淡化量，以满足以色列、约旦和巴勒斯坦人日益增长的水需求。美国中东水专家约翰·克拉尔

---

① Hussein Amery and Atif Kubursi, "The Litani River: The Case against Inter-basin Transfer," in D. Collings (ed.), *Peace for Lebanon? From War to Reconstruction*, Lynne Rienner, 1994, pp. 179-194; Steven Lonergan and David Brooks, *Watershed: The Role of Fresh Water in the Israeli-Palestinian Conflict*, Ottawa, 1994, pp. 137-141.

② Daniel Hillel, *Rivers of Eden: The Struggle for Water and the Quest for Peace in the Middle East*, p. 256.

斯（John Kolars）呼吁发起国际性的曼哈顿工程，以发明降低海水淡化成本的技术，使得海水淡化成为中东获取淡水的重要途径。[①]

传统的海水淡化使用的是蒸馏法，即让海水蒸发，获得蒸汽，而后凝聚为纯净水。[②] 尽管海水淡化展现了无限制供应清洁水的前景，但它却要承受沉重的成本负担。为了实现大规模供水，海水淡化厂的初期需要大量投资：每年供应2.5亿立方米水的淡化厂需要投入10亿~20亿美元。[③] 长远而言，最大的成本是淡化过程中耗费的能量的成本。不计算设施和从淡化厂输送的花费，仅仅淡化的成本就达到每立方米0.4~2美元。成本的高低还受技术的类型及水的类型的影响。据估计，用逆向渗透的方法淡化咸水每立方米需耗资0.3~0.4美元，海水则需要0.7~1.7美元。[④]

以色列小规模淡化水的实验产生了多种影响。由于高昂的运转成本，所有的海水淡化厂在80年代中期都被关闭。后来，以色列又开始推进50多个咸水淡化工程，它们大多数采用了比较先进的逆向渗透法。这些淡化厂大多都处于国家输水工程的范围之外，位于内格夫沙漠或阿拉瓦谷地的犹太人定居点。其中最大的一个是以色列南部港口城市埃拉特（Eilat）的萨布哈（Sabha）淡化厂，1995年，它可供应近1200万立方米清洁水。同年，19个咸水淡化厂还在规划之中。以色列官方并没有放弃海水淡化。2005年，以色列在南部滨海地区，建造了一个大型的海水淡化厂，每年淡化水的产量为1亿立方米，经过补贴，它以0.57美元/立方米的价格向以色列人出售。[⑤]

与以色列相比，巴勒斯坦官员和水专家对淡化技术不太有信心。在1994年从加沙部分撤离之前，以色列就在加沙城（Deir al-Balah）修建了一个实验性的逆向渗透淡化厂，每小时可淡化咸水45立方米。但在巴勒斯坦水专家看来，大规模水淡化的成本太高。加沙本地没有能源，即便在基

① John Lolars, "Water Resources of the Middle East," *Canadian Journal of Development Studies*, Special Issue, 1992, p. 118.

② Leon Awerbuch, "Desalination Technology: An Overview," in Starr and Stoll (eds.), *The Politics of Scarcity: Water in the Middle East*, pp. 53-61.

③ Alwyn R. Rouyer, *Turning Water into Politics: The Water Issue in the Palestinian-Israeli Conflict*, p. 272.

④ Leon Awerbuch, "Desalination Technology: An Overview," in Starr and Stoll (eds.), *The Politics of Scarcity: Water in the Middle East*, pp. 59-69.

⑤ Mark Zeitoun, *Power and Water in the Middle East: The Hidden Politics of the Palestinian-Israeli Water Conflict*, p. 61.

础设施方面有捐助者的大量投资，能源从何而来，成本需要多高都是问题。大型的淡化厂需要长远的规划和建设，而加沙需要的是对水问题的更加快速的解决办法。他们也担心，海水淡化将对加沙的环境造成更大的破坏。整修管道网络和循环使用污水应该是加沙最优先做的事情。在奥斯陆水谈判的过程中，巴勒斯坦的谈判者对于以色列提出的在以色列和加沙边境地带联合修建淡化厂的建议表现得很冷淡。他们理想中的加沙水问题的解决方式是通过"巴勒斯坦国家输水工程"从西岸输送水。虽然他们不排除淡化海水，尤其是淡化咸水，但这种方式被视为最后的选择。

显然，以色列对淡化水的效益相对乐观，而巴勒斯坦人的态度则十分消极。鉴于高昂的成本，大规模的海水或咸水水淡化并不是巴勒斯坦地区水问题马上起效的灵丹妙药。在可预见的未来，即便按以色列水专家估计的较低的成本计算，淡化水对农业消费而言价格也太高。目前，只有在埃拉特等其他水源极少、运输成本太高的沿海地区，使用淡化水才是划算的。当然，很可能将来技术的革新会大大降低淡化水的生产成本。相对于海水，咸水淡化最有可能为整个地区增加大量的清洁水。如果不计算资本投资的话，咸水淡化的成本只比获取自然清洁水的成本稍微高一些，而比以色列家庭用水价格要低一些。在未来几十年，随着人口的增长和水短缺的加剧，咸水淡化水必将成为巴勒斯坦地区家庭用水和工业用水的主要来源。或许，就成本而言，部分农业使用淡化水也会成为可能。

三　结合海水淡化的跨海工程

通过水渠或隧道把地中海或者红海与死海相连，并结合海水淡化，是目前所设想的最雄心勃勃的工程。这一工程的一大优势在于利用了三海之间 400 米的海拔落差以及地球大洲表面最深的裂谷。把地中海或者红海与死海相连，并不是一个新想法。早在 20 世纪 40 年代，它就是沃尔特·克雷·罗德明旨在复兴巴勒斯坦的方案的一个组成部分。按照设想，这一浩大的工程将从地中海或者红海挖掘一条走廊，穿过沙漠，跨过高原基岩，让海水以瀑布的形式垂直而下，流到死海。据估计，海水流量每年将达到 10 亿~20 亿立方米，所发的电足够每年淡化几亿立方米水。剩余的浓盐水将被处理到死海，死海最近几十年正在面临着水面下降的难题，而淡化而来的清洁水则供人消费。

虽然估计的数据各不相同，但普遍认为每一项跨海工程的花费都不会少。对每一条路线耗资多少还没有进行全面的研究，但初步估计在 30 亿~70 亿美元之间。[①] 每一项工程仅仅修建水力发电站，估计就要耗资 3.4 亿美元。[②] 工程的花费会随着发电站的数量和淡化水的质量的变化而变化。淡化水的预计成本差别也很大，每立方米从 0.4 美元到 2 美元不等。尽管成本很高，但一些学者认为工程会得到大量的国际资金援助。这一工程会让多个国家受益，但也需要各方的合作，而这也是吸引国际援助的前提条件。如果变为现实，这一工程将给各方带来多种收益。

首先，工程会带来大量的淡化水，这也是工程本身最大的目标。淡化水的量将取决于水渠和隧道输送的水量以及淡化厂的数目和规模。一旦通道贯通，将可能获得足够的清洁水满足 21 世纪以色列、约旦和巴勒斯坦领土增加的家庭用水和工业用水需求。[③]

其次，工程会带来大量的水电。地中海或红海与死海之间 400 米天然的巨大落差为发电创造了良好的条件。虽然所有的电力目前都计划在淡化水和抽水时使用，但未来可能会有结余的电力充作他用。

再次，工程将会促进娱乐业和旅游业的发展，红海到死海的线路更是如此。以色列南部的埃拉特和约旦西南的亚喀巴都是著名的沿海（红海）旅游胜地，但是狭小的海滩限制了旅游业的发展。学者们设想，水渠入口处的宽广的海滩和公园设施将大大提升两个城市的旅游价值。各个路线两侧的人工湖将是旅游爱好者游泳、划船和钓鱼的理想场所。人工湖将与水渠相连，以便于实现水循环，进而避免湖水由于蒸发而盐度升高，旅游业的收入将弥补这额外的投入。[④]

---

① Elisha Kally and Gidion Fishelson, *Water and Peace*: *Water Resources and the Arab-Israeli Peace Process*, pp. 89-91.

② Steven Lonergan and David Brooks, *Watershed*: *The Role of Fresh Water in the Israeli-Palestinian Conflict*, International Development Research Centre, 1994, p. 58.

③ 以色列学者波阿斯·瓦奇泰尔估计，按照规划的不同，工程的潜在产量为每年 8 亿~16 亿立方米。参见 Alwyn R. Rouyer, *Turning Water into Politics*: *The Water Issue in the Palestinian-Israeli Conflict*, p. 285。

④ Elisha Kally and Gidion Fishelson, *Water and Peace*: *Water Resources and the Arab-Israeli Peace Process*, p. 92.

最后，工程也将终止死海的收缩。由于以色列从约旦河上游引水和约旦改道亚穆克河和扎尔卡河（Zarqa），死海水平面由20世纪60年代初期约1000平方千米缩减至90年代中期的约700平方千米，海面从-390米降至-409米。为了不使海面下降，每年需要向死海补给约8亿立方米水。如果水量更大，就可以使死海恢复到原来的规模。①

虽然如此，一些水专家就环境的影响对工程提出了质疑。他们认为，海水和淡化后剩余的浓盐水流入死海将对水体的化学构成造成不利影响，进而威胁到沿岸工矿业的生存。如果引用的死海水量计算不当，将会引发洪水，或者会破坏死海周边的蓄水层。② 但许多人认为，就长远而言，环境和经济的收益将会抵过任何缺陷。

当然，这一工程需要以色列、约旦和巴勒斯坦的全面合作，因此它也只有在以色列和巴勒斯坦民族权力机构签订全面和平协议之后才可能启动。自90年代以来，以色列和约旦已经在研究和讨论“红海—死海”工程。显然，由地中海或红海到死海的两个工程无法共存，必须选择一条线路。那么哪一条更为适合?③ 自1994年10月《约以和平条约》签订以来，“红海—死海”工程受到的关注和可行性研究更多。但是，比较而言，地中海到死海的线路距离更短，落差更大，更有利于发电。不过，无论选择了哪一条线路，它都会是一个不朽的工程。2005年，约旦、以色列和巴勒斯坦民族权力机构达成协议，对“红海—死海”工程进行可行性研究。2009年6月，以色列宣布修建一条180公里长的输水管道作为试点，每年将从红海抽取2亿立方米的水到死海。约旦政府于2009年10月宣布完成协议第一阶段。如果“红海—死海”工程顺利完成，约旦将从中获得9.3亿立方米的淡水。2011年2月，世界银行发起的“红海—死海”工程可行

① Alwyn R. Rouyer, *Turning Water into Politics: The Water Issue in the Palestinian-Israeli Conflict*, p. 276.

② Daniel Hillel, *Rivers of Eden: The Struggle for Water and the Quest for Peace in the Middle East*, Oxford University Press, 1994, p. 315.

③ 对两条线路利弊的讨论，参见 Daniel Hillel, *Rivers of Eden: The Struggle for Water and the Quest for Peace in the Middle East*, Oxford University Press, 1994, pp. 258-261; Elisha Kally and Gidion Fishelson, *Water and Peace: Water Resources and the Arab-Israeli Peace Process*, pp. 84-93。

性研究初步完成，但仍有若干子课题有待评估。[①] 它需要数年的规划，包括评估环境的影响，募集国际捐款，建立管理机构等。每一项都必须要以色列、约旦和巴勒斯坦的紧密合作。虽然任何一项都耗资巨大，但是考虑到各种因素，就长远而言，结合海水淡化的跨海工程是化解地区水危机的最佳途径。它以最少的安全考虑提供了最大量的水。除了以、约、巴三方，线路不会穿过其他国家。而且，它还会促进娱乐业和旅游业的发展。

第四节　巴以水争端的展望

自从 1991 年奥斯陆和平进程启动以来，巴以和谈至今已经整整 27 年，巴以水争端并没有获得解决。巴勒斯坦人总用水量虽有增加，但人均用水量却在下降，20 多万巴勒斯坦人依然没有管道水可用。巴勒斯坦认为，1995 年《奥斯陆第二阶段协议》承认的水权利只是空头承诺。

巴以水争端的化解需要多种思路和途径。加沙和一些巴勒斯坦地区迫切需要马上增加水供应，它要么来自以色列国家输水工程，要么来自快速发展的小型咸水淡化厂。但是，要长远解决水问题，只有借助于政治合作、经济重构和获得大量清洁水的大型工程。除此而外，还需要其他许多措施，比如修理或者替换整个地区尤其是巴勒斯坦领土的输水管道，在某些地方，渗漏造成的损失率高达 50%以上；在整个地区多使用人工降雨；通过微型水坝最大限度地收集暴雨形成的径流；在巴勒斯坦领土和约旦更大范围地使用滴灌技术；农业更加广泛地使用循环污水；等等。

目前，两个民族之间分配水资源的最佳方法是由以色列—巴勒斯坦研究和信息中心提出的。他们提出“最低水需求量”，即向地区内的阿拉伯人或犹太人每人每年分配 100 立方米水供家庭消费。无论民族、宗教归属，还是财富多寡、被占领与否，每一个人都分配相同的水量。它回避了基于历史或地理的“民族水权利”，把水问题从一个群体的权利转变为单个人的权利。水的分配不再与政治和领土争端相联系，而是基于人的平等需求。这无疑为化解水争端提供了一种很好的思路。

---

① Philip Jan Schafer, *Human and Water Security in Israel and Jordan*, Springer, 2013, p. 103.

一　技术层面的解决方案

考虑到经济因素，水争端的化解十分复杂。水的分配应该平等，但也应该讲求成本效益。化解地区水危机的根本是以色列和阿拉伯政府不再对农业使用清洁水进行补贴。大部分专家都认为，巴勒斯坦地区的农业必须支付水输送在内的所有成本，这样农业就不得不依靠循环污水进行灌溉。长远而言，巴勒斯坦人应该和以色列人一样，让农业几乎完全使用循环污水。对于家庭水消费而言，只有在超过以色列—巴勒斯坦研究和信息中心小组建议的“最低水需求量”，才适用市场机制。在 100 立方米以下时，价格应该由相关国家建立的联合水机构确定，它既要合理，又足以包括所有运转的费用。巴勒斯坦地区的所有人都有权以相同价格享有同等的水分配量。在满足家庭最低水消费需求之后，剩余的清洁水将进入市场，供农业和工业使用，而那些愿意支付市场价格的家庭消费者，也可以获得额外的水供应。

长远而言，化解地区水危机最合理的方式或许是大规模的咸水和海水淡化。从土耳其用船运输清洁水也存在一定的可能性。这两种选择都降低了远距离管道带来的安全风险。咸水的量虽然不是特别大，但淡化的成本比海水低，建设咸水淡化厂的时间要比大型的海水淡化工程短。然而，永久解决地区水短缺的方法无疑是修建跨海工程，并结合海水淡化。无论选择哪一种方式，都耗资巨大，耗时长，但考虑到巴勒斯坦地区日益增长的水需求，在可预见的将来，已找不到其他更好的办法。

二　政治层面的矛盾化解

上述只是技术角度的解决办法，但显然化解巴以水争端的难点不在技术层面，而在政治层面。

首先，政治合作是化解巴以水争端的先决条件和唯一途径，但在双方矛盾根深蒂固的情况下，全方位的合作几乎是不可能的事情。可以说，在巴以之间，相比水，信任是更加稀缺的资源。两个民族之间延续数十年的冲突，使得双方极度缺乏信任。在此情况下，任何的合作都变得极为艰难。由于水直接关涉每个人的生活，巴以不得不在水领域进行了一定的合作。但是，就规模和程度而言，这种合作远远无法满足化解水争端的迫切需要。没有政治的和解，便不可能有良好的合作。而目前看来，巴以之间不可能在短期内实现真正的和平。

其次，平等是化解水争端的关键，但在巴以之间实力极度失衡的情况下，不可能实现真正的平等。巴以水消费的巨大差距，是巴以实力失衡的直接结果，由于巴以之间的实力存在不可逾越的差距，在双方互不信任的情况下，根本不可能实现完全的平等，哪怕是大致的平等也是遥不可及的目标。1993 年以来，巴以在水领域的一定合作已经说明，由于实力不对等，巴勒斯坦人即便在合作中也无法实现自己的利益。以色列的全方位强大，使得所谓的合作变成了其对巴勒斯坦变相的控制。平等是依靠实力争取的，以色列不可能向事实上处于敌对状态的巴勒斯坦“赏赐平等”。

最后，水争端的化解需要和平稳定的政治环境，但巴以利益的根本冲突，决定了巴勒斯坦地区短期内难以实现和平。巴以之间长期存在的军事冲突，不仅白白消耗了大量宝贵的资源，也使得供水设施屡屡遭到破坏。在诸如加沙战争的军事冲突中，由于以军的有意破坏，水利设施都是最大的受害者之一。只有局势得到了稳定，供水设施的建设和完善才可能顺利进行，但在目前的形势下，这也是难以实现的目标。

因此，巴以水争端的化解不可能在短期内实现，正如巴以和平的实现一样，它让许多人感到悲观和迷茫。

结 语

巴以水争端是犹太复国主义运动和巴勒斯坦人矛盾冲突的结果。由于水对于国家和社会具有极端重要性，以色列以强有力的制度化措施确立了对内部水资源的有效控制。1967年之后，在强烈的殖民冲动的推动下，以色列在巴被占领土大规模修建犹太人定居点。以色列当局漠视巴勒斯坦人的利益，建立了完善的供水网络，为犹太人最大限度地提供充足的水供应。与此同时，它还通过相应机构，在控制西岸水资源的同时，只与被占领土巴勒斯坦人进行有限接触。

奥斯陆进程启动后，巴以之间在水问题上的关系格局没有发生根本变化。以色列依然控制着所有关键的水资源，只不过成立了巴勒斯坦水务局来管理巴被占领土的水务部门，国际社会也受邀捐助资金发展供水设施。巴勒斯坦人获得了开采西岸东区蓄水层的权利，但其实际安全出水量远没有《奥斯陆第二阶段协议》认定的那么高。与以色列水务机构的高度统一不同，巴勒斯坦水务局和西岸水务局在管理和控制水务部门方面面临着巨大的困难。其结果是，巴勒斯坦人在水务方面从《奥斯陆第二阶段协议》中获得的益处总体上十分有限。自2000年9月以来，伴随着政治局势的混乱，巴被占领土的水状况加速恶化。供水设施被大量破坏，水务管理更加难以进行，越来越多的巴勒斯坦人不得不忍受缺水的生活。原本被给予厚望的奥斯陆和平进程给巴勒斯坦人带来的更多的是无尽的失望。

目前，巴以水争端已经持续数十年，远远没有化解的迹象。作为关涉两大民族生死存亡的矛盾，水争端的困境和迷局给当事方和世人留下了富有启迪的思考，而透过水争端，也会对巴以关系有更加全面而深刻的认识。

第一，巴以水争端的复杂性决定了其化解过程的长期性。巴以冲突涉及政治、经济、宗教、民族和文化等多种因素，是当今世界最复杂的双边矛盾之一。作为其重要内容的水争端同样充满了复杂性。从在表面上看，它仅仅是巴以双方对水权利的争夺，但实际上是双方生存权的激烈博弈。水争端不是巴以关系中的单独存在，而是和其他矛盾冲突纠结在一起，根本无法分离。虽然水的稀缺性和对生命的极端重要性会促使巴以双方不得不进行一定的合作，但是水争端不可能单独得到化解，巴以问题的解决必须作为一个系统工程，水争端只是这个整体不可分割的一部分。这就意味着，水争端和其他矛盾的互相影响决定了前者的化解必须以巴以矛盾的根本化解为前提，尤其是双方的政治和解将在其中发挥决定性的作用。而就目前巴勒斯坦地区的形势判断，巴以和解遥遥无期，巴以水争端的化解也必将是一个极为漫长的过程。

第二，力量对比极端失衡是巴以关系的本质特征，支配与反支配是巴以关系的核心内容。假若巴以力量不是如此失衡，便不会出现如此复杂的巴以水争端。以色列正是依靠自身强大的实力，侵犯和剥夺巴勒斯坦人的水权利。以色列虽然人口只有区区 800 多万，却是中东综合国力最强大的国家之一。以色列与埃及、叙利亚等众多阿拉伯国家长期敌对，不仅没有被消灭，反而是越战越强；相反，巴勒斯坦内部四分五裂，根本不足以与以色列对抗。在两者之间的力量对比中，以色列一方占据了绝对的优势。这一客观现实，不仅直接决定了巴以水争端的内涵和表现形式，也是任何解决方案必须考虑的因素。实际上，无论何种解决途径，实质上都是毫无悬念的力量博弈，以色列的力量优势决定了其在水争端中占绝对优势。毕竟，在彼此仇恨根深蒂固的情况下，巴勒斯坦人水权利的完全获得不可能依靠以色列的“恩赐”。20 世纪 90 年代以来巴以的水谈判，清晰地表明了以色列是如何利用全面的优势向巴勒斯坦人强加自己的意志的。

以实力为后盾，以色列支配着巴勒斯坦，无论就政治、军事，还是经济而言，都是如此。巴勒斯坦对以色列的多方面依附已是客观存在，这是他们处理与以关系不得不面对的残酷现实。支配是以色列强大实力的逻辑结果，是其针对巴勒斯坦人的最高目标，对巴勒斯坦人的支配让其在巴勒斯坦地区享有事实上的霸权地位。巴勒斯坦人要实现建国的目标，就不得不反对以色列的支配，打破其霸权地位。但是，仅仅是水争端已经说明，巴勒斯坦的手段非常有限，以色列对他们的支配很大程度上已经制度化，这是巴勒斯坦建国的最大障碍。

第三，对话与合作是化解巴以水争端唯一可行的途径。固然，在双方关系中，以色列一方占据了绝对的优势，但是彼此的冲突也对其利益造成了巨大的损害，水争端尤其如此。数十年以来，由于双方的矛盾和冲突，水污染和水渗漏等问题使得巴勒斯坦地区原本已经稀缺的水资源遭到了严重的破坏和浪费。尽管以色列占据了绝大多数水资源，但是它依然在承受缺乏合作造成的恶果。虽然巴勒斯坦处于弱势，但没有它的参与，以色列水资源的开发和保护难以顺利推进。随着地区水危机的日益加剧，对话与合作的必要性愈加显露，而对于巴以双方而言，这无疑都是化解水争端代价最小的方式。

第四，国际社会的适度干预是巴以水争端化解的必要条件。由于巴以之间矛盾重重，信任度极低，没有外力的干预和推动，巴以和谈便难以进行。而事实上，自 20 世纪 90 年代以来，国际社会在巴以和谈中发挥了重大作用，尤其是美国更是扮演了不可或缺的中间人的角色。但是，对于水争端的化解，国际社会的干预一定要“适度”，这包括两方面的意思。其一，国际社会不应过分介入水争端，不应越俎代庖，试图替代当事方做决定。巴以水争端的化解必须建立在双方主动妥协的基础之上，巴勒斯坦和以色列的作用任何国家都无法替代。只有真正尊重了两者的意愿，和谈的成果才能持久。其二，国际社会必须公正，不可偏袒一方而漠视另一方的利益。事实证明，美国对以色列的一味偏袒只会导致巴以矛盾进一步激化。当然，对于整个巴以矛盾的化解来说，适度干预也应该是国际社会遵循的一大原则。

主要参考文献

一　英文文献

（一）著作

Abed, George (ed.), *The Palestinian Economy*, Routledge, 1988.

Aharoni, Yari, *The Israeli Economy: Dreams and Realities*, Routledge, 1991.

Allan, T., *An Interdisciplinary Research Approach to Allocating and Managing Scarce Water Resources*, University of Khartoum, 1993.

Allan, Tony, *The Middle East Water Question: Aydropolitics and the Global Economy*, I. B. Tauris, 2000.

Allen, Roger and Chibli Mallat (eds.), *Water in the Middle East*, British Academy Press London, 1995.

Allen, A. *Middle East Water: Local and Global Issues*, University of London, 1995.

Amery, Hussein A. and Aaron T. Wolf (eds.), *Water in the Middle East: AGeography of Peace*, University of Texas Press, 2000.

Arian, Asher, *Politics in Israel: The Second Generation*, Chatham House, 1985.

Assaf, Karen et al., *A Proposal for the Development of a Regional Water Master Plan*, Israel-Palestine Centre for Research, 1993.

Awartani, Hisham, *Artesian Wells in Palestine*, Jerasalem, 1992.

Benvenistin, Meron and Shlomo Khayat, *The West Bank and Gaza Atlas*, Jerusalem, 1988.

Benvenistin, Eyal, *International Law and the Mountain Aquifer*, Zurich,

1992.

Biswas, Asit K., Eglal Rached and Cecilia Tortajada (eds.), *Water as a Human Right for the Middle East and North Africa*, Routledge, 2008.

Brecher, Michael, *Decisions in Israeli Foreign Policy*, Yale University Press, 1975.

Brooks, David B. and Ozay Mehmet (eds.), *Water Balances in the Eastern Mediterranean*, International Development Research Centre, 2000.

Bulloch, John and Adel Darwish, *Water Wars: Coming Conflicts in the Middle East*, London, 1993.

Committee on Sustainable Water Supplies for the Middle East, *Water for the future: The West Bank and Gaza Strip, Israel, and Jordan*, National Academy Press, 1999.

David Kahan, *Agriculture and Water Resources in the West Bank and Gaza (1967-1987)*, The West Bank Data Project, 1987.

Deshazo, Randy and John W. Sutherlin (ed.), *Building Bridges: Diplomacy and Regime Formation in the Jordan River valley*, University Press of America, 1996.

Diabes, Fadia, *Water in Palestine: Problems, Politics, Prospects*, PASSIA Publications, 2003.

Diabes-Murad, Fadia, *A New Legal Framework for Managing the World's Shared Groundwaters: ACase Study from the Middle East*, IWA Publishing, 2005.

Drury, Richard and Robert Winn, *Plowshares and Swords: The Economics of Occupation in the West Bank*, Beacon Press, 1992.

Elmusa, Shalif, *Negotiating Water: Israel and the Palestinians*, Institute for Palestine Studies, 1996.

El-Naser, Hazim K. *Management of Scarce Water Resources: A Middle Eastern Experience*, Wit Press, 2009.

Feitelson, Eran and Marwan Haddad, *Management of Shared Groundwater Resources: The Israeli-Palestinian Case with an International Perspective*, IDRC Books, 2003.

Fisher, Franklin M. , *Liquid Assets: An Economic Approach for Water Management and Conflict Resolution in the Middle East and beyond*, RFF Press, 2005.

Haddad, M. *Water Resources in the Middle East: Conflict and Solutions*, Jerusalem and Nablus University, 1995.

Hambright, K. David, F. Jamil Ragep, and Joseph Ginat (eds.), *Water in the Middle East: Cooperation and Technological Solutions in the Jordan Valley*, University of Oklahoma Press, 2006.

Hillel, Daniel, *Rivers of Eden: The Struggle for Water and the Quest for Peace in the Middle East*, Oxford University Press, 1994.

Isaac, J. and H. Shuval, *Water and Peace in the Middle East*, Elsevier, 1994.

Kahhaleh, Subhi, *The Water Problem in Israel and Its Repercussions on the Arab-Israeli Conflict*, Institute for Palestine Studies, 1981.

Kally, Elisha and Gideon Fishelson (eds.), *Water and Peace: Water Resources and the Arab-Israeli Peace Process*, Westport, 1993.

Kally, Elisha and Gidion Fishelson, *Water and Peace: Water Resources and the Arab-Israeli Peace Process*, Praeger, 1993.

Kimmerling, Baruch, *Zionism and Territory*, Berkeley, 1983.

Kliot, Nurit, *Water Resources and Conflict in the Middle East*, Routledge, 1994.

Lees, Susan H. , *The Political Ecology of the Water Crisis in Israel*, University Press of America, 1998.

Lipchin, Clive, Deborah Sandler and Emily Cushman (eds.), *The Jordan River and Dead Sea Basin: Cooperation amid Conflict*, Springer, 2009.

Lonergan, Steven and David Brooks, *The Economic, Ecological and Geopolitical Dimensions of Water in Israel*, Victoria, 1992.

Longergan, Stephen, and David Brooks, *Watershed: The Role of Fresh Water in Palestinian-Israeli Conflict*, International Development Research Centre, 1994.

Lowi, Miriam, *Water and Peace: The Politics of Scarce Resources in the*

Jordan River Basin, Cambridge University Press, 1993.

Matar, Ibrahim, *Jewish Settlements, Palestinian Rights, and Peace*, Center for Policy Analysis on Palestine, 1996.

Moore, Dahlia and Salem Aweiss, *Bridges over Troubled Water: A Comparative Study of Jews, Arabs, and Palestinians*, Praeger, 2004.

Moore, James, *Water Sharing Regimes in Israel and the Occupied Territories*, Ottawa, 1992.

Naff, Thomas and Ruth Matson (eds), *Water in the Middle East: Conflict or Cooperation?* Westview Press, 1984.

Naff, Thomas, *Israel: Political, Economic and Strategic Analysis*, Philadelphia, 1987.

Orni, Efraim and Elisha Efrat, *Geography of Israel*, Jewish Publication Society of America, 1964.

Peters, Joel, *Pathways to Peace: The Multilateral Arab-Israeli Peace Talks*, London, 1996.

Rouyer, Alwyn R., *Turning Water into Politics: The Water Issue in the Palestinian-Israeli Conflict*, St. Martin's Press, 2000.

Roy, Sara, *The Gaza Strip: The Political Economy of De-Development*, Institute for Palestine Studies, 1995.

Sachar, Howard, *A History of Israel*, New York, 1979.

Scheumann, Waltina and Manuel Schiffler (eds.), *Water in the Middle East: potential for conflicts and prospects for cooperation*, Springer, 1998.

Schiff, Ze'ev and Ehud Ya'ari, *Intifada: The Palestinian Uprising*, New York, 1989.

Selby, Jan, *Water, Power and Politics in the Middle East: The Other Israeli-Palestinian Conflict*, I. B. Tauris, 2003.

Semyonov, Moshe and Noah Lewin-Epstein, *Hewers of Wood and Drawers of Water: Noncitizen Arabs in the Israeli Labor Market*, New York, 1987.

Shapland, Greg, *Rivers of Discord: International Water Disputes in the Middle East*, Hurst & Company, 1997.

Shehadeh, Raja, *Occupier's Law: Israel and the West Bank*, Washington,

DC, 1988.

Sherman, Martin, *The Politics of Water in the Middle East: An Israeli Perspective on the Hydro-Political Aspects of the Conflict*, MacMillan Press and St. Martin's Press, 1999.

Shuval, Hillel, Hassan Dweik (eds.), *Water Resources in the Middle East: Israeli-Palestinian Water Issues*, Springer, 2007.

Soffer, Arnon, *Rivers of Fire: The Conflict over Water in the Middle East*, Rowman & Littlefield Publishers, 1999.

Starr, Joyce and Daniel Stoll, *The Politics of Scarcity: Water in the Middle East*, Westview Press, 1988.

Swain, Ashok, *Managing Water Conflict: Asia, Africa, and the Middle East*, Frank Cass, 2004.

Willner, Dorothy, *Nation-Building and Community in Israel*, Princeton University Press, 1969.

World Bank, *Making the Most of Scarcity: Accountability for Better Water Management in the Middle East and North Africa*, World Bank Publications, 2008.

Zeitoun, Mark, *Power and Water in the Middle East: The Hidden Politics of the Palestinian-Israeli Water Conflict*, I. B. Tauris, 2008.

Zereini, Fathi and Wolfgang Jaeschke (eds.), *Water in the Middle East and in North Africa: Resources, Protection, and Management*, Springer, 2004.

Zereini, F. and H. Hötzl (eds.), *Climatic Changes and Water Resources in the Middle East and North Africa*, Springe, 2008.

(二) 论文

Afar, Nedal Hamdi, "Cultural Responses to Water Shortage among Palestinians in Jordan," *Human Organization*, Vol. 57, No. 3, Fall 1998.

Amery, Hussein and Atif Kubursi, "The Litani River: The Case against Inter-basin Transfer," in D. Collings (ed.), *Peace for Lebanon? From War to*

Reconstruction, Lynne Rienner, 1994.

Baskin, Gershon, "The West Bank and Israel's Water Crisis," in Gershon Baskin (ed.), *Water: Conflict and Cooperation*, Israel/Palestine Center for Research and Information, 1993.

Baskin, Gershon, "The Clash over Water: An Attempt at Demystification," *Palestinian-Israel Journal*, No. 1, 1994.

Bellisari, Anna, "Public Health and the Water Crisis in the Occupied Palestinian Territories," *Journal of Palestine Studies*, Vol. 23, No. 2, Winter 1994.

Benvenisti, Eyal and Haim Gvirtzman, "Harnessing International Law to Determine Israeli-Palestinian Water Rights: the Mountain Aquifer," *Natural Resources Journal*, Vo1. 33, No. 3, Summer l993.

Berck, Peter and Jonathan Lipow, "Water and an Israeli-Palestinian Peace Settlement," in Steven Spiegel and David Pervin (eds.), *Practical Peacemaking in the Middle East*, Vol. Ⅱ, Garland Publishing, 1995.

Bleier, Ronald, "Will Nile Water Go to Israel? North Sinai Pipelines and the Politics of Scarcity," *Middle East Policy*, Vol. 5, No. 9, 1997.

Brynen, Rex, "International Aid to the West Bank and Gaza: A Primer," *Journal of Palestine Studies*, Vol. 25, No. 1, 1996.

Brynen, Rex, "Buying Peace? A Critical Assessment of International Aid to the West Bank and Gaza," *Journal of Palestine Studies*, Vol. 25, No. 2, 1996.

Cooley, John, "The War over Water," *Foreign Policy*, No. 54, Spring 1984.

Dichter, Harold, "The Legal Status of Israel's Water Policies in the Occupied Territories," *Harvard International Law Journal*, Vol. 35, No. 2, 1995.

Dillman, Jeffy, "Water Rights in the Occupied Territories," *Journal of Palestine Studies*, Vol. 19, No. 3, 1989.

Dombrowski, Ines, "The Jordan River Basin: Prospects for Cooperation Winthin the Middle East Peace Process," in W. Scheumaan and M. Schiffler (eds.), *Water in the Middle East: Potential for Conflict and Prospects for*

Cooperation, Springer, 1998.

Duna, Cem, "Turkey's Peace Pipeline," in Joyce Starr and Daniel Stoll (eds.), *The Politics of Scarcity: Water in the Middle East*, Westview Press, 1988.

Elmusa, Sharif S., "Dividing Common Water Resources According to International Water law: The Case of the Palestinian-Israeli Waters," *Natural Resources Journal*, Vol. 35, No. 2, Spring 1995.

Elmusa, Shrarf, "The Jordan-Israel Water Agreement: A Model or an Exception?" *Journal of Palestine Studies*, Vol. 24, No. 1, 1995.

Faris, Hani, "Israel Zangwill's Challenge to Zionism," *Journal of Palestine Studies*, No. 4, Spring 1975.

Fishelson, Gidion, "The Water Market in Israel: An Example for Increasing the Supply," *Resources and Energy Economics*, Vol. 16, Issue 4, 1994.

Fisher, Franklin, "Water and Peace in the Middle East," *Middle East International*, 17 November 1995.

Galnoor, Itzhak, "Water Policymaking in Israel," *Policy Analysis* 4, Summer 1978.

Galnoor, Itzhak, "Water Planning: Who Gets the Last Drop?" in R. Biliski (ed.), *Can Planning Replace Politics: The Israel Experience*, M. Nijhoff Publisher, 1980.

Isaac, Jad and Jan Selby, "The Palestinian Water Crisis," *Natural Rescources Forum*, Vol. 20, No. 1, 1996.

Kahhaleh, Subhi, "The Water Problem in Israel and Its Repercussions on the Arab-Israeli Conflict," *Institute for Palestine Studies Papers*, No. 9, 1981.

Khoury, Fred, "The U. S., U. N. and the Jordan River Issue," *Middle Eastern Forum*, May 1964.

Kinnarty, Noah, "An Israeli View-If only There were Quiet, the Palestinians have Numerous Opportunities," *Bitter Lemons On-line Journal*, Vol. 29, No. 9, 2002.

Lehn, Walter, "The Jewish National Fund," *Journal of Palestine Studies*,

No. 4, 1975.

Lolars, John, "Water Resources of the Middle East," *Canadian Journal of Development Studies*, Special Issue, 1992.

Moore, James, "Parting and Waters: Calculating Israel and Palestinian Entitlements to the West Bank Aquifers and Jordan River Basin," *Middle East Policy*, Vol. 3, No. 2, 1994.

Morris, Mary E., "Water Scarcity and Security Concerns in the Middle East," *Emirates Centre for Strategic Studies and Research Occasional Paper*, No. 14, 1998.

Nachmani, Amikam, "*The Politics of Water in the Middle East*," in Inbar, Efraim (ed.), *Regional Security Regimes*, Albany, 1995.

Nativ, Ronit and Arie Issar, "Problems of Over-Developed Water System: The Case of Israel," *Water Quality Bulletin*, No. 4, 1987.

Peters, Joel, "Building Bridges: The Arab-Israeli Multilateral Talks," *Middle East Program Report*, London, 1994.

Renger, Jochen, "The Middle East Peace Process: Obstacles to Cooperation over Shared Resources," in Scheumann and Schiffler (eds.), *Water in the Middle East: Potential for Conflicts and Prospects for Cooperation*, Springer, 1998.

Roberts, Adam, "Prolonged Military Occupation: The Israeli-Occupied Territories since 1967," *American Journal of International Law*, Vol. 84, No. 1, 1990.

Roy, Sara, "The Gaza Strip: A Case of Economic De-Development," *Journal of Palestine Studies*, No. 17, Autumn 1987.

Roy, Sara, "U. S. Economic Aid to the West Bank and Gaza Strip: The Politics of Peace," *Middle East Policy*, Vol. 4, No. 10, 1996.

Rowley, Gwyn, "The West Bank: Native Water-Resources Systems and Competition," *Political Geography Quarterly*, Vol. 9, No. 1, 1990.

Sayigh, Yusif, "The Palestinian Economy Under Occupation: Dependency and Pauperization," *Journal of Palestine Studies*, No. 15, Summer 1986.

Schiff, Ze'ev, "Security for Peace: Israel's Minimal Security Requirements in Negotiations with the Palestians," *Policy Paper*, No. 15, Washington, DC, 1989.

Shawwa, Isam, "The Water Situation in the Gaza Strip," in Gershon Baskin (ed.), *Water: Conflict and Cooperation*, Israel/Palestine Center for Research and Information, 1993.

Selby, Jan, "Dressng up Domination as 'Cooperation': The Case of Israeli-Palestinian Water Relation," *Review of International Studies*, Vol. 29, No. 1, 2003.

Shehadeh, Raja, "Can the Declaration of Principles Bring 'a Just and Lasting Peace'?" *European Journal of International Law*, Vol. 4, No. 4, 1993.

Shehaheh, Raja, "Questions of Jurisdiction: A Legal Analysis of the Gaza-Jericho Agreement," *Journal of Palestine Studies*, Vol. 23, No. 4, 1994.

Sherman, Martin, "Water as an Impossible Impasse in the Israel-Arab Conflict," *Policy Paper*, No. 7, Tel Aviv, 1989.

Shuval, Hillel, "Approaches to Finding an Equitable Solution to Water Resources Problems Shared by Israeli and Palestinians over the Use of the Mountain Aquifer," in Gershon Baskin (ed.), *Water: Conflict or Cooperation*, Israel/Palestine Center for Research and Information, 1993.

Stork, Joe, "Water and Israel's Occupation Strategy," *Middle East Report*, No. 13, July-August 1983.

Tamimi, Abdel Rahman, "Water: A Factor for Conflict or Peace in the Middle East," *Israeli-Palestinian Peace Research Project Working Papers*, Harry Truman Research Institute, 1991.

Wishart, David, "An Economic Approach to Understanding Jordan Valley Water Diputes," *Middle East Review*, Vol. 21, No. 3, 1989.

Wolf, Aaron, "Water for Peace in the Jordan River Watershed," *Natural Resources Journal*, Vol. 33, No. 7, 1993.

（三）英文网站

http: //www. mideastweb. org/briefhistory. htm.

http://www.mideastweb.org/nutshell.htm.

http://www.columbia.edu/cu/lweb/indiv/mideast/cuvlm/ejournals.html.

http://www.columbia.edu/cu/lweb/indiv/mideast/cuvlm/viol.html.

http://www.lib.utexas.edu/maps/middle-east.html.

http://www.cc.utah.edu/~jwr9311/MENA/National/Israel.html.

http://www.iguide.co.il/.

http://www.ariga.com/peacewatch/.

http://www.ariga.com.

http://www.iris.org.il/.

http://www.cc.utah.edu/%7Ejwr9311/MENA/National/Palestine.html.

http://www.ariga.com/peace.shtml.

http://www.palestinereport.org.

http://meria.idc.ac.il.

http://www.jqf-jerusalem.org.

http://www.jpost.com/servlet/Satellite?pagename=JPost/P/FrontPage/FrontPage&cid.

http://www.mideastweb.org/nutshell.htm.

http://www.mideastweb.org/westbankwater.htm.

http://www.mideastweb.org/history.htm.

http://www.wrmea.com.

http://www.mideastweb.org/water.htm.

二 中文文献

(一) 著作

哈全安:《中东国家的现代化历程》,人民出版社,2006。

黄民兴:《中东国家通史·伊拉克卷》,商务印书馆,2002。

金宜久主编《伊斯兰教》,宗教文化出版社,1997。

林灿铃:《国际环境法》,人民出版社,2004。

彭树智主编《伊斯兰教与中东现代化进程》,西北大学出版社,1997。

彭树智主编《二十世纪中东史》,高等教育出版社,2001。

彭树智主编《阿拉伯国家史》，高等教育出版社，2002。

王新中、冀开运：《中东国家通史·伊朗卷》，商务印书馆，2002。

王新刚：《中东国家通史·叙利亚和黎巴嫩卷》，商务印书馆，2003。

王京烈主编《当代中东政治思潮》，当代世界出版社，2003。

肖星：《政治地理学概论》，测绘出版社，1995。

肖宪：《中东国家通史·以色列卷》，商务印书馆，2001。

尹崇敬：《中东问题100年：1897—1997》，新华出版社，1999。

杨辉：《中东国家通史·巴勒斯坦卷》，商务印书馆。2002。

殷罡主编《阿以冲突——问题与出路》，国际文化出版公司，2002。

赵克仁：《美国与中东和平进程研究（1967—2000）》，世界知识出版社，2005。

朱和海：《中东，为水而战》，吉林人民出版社，1996，世界知识出版社，2007。

左文华、肖宪：《当代中东国际关系》，世界知识出版社，1999。

（二）论文

曹华、刘世英：《巴以水资源争端及其出路》，《西亚非洲》2006年第2期。

陈文如：《以色列加紧在约旦河西岸霸占土地和水源》，《国际展望》1984年第6期。

宫少朋：《巴以水问题分析》，《中东研究》1996年第2期。

宫少朋：《阿以和平进程中的水资源问题》，《世界民族》2002年第3期。

黄培昭：《巴以水源之争》，《阿拉伯世界研究》1997年第3期。

姜恒昆：《以和平换水——阿以冲突中的水资源问题》，《甘肃教育学院学报》2003年第4期。

钮菊生：《阿以争端的回顾与前瞻》，《现代国际关系》l996年第12期。

李东燕：《全球水资源短缺对国际安全的影响》，《世界经济与政治》1998年第5期。

李豫川：《以色列的水政策》，《国际论坛》1999 年第 3 期。

潘京初：《水与中东和平进程》，《国际政治研究》2000 年第 1 期。

任世芳、牛俊杰：《国际河流水资源分配与国际水法》，《世界地理研究》2004 年第 2 期。

孙志松：《水，21 世纪的资源战》，《国际观察》2002 年第 3 期。

杨凯：《中东的水资源冲突》，《世界环境》1999 年第 2 期。

宿景祥：《世界资源竞争问题探析》，《现代国际关系》2004 年第 10 期。

徐向群：《叙以和谈的症结：安全与水资源问题探析》，《西亚非洲》1996 年第 2 期。

王广大：《中东领土和边界争端探源》，《阿拉伯世界研究》2004 年第 6 期。

王联：《论中东的水争夺与地区政治》，《国际政治研究》2008 年第 1 期。

王正旭：《水资源危机与国际关系》，《水利发展研究》2004 年第 5 期。

杨中强：《水资源与中东和平进程》，《阿拉伯世界研究》2001 年第 3 期。

严庭国：《水资源与中东和平进程》，《阿拉伯世界研究》1997 年第 3 期。

于雷：《巴以之间：跨越战争的六道门槛》，《国际展望》2001 年第 9 期。

张倩红：《以色列的水资源问题》，《西亚非洲》1998 年第 5 期。

张振国、钱雪梅：《水与中东的安全》，《阿拉伯世界研究》1994 年第 1 期。

赵宏图：《中东水危机》，《国际资料信息》2000 年第 10 期。

朱和海：《水危机下的中东国际关系》，载肖宪主编《世纪之交看中东》，时事出版社，1998。

朱和海：《水在以对黎政策中的地位和作用》，《西亚非洲》2000 年第 6 期。

朱和海：《中东和平进程中的以巴水问题》，《西亚非洲》2002 年第 3 期。

朱应鹿：《对巴以冲突及其前景的几点思考》，《西亚非洲》2004 年第 4 期。

附录一　有关巴勒斯坦人和以色列水消费状况的表格

表 1　1947~2003 年以色列和巴勒斯坦人的水消费量以及以色列的水开采量

单位：亿立方米/年

	以色列水消费量				巴勒斯坦人总消费量	以色列水开采量		
年份	家庭	工业	农业	总计		地下水	地表水	总计
1947					5			
1948	0.75	0.15	2.6	3.5	3.5	2	1.5	3.5
1949	0.4	0.1	1.8	2.3	3	1.3	1	2.3
1950	1.04	0.21	2.5	3.75	2.8	1.5	2.25	3.75
1951	1.76	0.24	3.25	5.25	2.5	2.75	2.5	5.25
1952	1.88	0.27	4.5	6.65	2.18	3.65	3	6.65
1953	2.2	0.3	5.6	8.1	2.2	4.6	3.5	8.1
1954	2.17	0.33	6.6	9.1	2.3	5.35	3.75	9.1
1955	1.79	0.38	8.83	11	2.25	6.25	4.25	10.5
1956	1.92	0.42	9.46	11.8	2.2	6.75	4.25	10.25
1957	1.92	0.42	9.46	11.8	2.2	6.75	4.25	10.5
1958	1.956	0.461	10.323	12.74	2.25	8.337	4.701	13.038
1959	18.59	0.51	9.932	12.301	2.3	7.849	4.867	12.716
1960	1.97	0.54	10.87	13.38	2.28	8.698	4.681	13.379
1961	1.84	0.56	10.47	12.87	2.27	8.34	4.226	12.556
1962	1.738	0.551	11.442	13.731	2.25	9.508	4.569	14.077
1963	1.926	0.572	10.386	12.884	2.2	9.021	4.237	13.258
1964	1.991	0.544	10.754	13.289	2.25	8.619	5.313	13.932
1965	2.064	0.592	11.529	14.185	2.28	8.823	6.241	15.064

续表

	以色列水消费量				巴勒斯坦人总消费量	以色列水开采量		
年份	家庭	工业	农业	总计		地下水	地表水	总计
1966	2.107	0.608	12.03	14.745	2.3	9.66	6.299	15.959
1967	2.114	0.66	11.333	14.107	2.27	9.258	6.732	15.99
1968	2.312	0.702	12.354	15.368	2.25	9.736	6.948	16.684
1969	2.397	0.749	12.493	15.639	2.2	9.574	7.533	17.107
1970	2.537	0.863	13.19	16.59	2.28	11.106	5.931	17.037
1971	2.676	0.871	12.101	15.648	2.3	9.542	7.853	17.395
1972	2.859	0.924	12.973	16.756	2.25	10.434	7.968	18.132
1973	2.882	0.97	11.799	15.651	2.28	11.106	5.931	17.037
1974	2.947	0.944	13.279	17.278	2.3	11.395	6.614	18.009
1975	3.054	0.945	13.279	17.278	2.25	11.395	6.614	18.009
1976	3.073	0.912	12.712	16.697	2.2	10.481	7.135	17.616
1977	3.476	0.943	12.315	16.734	2.22	10.516	7.112	17.628
1978	3.655	0.962	13.25	17.867	2.25	11.615	6.921	18.536
1979	3.701	1.001	12.2	16.902	2.28	11.196	6.237	17.433
1980	3.676	0.997	12.116	16.789	2.3	10.286	7.186	17.742
1981	3.851	1.03	12.817	17.698	2.25	10.403	7.482	17.885
1982	4.009	1.032	12.546	17.587	2.2	10.924	7.629	18.553
1983	4.188	1.032	13.557	18.777	2.22	11.291	7.151	18.442
1984	4.224	1.09	13.887	19.201	2.3	11.91	7.98	19.89
1985	4.515	1.081	14.647	20.243	2.27	12.131	8.649	20.87
1986	4.231	1.038	11.253	16.562	2.35	10.64	6.651	17.291
1987	4.465	1.075	11.787	17.327	2.27	10.157	8.345	18.502
1988	3.886	0.83	11.578	16.294	2.3	9.421	7.155	16.576
1989	5.006	1.138	12.368	18.512	2.35	11.099	8.875	19.974
1990	5.548	1.084	11.13	17.762	2.33	12.09	6.54	18.63
1991	4.448	1.004	8.748	14.2	2.4	9.904	4.598	14.502
1992	4.901	1.058	9.553	15.512	2.6	8.378	8.056	16.434
1993	5.27	1.1	11.254	17.624	2.68	9.903	7.219	17.122

续表

年份	以色列水消费量				巴勒斯坦人总消费量	以色列水开采量		
	家庭	工业	农业	总计		地下水	地表水	总计
1994	5.555	1.139	11.436	18.13	2.7	9.965	7.73	17.695
1995	5.881	1.194	12.738	19.813	2.8	10.892	8.295	19.187
1996	6.04	1.244	12.843	20.127	2.82	10.81	8.473	19.283
1997	6.212	1.228	12.638	20.078	2.8	10.933	8.733	19.666
1998	6.717	1.292	13.649	21.658	2.82	12.226	8.811	21.037
1999	6.818	1.265	12.646	20.729	2.85	14.744	5.276	20.02
2000	6.621	1.242	11.374	19.237	2.9	11.816	6.691	18.507
2001	6.584	1.201	10.219	18.004	3.1	11.646	5.429	17.075
2002	6.88	1.22	10.21	18.31	3.2	10.86	5.38	19.12
2003	6.98	1.17	10.45	18.6	3.31	8.3	8.52	19.7

资料来源：Mark Zeitoun, *Power and Water in the Middle East: The Hidden Politics of the Palestinian-Israeli Water Conflict*, I. B. Tauris, 2008, p. 29。

表 2　2000 年和 2007 年巴勒斯坦人家庭用水和工业用水供应来源情况

单位：万立方米，%

来源	2000 年		2007 年	
	供应量	百分比	供应量	百分比
市政水井	1650	25	1980	24
巴水务局水井	290	4	970	12
耶路撒冷输水公司	190	3	280	3
泉水	540	8	540	6
农业水井	290	4	290	3
西岸水务局	1150	18	750	9
麦克洛特	2190	34	3810	45
定居点	200	3	(200)	(2)
合计	6510	100	8420	100

资料来源：World Bank, *West Bank and Gaza Public Expenditure Review: From Crisis to Greater Fiscal Independence*, March 2007, p. 42。

表 3　2000 年巴勒斯坦人和以色列对西岸内外水井的使用情况

单位：亿立方米/年，%

		东区蓄水层	东北区蓄水层	西区蓄水层	总计
巴勒斯坦人和以色列的总用量		0.627	0.091	5.7160	0.7253
巴勒斯坦人	用量	0.264	0.191	0.268	0.723
	所占百分比	42	21	5	10
以色列	西岸内的用量	0.343	0.129	0.028	0.5
	西岸外的用量	0.02	0.591	5.4200	6.0310
	总用量	0.363	0.72	5.4480	6.5310
	所占百分比	58	79	95	90

表 4　2000 年巴勒斯坦人和以色列对西岸内外泉水的使用情况

单位：亿立方米/年，%

		东区蓄水层	东北区蓄水层	西区蓄水层	总计
巴勒斯坦人和以色列的总用量		1.421	0.93	0.494	2.845
巴勒斯坦人	用量	0.455	0.178	0.026	0.659
	所占百分比	32	19	5	23
以色列	西岸内的用量	0.883	0	0.	0.883
	西岸外的用量	0.083	0.752	0.468	1.303
	总用量	0.966	0.752	0.468	2.186
	所占百分比	68	81	95	77

资料来源：Simone Klawitter, "Water as a Human Right: The Understanding of Water Rights in Palestine," in Asit K. Biswas, Eglal Rached and Cecilia Tortajada (eds.), *Water as a Human Right for the Middle East and North Africa*, Taylor & Francis Group, 2008, pp. 101, 103。

表 5　巴勒斯坦地区的蓄水层和 2007 年以色列和巴勒斯坦人的使用状况

单位：%，亿立方米

蓄水层	以色列的使用份额	巴勒斯坦人的使用份额	每年抽取量	每年的安全产量	巴勒斯坦人每年的井水使用量	巴勒斯坦人每年的泉水使用量
西岸西区蓄水层	95	5	3.35~4.5	3.6~3.8	0.22491	0.0243

续表

蓄水层	以色列的使用份额	巴勒斯坦人的使用份额	每年抽取量	每年的安全产量	巴勒斯坦人每年的井水使用量	巴勒斯坦人每年的泉水使用量
西岸东北区蓄水层	80	20	1.3~2	1.0~1.4	0.1454	0.109
西岸东区蓄水层	65	35	1.0~1.72	0.75~1.2	0.2169	0.3148
加沙沿海蓄水层				0.5~0.6	1.67	无泉水

资料来源：Karen Assaf, "Managing Palestine's Water Budget: Providing for Present and Future Needs," in Clive Lipchin, Deborah Sandler and Emily Cushman (eds.), *The Jordan River and Dead Sea Basin: Cooperation amid Conflict*, Springer, 2007, p. 93。

附录二　1995年9月28日《奥斯陆第二阶段协议》有关水问题的规定[①]

（附件Ⅲ，第40条）

在良好意愿的基础上，双方就给水和排污问题达成了以下协议：

原则

1. 以色列承认巴勒斯坦人在西岸的水权利。这将在最终地位谈判中协商和在有关各种水资源的《永久地位协议》中解决。

2. 双方都承认，为了满足各种需要，有必要开发其他的水源。

3. 在尊重各自区域内给水和排污方面的权力和职责的同时，双方同意按照以下原则，协调管理西岸内的水资源和给水与排污系统：

a. 维持现有的水资源利用量，并考虑从本条款详细规定的西岸东区蓄水层和其他商定的水源，增加对巴勒斯坦人的供水量。

b. 防止水源水质的恶化。

c. 合理利用水资源，以确保未来水量的可持续性和水质良好。

d. 按照气候和水文条件，调整水资源的利用。

e. 采取各种必要的措施，防止水资源（包括另一方利用的水资源）受到任何损害。

f. 处理、再利用或者合理地处置所有家庭、城市、工业和农业污水。

g. 既存的给水和排污系统应该以本条款规定的合作方式运转、维护和开发。

h. 每一方应该采取所有必要的措施以防止各自区域内的给水和排污系

---

① 翻译自“The Israeli-Palestinian Interim Agreement-Annex Ⅲ,” http://www.mfa.gov.il/MFA/Peace+Process/Guide+to+the+Peace+Process/THE+ISRAELI-PALESTINIAN+INTERIM+AGREEMENT+-+Annex+III.htm。

统受到损害。

i. 每一方应该确保本条款内容应用于各自区域内包括私人拥有和运转的所有水源和系统。

权力的移交

4. 除了那些有待在最终地位谈判中商定的问题外，以色列一方按照本条款的规定，将向巴勒斯坦一方移交，而后者也将会承担西岸只与巴勒斯坦人有关的给水和排水系统范围内的权力和职责。目前，它们都由以色列军事管制政府及其民政机关掌握。

5. 西岸给水和排污设施所有权的问题将在最终地位谈判中讨论。

额外的水源

6. 双方一致认为，西岸巴勒斯坦人未来的水需求量估计为0.7亿~0.8亿立方米/年。

7. 在此框架下，为了满足巴勒斯坦人家庭对清洁水的迫切需求，双方承认，在过渡时期，巴勒斯坦人需要每年获得总量为0.286亿立方米的水，具体规定如下：

a. 以色列的承诺：

①除了建设需要的管道外，每年额外向希伯伦和伯利恒地区供应100万立方米水。

②每年额外向拉马拉地区供应50万立方米水。

③每年额外向萨尔菲特（Salfit）地区一个议定的取水点供应60万立方米水。

④每年额外向纳布鲁斯地区供应100万立方米水。

⑤在杰宁地区打凿一个年出水量为140万立方米的水井。

⑥每年额外向加沙地带供应500万立方米水。

⑦上述第①和第⑤的建设费用由以色列承担。

b. 巴勒斯坦人的责任

①在纳布鲁斯地区打凿一口年出水量为210万立方米的水井。

②从西岸东区蓄水层和其他议定的水源，每年向希伯伦、伯利恒和拉马拉增加供应1700万立方米水。

③修建一条新的管道，每年从以色列已有的供水系统向加沙供应500万立方米水。将来这一些水将来自以色列的淡化水。

④修建连接萨尔菲特取水点和萨尔菲特的管道。

⑤把杰宁地区新开的水井与消费者相连接。

⑥上述第 6 条提及的巴勒斯坦人的水需求估计量超过本节提及的数量（4140~5140 立方米）的部分，应该由巴勒斯坦人从西岸的东区蓄水层和其他水源开采。巴勒斯坦人将有权利用这一水量满足他们的需求（家庭和工业）。

8. 上述第 6 条和第 7 条的规定不应该损害本协议第 1 条的规定。

9. 以色列将协助巴勒斯坦委员会执行上述第 7 节的规定，具体包括以下方面：

a. 提供所有相关的数据。

b. 确定凿井的合适地点。

10. 为了执行上述的第 7 条，双方应该与下述第 18 条和 19 条保持一致的情况下，就上述工程，尽快谈判和拟定一项协议。

联合水委员会

11. 为了兑现这一条款下列出的各自的承诺，双方将在签订这一协议时，为过渡时期建立一个联合民事协调与合作委员会（CAC）领导的常设联合水委员会。

12. 联合水委员会的职能是处理西岸所有与给水和排污相关的问题，这包括以下内容：

a. 协调水资源管理。

b. 协调给水和排污系统的管理。

c. 保护水资源与给水和排污系统。

d. 交换有关给水和排污法律规章的信息。

e. 监督联合监管和强制机构的运作。

f. 化解与给水和排污相关的争议。

g. 根据本条规定在给排水领域进行合作。

h. 安排从一方向另一方供水的工作。

i. 监督系统。现在的管理和监管法规将持续有效，直至联合水委员会做出新的规定为止。

j. 处理给排水领域与双方利益相关的问题。

13. 联合水委员会由数量对等的双方代表构成。

14. 联合水委员会的所有决定应在协商一致的基础上达成，包括议事议程、程序和其他问题。

15. 联合水委员会履行职责时的具体责任和规则。

监管和强制机制

16. 双方承认，在西岸给排水领域，有必要确立监管和强制执行协议的联合机制。

17. 为了此目的，双方应当在协议签订后建立联合监管和强制实施小组，并规定其构成、作用和运作模式。

水的购买

18. 双方同意，在一方向另一方购买水时，购买方应该支付供水方所花费的全部实际成本，包括在水源地的生产成本和输送水到交货地的全部费用。相关规定将列在以下第19条提及的议定书中。

19. 联合委员会应该制定一个有关一方向另一方供水时所有问题的议定书，内容特别包括：供水的可靠性、供水的质量和费用的结算等。

互相合作

20. 双方应在给排水领域进行合作，特别是在：

a. 依据第11条和《原则宣言》附件3的规定，在以色列—巴勒斯坦持续经济合作委员会的框架下进行合作。

b. 依据第11条和《原则宣言》附件4的规定，就地区开放项目展开合作。

c. 在以色列—巴勒斯坦—美国三方委员会的框架下，依据联合水委员会议定的相关方案进行水生产和开发合作。

d. 在现今和未来的框架下，就双方同意的水资源和给排水联合项目的技术升级和开发进行合作。

e. 在水资源技术的转让、研发、培训和标准化方面进行合作。

f. 在建立自然和人为灾害的情况下的水资源和给排水对应措施开发方面进行合作。

g. 在交换给排水相关信息方面进行合作，这包括：

①交换水资源的勘测资料和地图。

②交换排水方面的计划、研究、勘测和项目方面的文件。

③交换有关目前抽水量、使用量和东部、东北部及西部蓄水层潜在储

量的资料。

保护水资源和给排水系统

21. 各方应采取一切可能的措施，防止水源水质的任何破坏、污染和恶化。

22. 各方应采取一切可能的措施，对自己管辖内的水资源和给排水系统进行切实的保护。

23. 各方应采取一切可能的措施，防止包括他方地区的给排水系统受到污染和生化沾染。

24. 各方应赔偿因未授权使用或因破坏处于己方管辖下并影响他方给排水系统的所造成的损失。

加沙地带

25. 双方已达成的有关加沙地带的水资源和给排水系统的协议与安排应予以维持。

附录三　案例介绍和分析*

个案一　图卡瑞姆

图卡瑞姆（Tulkarem）坐落于西岸的西北部地区，是本地区最大的地下水资源山地蓄水层的排水区的一部分。虽然这一区域是西岸降水量（平均600~700毫米/年）最大的区域，但水资源日益稀缺却是其鲜明特征。

对这一水源的主要威胁之一是未经处理的污水渗透到了蓄水层。山地蓄水层是以色列和西岸的一个主要供水源，它的水质目前受到严重影响。水文地质学的研究表明，这一区域主要的河床是哲玛尔河谷（Wadi Zeimar）。这一河谷被当作那布鲁斯、阿纳巴特、部分图卡瑞姆和其他河谷沿线村庄的排污沟。当地的专家估计，那布鲁斯和图卡瑞姆排出的污水的大约一半渗入了地下。此外，地质状况（地下的石灰岩和喀斯特地貌）只能对地下水给予很少的保护。当地专家认为，除了排入河谷的污水之外，未与中央污水处理系统连接的房屋排出的污水流入了垃圾坑，进而增加了渗入山地蓄水层的污水量。

图卡瑞姆的排污系统收集的污水在图卡瑞姆污水处理厂处理，后者在城西，且恰好在绿线上。处理厂包括一个过滤器和三个池塘。一号池塘的污水流入了出水口旁边的三号池塘。由于环流的距离短和由此导致的滞留时间短，有机物的分解十分有限。

最初，这两个池塘是当作兼性塘设计的，而二号池塘应该作为深度处理塘运转。今天，由于池塘表面和底部淤积了过量的沉淀物，三个池塘出于方便都是完全厌氧的。2002~2003年三个池塘安装了高密度聚乙烯膜，

---

* 附录三翻译自 The World Bank, *West Bank and Gaza: Assessment of Restrictions on Palestinian Water Sector Development*, Report No. 47657-GZ, April 2009, pp. 88-119。

进行了翻修，之后沉积物再也没有被清理过。依据图卡瑞姆市政部给水与卫生局局长的说法，图拉瑞姆市政部门和德国开发银行从以色列当局获得了口头许可，后者不再反对翻修三个池塘。这就意味着翻修工作没有获得联合水委员会的同意。它得到了易麦科赫法委员会（Emek Hefer Council）的支持。当前，由于控制装置存在许多问题，过滤器还是无法正常工作。在流经池塘后，污水排进了图卡瑞姆以南的河床，流到了绿线的以色列一侧，最终在易麦科赫法污水处理厂被处理。每个池塘的容量如表1所示。

表1　三个池塘的表面积和容量

	一号池塘	二号池塘	三号池塘	合计
表面面积（平方米）	4370	3960	2182	10458
底部面积（平方米）	1516	1472	407	3395
深度（米）	3.3	3.3	3.9	
容量（立方米）	9418	8032	6926	24376

易麦科赫法污水处理厂

2002年，为了处理哲玛尔河谷的污水和图卡瑞姆经过前期处理过的污水，亚历山大河流恢复管理局（Alexander Revier Restoration Administration）提出规划，建设一项应急工程。易麦科赫法污水处理厂在2003年开始运转。图卡瑞姆经过前期处理过的污水被抽进一个容量为18万立方米、配备有表面充气机的曝气池。在经过处理后，污水被输送到储存量达500万立方米的东区蓄水池（Eastern Reservoir）。

由于排到哲玛尔河谷的污水含有工业废水（比如来自橄榄油厂、石材切割机和柠檬芝麻酱生产厂等的污水），污水通过化学强化的沉降设施进行先期处理。在添加氯化铁和聚合物后，初沉污泥由膜式过滤器脱水。先期处理的污水在容量为10万立方米的曝气池里进一步净化。依据废水里氯化物的积聚量的高低，经过处理的污水要么被输送到东区蓄水池，要么被排入亚历山大河。

图卡瑞姆地区污水处理工程

图卡瑞姆地区污水处理工程由德国政府通过德国开发银行提供资助。工程的执行机构是联合服务委员会。这项工程位于西岸的北部，包括一直通往绿线的哲玛尔河谷排水区，西边是建议修建那不勒斯污水处理厂的地方。

2000年，德国—巴勒斯坦联合小组进行了图卡瑞姆污水工程可行性研究。依据这项研究，建议建设地区污水收集系统和中央污水处理厂。由于第二次因提法达，这项工程从未被执行。

工程三个部分服务的区域各不相同。第一部分和第二部分服务的区域包括东面的贝特里德（Beit Leed）和西面的图卡瑞姆之间的哲玛尔河谷排水区，第三部分服务的区域则是通向约旦河谷的整个哲玛尔河谷，包括纳布鲁斯城区的西部和纳布鲁斯的东边。工程第一部分和第二部分涉及的区域有：阿那布特、拉门、巴拉、贝特里德、伊克塔巴、伊尔塔赫、库夫拉巴德、库夫鲁曼、努尔沙姆斯难民营、舒伟卡、斯纳巴赫、图卡瑞姆城区和图卡瑞姆难民营。

新建议的图卡瑞姆污水处理厂

2005年7月10日，巴勒斯坦被占领土的以色列政府活动协调官（Israeli Coordinator of Government Activities）批准了新的图卡瑞姆污水处理厂，它将为绿线以东和哲玛尔河谷以南的区域提供服务。据说，签字通过的条件是污水处理厂的设计要与MOU中提及的设计标准保持一致，MOU由联合水委员会签署于2003年12月21日，详细规定了污水的标准。这就意味着这项工程并没有获得联合水委员会的正式同意。

虽然污水处理厂被批准的建设地点在巴勒斯坦民族权力机构的管理范围之内，但该地方依然属于私人所有。以前用作农业用地的这块土地已经转化为污水处理厂的建设用地。

个案二　加沙私人水供应

在加沙，其他水源的供给者需要满足水供应的要求和减缓对沿海蓄水层的压力。富有创新精神的私人水供应弥补了巴勒斯坦水务局和沿海城市自来水公司的公共水供应的不足。加沙的私人供水者十分活跃，富有企业家精神。自 1998 年以来，已有 2 万多名消费者安装了反渗透海水淡化装置，私人海水淡化装置具有很大的市场潜力。在家里或社区安装小型的海水淡化装置，被认为是向加沙居民供水的一种能够承受、自给自足并且具有可持续性的普通方法。与私人水提供者订立正式合约后，居民或社区会定期得到水供应。对于大部分消费者而言，这种方式是可以接受的，因为其他来源的水要么无法按时供应，要么价钱更加昂贵。除此以外，淡化装置使用的是海水（不是咸水），不需要从蓄水层抽水，因此，它们还有保护地下水的额外价值。

地方政府报道称，对人们活动和接近水源的权利的限制（比如对加沙的封锁）以及与水无关的问题阻碍了水务部门的发展。比如，以色列国防军实行进口封锁，经常关闭检查站，使得加沙地区难以获得用于维持安全水供应的化学药品，以及运转和维护淡化装置必不可少的零部件。开启水泵和装满拉水车的电力常常得不到供应。海水淡化用电量很大，淡化装置大约 60%的运转成本是电费。家用的海水淡化装置导致家庭电费上涨了 25%。地方部门估计，如果私人淡化装置的运转要收回成本，水费需要从现在的每吨 1 谢克尔增加至 4~5 谢克尔，这将会对用水的居民产生潜在的负面影响。最后，相比巴勒斯坦水务局供应的公共网络里的水，淡化水质量比较差。

在 20 世纪 90 年代，加沙的水质普遍比较差，人口密度已经很高，地下水是 130 万居民唯一的水源。过度开采致使地下水的水位下降到海平面以下，导致海水渗透和盐度升高。

1998 年，一家名为 Acuqa 的英国公司开启了一个试点项目，建设一个产能为 200 立方米/天的小型淡化厂，为加沙城东部辖区设加伊阿（Shejaia）提供适于饮用的水。价格是每桶水（20 升）3 谢克尔，这相当于 0.78 美元（1998 年价格）。据报道，贫穷的家庭无力承担这样的价格。2000 年，一个在滨海难民营（Beach Camp）开展的非政府组织项目以每桶水 1 谢克尔的价格向贫穷的家庭供水。几个私人投资者支持这一项目。

到 2000 年初，加沙居民已经意识到，由于海水渗透导致水的盐度升高和农业活动导致高硝酸盐污染，从沿海蓄水层抽取的水不再适合饮用。一些加沙家庭以每套设备大约 300~400 美元的价格，在他们的厨房里安装逆向渗透淡化装置。这样的逆向渗透淡化装置弥补了自来水的不足。市政部门供应的自来水现在占加沙家庭用水的 50%。逆向渗透淡化装置每天能处理 100~200 升水，水质很好，达到了总溶解度低于 100 的水平，并过滤了硝酸盐。依据 GVC，加沙的私营部门向 10 万户家庭供应了逆向渗透淡化装置（包括替换旧装置）。

专家的报道称，商业化海水淡化厂的投资成本在 2 万~4 万美元之间，大部分私人投资者使用的是自己的资金，而不是依赖商业银行。目前，大约 100 个工业海水淡化厂依然在运转，但是其中只有约 30%的工厂在巴勒斯坦水务局和农业部登记，并遵守管理、监察和水质标准。其他海水淡化厂的水质由于市场竞争激烈保持着高水准，但在没有定期监测的情况下，这些标准依然有待证实。

然而，贫穷的家庭无力担负这样一个家用的逆向渗透淡化装置。他们依旧用四方形油桶从商业性海水淡化厂那里购买水。因此在 2005 年，一家英国公司开发了替代家用逆向渗透淡化装置的办法来为贫穷家庭供水。新的系统包括一个 200 升的聚乙烯容器，它们由拉水车每周一次以 10 谢克尔的价格填满这个容器。竞争同样很激烈，一些私人供应者免费给聚乙烯容器，只要这个家庭与私人供应者签订协议。如果哪个家庭由竞争者填满容器，那么“免费”的容器将被收回。一个私人供应者称，如果大量买水的话，价格就会降到 0.5 谢克尔每桶，这个价格依然比公共网络的价格要高，但是却比其他来源的水要低。

尽管私人提供的海水淡化水价格可以承受，能够自给自足，且具有可持续性，但是它非常消耗能量，许多家庭依旧无力担负，水质依旧是警示的信号。比如，工厂需要大约 60%的运转成本来支付电费。对于一个家庭而言，安装一个逆向渗透淡化装置将使其每月电费的支出上升 25%。再加上与封锁有关的断电导致电力供应中断。依据一个私人淡化水供应商 GVC

的说法，建设一家加沙发电厂是可行的选择。而且，当私人淡化厂不得不在收回成本的基础上运转的时候，水价就需要从当前的1谢克尔增加至4~5谢克尔来回收投资成本，这会对用水的家庭产生负面影响。最后，相比由巴勒斯坦水务局供应的公共网络里的水，淡化水就水中矿物质的低含量而言质量标准更低。

巴勒斯坦水务局和各市政部门每天供应标准为大约70升/人，但是无法送达所有的家庭。地方部门报道称，网络中的低水压常常是个问题，这使得填满屋顶的水箱往往是个挑战。

分析：

关键的问题是缺乏安全的水源。原因包括：过度抽取沿海蓄水层导致海水渗入；农业活动导致硝酸盐含量很高；限制进口迫切需要用来建设和维护水生产和水处理的化学制品、零部件和材料。

另一个问题是向贫穷人口尤其是加沙地带边远地区的贫穷人口提供可以负担的供水。封锁导致的对活动的限制不仅导致失业率和贫穷率升高，也致使水供应在内的基本服务日益让许多家庭难以承受。

个案三　西岸南部的希伯伦市政部门

希伯伦南部是西岸最干旱的地区之一。许多边缘的农村社区忍受着不充足的水供应和糟糕的水质量。虽然规划了基础设施来缓解这些问题，但是它们往往由于缺乏资金、捐助者的漠视和以色列国防军在C区的安全管理，在执行时不断被拖延。结果，那些贫穷的家庭定期陷入困境，要么以高价格使用拉水车的水，要么使用不安全的井水而不支付任何费用。

研究小组驱车首先到达了伯利恒以南的巴勒斯坦水务局的设施：东希伯伦水井。地方部门解释说，为了给这一地区提供其他水源，美国国际开发署援助的项目在这里开凿新的水井，但在2006年1月哈马斯政府当选后，它被停止了。在水井所在的地方，小组遇到了来自巴勒斯坦水务局和项目管理小组的工作人员，他们当时正乘小车陪同世界银行小组前往希伯伦城附近的艾尔法阿斯灌水站（Al Faas filling point）。在去灌水站的路上，汽车穿越大片干旱的葡萄园，而希伯伦在西岸以种植葡萄而闻名。

艾尔法阿斯灌水站由私人所有，平均每天灌满 15~20 个拉水车——依据灌水站一个当地工作人员的说法。拉水车通常由西岸水务局拥有和管理，但一些国际救援机构，比如联合国人道主义事务协调办公室也从这一地点提供罐装的水。地方官员称，总计 7200 人依赖这一灌水站的水，他们要么没有与供水网络相连，要么网络提供的水无法满足他们的需求。官员们估计，在这一地点灌水的拉水车服务的家庭中，90%的家庭属贫困家庭。从拉水车买水的大部分家庭位于永久的农村居住点，游牧的贝都因人也从拉水车买水。

据报道，在艾尔法阿斯灌水站灌水的花费，在夏天是 3 谢克尔/立方米，冬天是 6 谢克尔/立方米。根据拉水车司机和地方消费者的反映，拉水车以高达 35 谢克尔/立方米的价格向个人售水。夏天，这一价格常常由于几个原因而升高。首先，由于水井水位下降，对灌装水的需求增大，这意味着要在灌水站排更长的队。更长的等待时间意味着拉水车在闲置的时候要消耗更多的汽油。一些司机为插队支付额外的费用。在夏天获得大量水的额外费用被转嫁到消费者身上。一个拉水车司机称，当竞争特别激烈，灌水站无法满足需求的时候，拉水车就到邻近的犹太人定居点吉尔亚特阿巴（Qiryat Arba），在那里，他们向犹太定居者购买家庭用水。吉尔亚特阿巴的犹太定居者以 3 谢克尔/立方米的价格从以色列国家水务公司麦克洛特那里获得水。依据地方部门，吉尔亚特阿巴一天 24 小时、一周 7 天都有水供应。

艾尔法阿斯灌水站是离亚塔（Yatta）镇最近（35 公里）的灌水站。拉水车司机称，从灌水占到亚塔的最近的道路常常被军事检查点阻挡，致使他们走更加糟糕和漫长的路将水送给村里的消费者。

在奥迪德拉特（Ad Deirat）的一个空旷的坡上，几个人向小组指出了建议修建的蓄水池和供水网络的位置。方案由联合水委员会设计，工程也获得了联合水委员会的同意，然而工程的资金却依然没有着落。一部分供水网络的管道将会穿过 C 区，并在一个犹太人定居点附近。这部分管道在等待以色列国防军民政机关的批准。据报道，临近的犹太人定居点卡麦勒（Karmel）和马昂（Ma’on）的家庭从麦克洛特那里不间断地获得供水。

奥迪德拉特的蓄水池和网络将为亚塔以南包括埃勒提瓦尼（Al Tiwani）（人口为 250 人）在内的村庄供水。埃勒提瓦尼村没有供水和排污网络。村子里的所有居民都十分贫穷，村子里的经济依赖于橄榄、绵羊和公务部门雇佣（巴勒斯坦民族权力机构）。村子位于C区，与一个军事区直接相邻。村子坐落于一个山谷，恰好在犹太人定居点马昂下方，后者位于邻近的一座小山之上。村委会主任称，他家最近被以色列国防军拆毁，理由是他的住所离马昂定居点的边界太近了。

埃勒提瓦尼的居民有两个水源可供家庭消费。村民们可以购买从艾尔法阿斯灌水站和吉尔亚特阿巴定居点拉来的水。村民们支付的水价会高达35谢克尔/立方米（如上所言）。由于村民们十分贫穷，大部分人严重依赖于从社区水井抽上来的免费的水。由于几年的干旱，水井的水位极低，使得水供应稀缺。为了给村民们增加其他的免费水源，村委会决定在村里子修建了一个收集雨水的蓄水池。蓄水池工程得到了西班牙政府的资助，却被以色列国防军阻止，后者声称对于C区内的民事工程项目具有管辖权。

国际关怀组织（Care International）在埃勒提瓦尼建立了一个妇女健康诊所。诊所的护士报道称，村子里30%的居民患了与水有关的疾病，包括寄生虫和痢疾、贫血（和生长萎缩）、皮肤病（包括疥疮）。她称，每周她大约治疗20个病人，其中一半是孩子。为了治疗，这位护士提供了国际关怀组织所开的药物。一剂治疗痢疾的抗生素花费为1谢克尔。她解释道，大部分病人不明白如何服药，因此他们以不正确的方式服药，而继续患病。作为预防的措施，这位护士向村民提供如何给不安全水消毒使其可以饮用的信息。她解释如何正确地烧水来饮用，并免费向村民提供氯片。

分析：

1. 希伯伦南部的许多社区缺乏可以负担的安全而又充足的饮用水供应。男人、女人和孩子遭受着与水有关的疾病。

2. 资金不足、捐助政策的变化以及C区的管理问题，导致水务设施项目的执行出现拖延，以及给水和排水状态处于低水平。

3. 后续的问题或许包括采取何种措施提高对希伯伦地区家庭安全而且可承担的饮用水的供给，来减少当前条件下产生的经济、健康和社会成本。提供资金完成规划中的和部分修建的基础设施，比如埃勒提瓦尼雨水收集池和奥迪德拉特项目，可以被视为低成本的替代方法。

图书在版编目（CIP）数据

巴以水争端 / 曹华著. -- 北京：社会科学文献出版社，2018.9

ISBN 978-7-5201-3312-8

Ⅰ.①巴… Ⅱ.①曹… Ⅲ.①水资源-国际争端-研究-巴勒斯坦、以色列 Ⅳ.①TV211②D815.9

中国版本图书馆 CIP 数据核字（2018）第 192625 号

巴以水争端

著　　者 / 曹　华

出 版 人 / 谢寿光
项目统筹 / 郭白歌
责任编辑 / 郭白歌　吕心翠　张　伟

出　　版 / 社会科学文献出版社·人文分社（010）59367215
地址：北京市北三环中路甲 29 号院华龙大厦　邮编：100029
网址：www. ssap. com. cn
发　　行 / 市场营销中心（010）59367081　59367083
印　　装 / 三河市龙林印务有限公司

规　　格 / 开 本：787mm×1092mm　1/16
印 张：16.5　字 数：273 千字
版　　次 / 2018 年 9 月第 1 版　2018 年 9 月第 1 次印刷
书　　号 / ISBN 978-7-5201-3312-8
定　　价 / 98.00 元

本书如有印装质量问题，请与读者服务中心（010-59367028）联系

版权所有 翻印必究